De Gruyter Studium

Worthoff / Krojanski / Suter · Medizinphysik in Übungen und Beispielen

Wieland Alexander Worthoff
Hans Georg Krojanski
Dieter Suter

Medizinphysik in Übungen und Beispielen

De Gruyter

Physics and Astronomy Classification 2010: 87.85.-d, 87.57.-s, 87.59.-e, 87.19.-j, 87.50.-a, 87.53.-j, 87.56.-v, 87.64.-t.

ISBN 978-3-11-026609-2
e-ISBN 978-3-11-026619-1

Library of Congress Cataloging-in-Publication Data

A CIP catalog record for this book has been applied for at the Library of Congress.

Bibliographic information published by the Deutsche Nationalbibliothek

The Deutsche Nationalbibliothek lists this publication in the Deutsche Nationalbibliografie; detailed bibliographic data are available in the internet at http://dnb.dnb.de.

© 2012 Walter de Gruyter GmbH & Co. KG, Berlin/Boston

Typesetting: PTP-Berlin Protago-T$_E$X-Production GmbH, www.ptp-berlin.eu
Printing and Bindung: Hubert & Co. GmbH & Co. KG, Göttingen
⊗ Printed on acid-free paper

Printed in Germany

www.degruyter.com

Vorwort

Physikalische Methoden und Techniken werden in der Medizin immer wichtiger. Verschiedene Universitäten haben darauf reagiert und entsprechende Ausbildungsmöglichkeiten geschaffen, in der Form von Vertiefungsfächern oder eigenen Studiengängen. Das vorliegende Buch ist aus Unterrichtsmaterialien entstanden, welche im Rahmen der Vorlesung „Einführung in die Medizinphysik" an der TU Dortmund seit 2006 regelmäßig stattfindet. Es wendet sich in erster Linie an Studierende aus naturwissenschaftlichen und technischen Studiengängen mit einer soliden Grundausbildung in Physik. Der erste Teil enthält Themen aus der Physik des Körpers, der zweite Teil diagnostische und therapeutische Methoden. Besonderer Wert wurde bei der Auswahl der Übungen und Beispiele auf den Bezug zur praktischen Anwendung gelegt. Die jedem Kapitel vorangestellte Übersicht soll dabei das Verständnis für den Lerninhalt vertiefen.

Januar 2012

Wieland Alexander Worthoff
Hans Georg Krojanski
Dieter Suter

Inhaltsverzeichnis

Teil I
Physik des Körpers

1 Atmung und Stoffwechsel

Lebensprozesse basieren auf chemischen bzw. biochemischen Reaktionen und benötigen Energie. Während die meisten Pflanzen diese über die Photosynthese erhalten und energiereiche Verbindungen selbst synthetisieren können, müssen tierische Organismen diese mit der Nahrung aufnehmen. Die in den Verbindungen enthaltene Energie kann aber erst durch eine ausreichende Sauerstoffzufuhr freigesetzt werden. Die Sauerstoffaufnahme geschieht durch die Atmung. Hierbei gelangt der Sauerstoff (O_2) in die Lunge und von dort durch Diffusion in die roten Blutkörperchen, die ihn im ganzen Körper verteilen. Diffusion erledigt ebenso die Sauerstoffübertragung von den Blutkörperchen durch verschiedene Membranen in die Körperzellen, wo in biochemischen Reaktionen Energie freigesetzt wird. Ein Maß für die Sauerstoffkonzentration ist der Partialdruck. Er beträgt im arteriellen Blut ca. 20 kPa und sinkt entlang des Atemwegs bis auf etwa 13 kPa ab. Im Gewebe beträgt er ≈ 6 kPa. Mit der eingeatmeten Luft gelangt nicht nur Sauerstoff in die Lunge, sondern auch Luftbestandteile, die für den Körper unbrauchbar bzw. schädlich sind. Diese und das über den Stoffaustausch aus dem Blut abgegebene Kohlendioxid (CO_2) werden von der Lunge über die Ausatmung ausgeschieden.

Der Vorgang der Ein- und Ausatmung entsteht durch eine Brustraumveränderung, die diejenigen Muskeln leisten, die den Brustraum umgeben: Zwerchfell und Zwischenrippenmuskulatur. Pro Atemzug werden von einem erwachsenen Menschen ca. 0,5 l Luft bewegt. Beide Lungenflügel enthalten zwischen 300 bis 400 Millionen Lungenbläschen (Alveolen), die eine Oberläche von bis zu 100 m^2 bilden. Auf dieser Oberfläche befindet sich ein Netz von Kapillaren. Der Austausch von Sauerstoff zwischen der Atemluft und dem Blut bzw. von Kohlendioxid zwischen Blut und Atemluft ist diffusionskontrolliert, d. h. auf Grund von Sauerstoff- bzw. Kohlendioxid-Partialdruckgradienten in der Grenzschicht zwischen Alveolen und Kapillaren entsteht hier ein molekularer O_2-Strom bzw. CO_2-Strom. Beide Ströme sind entgegengesetzt gerichtet. Außerhalb der Grenzschicht läuft der Transport in der Regel konvektiv ab. Der gleiche Übertragungsmechanismus findet an Zellwänden statt.

Zellwände trennen die in der Zelle enthaltenen Stoffe vom Äußeren der Zelle, dem Extrazellularraum, also z. B. von der Luft oder dem Blut. Im Allgemeinen weist der Intrazellularraum eine negative elektrische Ladung auf, der extrazelluläre dagegen eine positive. Die Differenz wird als das Membranpotenzial bezeichnet. Das Membranpotenzial wird durch aktiven und passiven Austausch von Ionen kontrolliert, vor allem Natriumionen (Na^+), Kaliumionen (K^+) und Chlorionen (Cl^-). In Analogie zu den Atmungsprozessen in der Lunge bezeichnet man diese zellulären Prozesse als Zellatmung. Die Berechnung des Stoffdurchgangs durch eine Membran, d. h. die Bestimmung der pro Zeiteinheit transportierten Stoffmengen ist sehr komplex und setzt die Kenntnis des Stoffübergangs an beiden Seiten der Membran voraus. Konzentrationsprofile, Stoffübergangs- und Diffusionskoeffizienten, fluid- und thermodynamische Parameter, sowie anatomische Geometriegrößen müssen bekannt sein. Je nach Konstitution und Alter eines Menschen streuen die Werte erheblich, sodass Berechnungen oft nur näherungsweise durchgeführt werden können.

Bei Erkrankungen kann die Stoffwechselfunktion bestimmer Organe, z. B. der Niere, erheblich gestört sein. Ist bei einer Niere das funktionsfähige Gewebe bis zu 70% zerstört, kommt es zur Urämie. Die Urämie beschreibt einen Zustand, der durch zunehmende Anhäufung toxischer Substanzen im Blut infolge Nierenversagens gekennzeichnet ist. Durch die Überkonzentration der Giftstoffe im Blut werden auch die Stoffwechselprozesse in anderen Körperorganen gestört oder sogar unmöglich. Ein Weg der Behandlung ist der Einsatz einer „künstlichen Niere". Dabei hat sich die Hämodialyse als außerkorporales Blutreinigungsverfahren bewährt. Die Aufgaben, die eine Dialyseapparatur zuverlässig erfüllen muss, um das Leben eines Patienten zu erhalten, sind im wesentlichen die Entfernung von Harnstoff und anderen stickstoffhaltigen Produkten, sowie die Regelung der Elektrolytkonzentrationen von Na^+, K^+ und Cl^- im Blut. Während moderne Dialysegeräte diese Forderungen zur Reinigung des Blutes heute nahezu ideal erfüllen, sind sie jedoch nicht in der Lage, eine weitere Aufgabe der natürlichen Niere zu übernehmen. Dies ist die Produktion von Hormonen zur Bildung der roten Blutkörperchen. Dieser Mangel hat zur Folge, dass eine Dialysebehandlung mit einer Hormontherapie Hand in Hand gehen muss.

1.1 Atmung

Der mittlere Atemluftstrom für Ein-/Ausatmung beim Menschen beträgt $V^* = 10\ \mathrm{l/min}$.

(a) Wie groß ist die mittlere Luftgeschwindigkeit in der Luftröhre (Durchmesser der Luftröhre $d_{LR} = 1{,}5\,\mathrm{cm}$) und bei Mundatmung zwischen den Lippen bei einer Mundöffnungsfläche von $A_M = 9\,\mathrm{cm^2}$ bei $0\,°\mathrm{C}$ in Meereshöhe?

(b) Wie sieht der Luftdruck und die Dichte in Abhängigkeit von der Höhe z aus, und welche Atmungsprobleme resultieren dadurch beim Bergsteigen? Man bestimme anhand einer Abschätzung, auf welchen Wert der Atemstrom steigen muss, wenn sich ein Mensch in einer Höhe von 8.000 m befindet.

Modellmäßig soll die Atmungsdynamik in Form einer Rechteckschwingung angenommen werden.
[Luftwerte: Molmasse $M_L = 28{,}96\,\mathrm{g/mol}$; Dichte bei $0\,°\mathrm{C}$ in Meereshöhe $\rho_{L0} = 1{,}29\,\mathrm{kg/m^3}$ allgemeine Gaskonstante $R = 8{,}314\,\mathrm{J/mol\,K}$; Lufttemperatur $T = 0\,°\mathrm{C}$]

Die Atmung ist ein periodischer Vorgang, d. h. es herrschen nicht-stationäre Verhältnisse. Da hier aber mittlere Werte über die halbe Zykluszeit gegeben und gesucht sind, kann die Kontinuitätsgleichung in stationärer Form $V^* = wA$ genutzt werden. Daraus folgt für die mittlere Strömungsgeschwindigkeit

$$w = \frac{V^*}{A} = \frac{4V^*}{\pi d^2}.$$

(a) Damit gilt für die Luftröhre

$$w_{LR} = \frac{4V_L^*}{\pi d_{LR}} = \frac{4 \cdot 10\,\mathrm{l/min}}{\pi\,(1{,}5\,\mathrm{cm^2})} = 0{,}94\,\mathrm{m/s}$$

und für den Mund

$$w_M = \frac{V_L^*}{A_M} = \frac{10\,\mathrm{l/min}}{9\,\mathrm{cm^2}} = 0{,}185\,\mathrm{m/s}.$$

(b) Beim Bergsteigen ist der Luftdruck p eine Funktion der Höhe z. Zur Herleitung von $p(z)$ betrachtet man ein Volumenelement $dx\,dy\,dz$ der Luft über der Höhe dz. Damit sich dieses im Gleichgewicht befindet, muss die Gewichtskraft durch die Druckdifferenz zwischen der Ober- und Unterseite gerade kompensiert werden:

$$[p(z+dz) - p(z)]\,dx\,dy + \rho_L g\,dx\,dy\,dz = 0.$$

Mit

$$p(z+dz) = p(z) + \frac{\partial p}{\partial z}\,dz$$

wird daraus

$$\frac{\partial p}{\partial z} + \rho_L g = 0.$$

Betrachtet man die Luft als ideales Gas, folgt aus der allgemeinen Gasgleichung

$$\frac{p}{\rho_L} = \frac{p_0}{\rho_{L0}}.$$

Damit findet man zwischen p und z die Differentialgleichung

$$\frac{dp}{p} = -\frac{\rho_{L0}}{p_0} g\, dz.$$

Man integriert

$$\int_{p_0}^{p} \frac{dp}{p} = -\frac{\rho_{L0}}{p_0} g \int_0^z dz$$

und erhält

$$p(z) = p_0 e^{-\gamma z} \text{ mit } \gamma = \left(\frac{\rho_{L0}}{p_0}\right) g.$$

Numerisch $\gamma = \frac{1{,}29\,\text{kg/m}^3 \cdot 9{,}81\,\text{m/s}^2}{1 \cdot 10^5\,\text{Pa}} = 1{,}265 \cdot 10^{-4}\,\text{m}^{-1}$.

Damit wird der Druck in 8.000 m Höhe

$$p_{8.000} = \left(1 \cdot 10^5\,\text{Pa}\right) \exp\left[\left(-1{,}265 \cdot 10^{-4}\right) \cdot 8.000\right]$$
$$= 36.349\,\text{Pa} = 0{,}36\,\text{bar}.$$

Die Dichteabhängigkeit ρ_L folgt aus der allgemeinen Gasgleichung

$$p\,v_L = \frac{1}{M_L} RT.$$

Hier ist $v_L = \frac{1}{\rho_L}$ das spezifische Volumen von Luft. Damit wird die Dichte

$$\rho_L(z) = \frac{p(z) M_L}{RT} = \frac{p_0 M_L}{RT} e^{-\gamma z}.$$

Die Dichte in 8.000 m Höhe $\rho_{L8.000}$ ist demnach

$$\rho_{L8.000} = \frac{p_{8.000} M_L}{RT} = \frac{36.349 \cdot 0{,}02896}{8{,}314 \cdot 273}\,\text{kg/m}^3 = 0{,}4637\,\text{kg/m}^3.$$

Geht man davon aus, dass der Volumenstrom der Atmung in etwa gleich bleibt, wird aber der Massenstrom der Luft kleiner um

$$\triangle m_L^* = V_L^*(\rho_{L0} - \rho_{L8.000})$$
$$= 10\,\text{l/min}\,(1{,}29 - 0{,}4637)\,\text{kg/m}^3 = 8{,}263\,\text{g/min}.$$

Bei einen Sauerstoffanteil $\mu_{\text{O}_2} = 23{,}2\%$ (Massenprozent) ist damit der zeitliche Sauerstoffeintrag gemindert um

$$\triangle m_{\text{O}_2}^* = \mu_{\text{O}_2} \cdot \triangle m_L^* = 0{,}232 \cdot 8{,}263\,\text{g/min} = 1{,}917\,\text{g/min}.$$

Durch eine Erhöhung des Atemstroms auf

$$V_{L8.000}^* = \frac{\rho_{L0} V_L^*}{\rho_{L8.000}} = 27,82 \, 1/\text{min}.$$

ist es möglich, die zugeführte Sauerstoffmenge auszugleichen. Das ist gegenüber dem Atemstrom bei Nullniveau fast das dreifache. In dieser Rechnung wurde nur der Sauerstoffausgleich durch eine Vergrößerung des Luftstroms berücksichtigt. Für die Sauerstoffübertragung von der Lunge ins Blut ist auch die Partialdruckdifferenz zwischen diesen Phasen zu beachten. Im Rahmen der hier durchgeführten Abschätzung ist dies vernachlässigt worden.

Maßnahmen zu Vergrößerung des Sauerstoffstroms:

- Training der Zwerchfellmuskulatur, um den Lungendruck zu verkleinern,
- Atmungsfrequenz erhöhen,
- Nutzung eines Sauerstoffgerätes.

1.2 Höhengrenze des Menschen

Wenn der Sauerstoff-Partialdruck in den Alveolen unter den kritischen Wert von ungefähr $p(O_2, \text{Alveolen}) = 50 \, \text{mmHg}$ sinkt, dann kommt es zu Störungen der Gehirnfunktion. Dieser Wert ist erreicht, wenn der Sauerstoff-Partialdruck in der Luft auf $p(O_2) = 12,9 \, \text{kPa}$ absinkt. Man benutze die barometrische Höhenformel, um die dazugehörige Höhe auszurechnen, wobei die Zusammensetzung der Luft als konstant angenommen werden soll (Stickstoff und Edelgase: 79,1 %, Sauerstoff: 20,9 %, Kohlendioxid: 0,03 %). Ist die Höhengrenze, die sich ergibt, realistisch? Können Menschen auch in größerer Höhe leben? Wodurch wird die „ultimative" Höhengrenze gesetzt?
[Dichte von Luft $\rho = 1,29 \, \text{kg/m}^3$, Luftdruck bei NN $p(0) = 101,3 \, \text{kPa}$]

Barometrische Höhenformel

$$p(h) = p(0) e^{-\frac{\rho_0 g h}{p_0}} \Leftrightarrow h = \frac{p(0)}{\rho_0 g} \cdot \ln\left(\frac{p(0)}{p(h)}\right).$$

Der Referenz-Luftdruck beträgt 101,3 kPa. Aus dem gegebenen Sauerstoff-Partialdruck $p(O_2)$ lässt sich der Luftdruck $p(h)$ berechnen

$$p(h) = \frac{p(O_2)}{20,9\%} = 61,7 \, \text{kPa}.$$

Die Höhengrenze beträgt daher etwa 4.000 m

$$h = \frac{101,3 \cdot 10^3 \text{Pa} \, \text{m}^3 \, \text{s}^2}{1,29 \, \text{kg} \cdot 9,81 \, \text{m}} \ln\left(\frac{101,3}{61,7}\right) = 3.968,8 \, \text{m}.$$

Durch sogenannte Mehratmung (auch O_2-Mangelatmung genannt) kann der Sauerstoff-Partialdruck im Blut erhöht werden. Daher ist die Atmung ohne technische Hilfsmittel für Menschen bis etwa 7.000 m Höhe möglich. In der *Kompensationszone* von 3.000 m – 5.300 m kann der Körper sich anpassen. In der *Störungszone* (5.300 m – 7.000 m) ist die Leistungsfähigkeit der meisten Menschen stark eingeschränkt. Beispiele für die Gewöhnung an große Höhen sind z. B. das Lamakloster Rongbuk in Tibet ($\approx$ 5.000 m) und die Bergarbeitersiedlung Auncanquilcha in Chile ($\approx$ 5.300 m). In Höhen jenseits von 5.300 m ist für Menschen keine Akklimatisierung mehr möglich, daher ist ein Aufenthalt dort immer zeitlich limitiert.

Der Aufenthalt in größeren Höhen ist durch Sauerstoffatmung aus Druckflaschen möglich. ($p(O_2)$ fast so groß wie $p_{\text{Luft,außen}}$, daher steigt $p(O_2)$ in den Alveolen.) So sind Höhen bis etwa 12 km für Menschen erreichbar. Mit Mehratmung lässt sich dies bis 14 km steigern. Moderne Verkehrsflugzeuge fliegen daher, und wegen der Gefahr eines plötzlichen Druckabfalls, unterhalb von 14 km.

In Höhen von mehr als 14 km können sich Menschen nur noch mit Druckkabinen oder Druckanzügen (Raumanzügen) aufhalten. (Ohne Schutzvorrichtung würden z. B. ab etwa 20 km die Körperflüssigkeiten zu sieden beginnen, da $p_{\text{Luft}} < p_{\text{Dampfdruck}}(H_2O)$ ist bei 37°C).

1.3 Sauerstofftransfer im Hirn

Man kann sich die Sauerstoffversorgung in der Hirnrinde des Menschen aus Kapillaren durch Diffusion in einen, diese Kapillaren umgebenden, koaxialen Zylinder vorstellen (entsprechend Abbildung). In den Kapillaren fließt Blut, in den äußeren Zylindern befindet sich Hirngewebe. Solche Zylinder liegen gebündelt parallel nebeneinander. Die Zellwände sind für Sauerstoff durchlässige Membranen. Hier soll, ausgehend von der Diffusionsgleichung in Zylinderkoordinaten (siehe Gleichung (1.1)), die Partialdruckverteilung des Sauerstoffs $p(r)$ im äußeren Zylinder, also im Hirngewebe, bestimmt werden. Dabei soll am Kapillarrand $r = R$ ein Sättigungsdruck p_s herrschen und an der Oberfläche des Zylinders, bei $r = R_A$, der Sauerstoffpartialdruck minimal werden, sodass $\frac{dp}{dr}|_{r=R_A} = 0$. In die Größe K gehen Verbrauch und Stoffparameter der Diffusion ein, K sei bekannt. Es ist von stationären und axialsymmetrischen Verhältnissen auszugehen:

$$\frac{d^2 p}{dr^2} + \frac{1}{r}\frac{dp}{dr} = K. \tag{1.1}$$

Die Differentialgleichung

$$\frac{d^2 p}{dr^2} + \frac{1}{r}\frac{dp}{dr} = K$$

ist identisch mit

$$\frac{d}{dr}\left(r\frac{dp}{dr}\right) = K r.$$

Zweimalige Integration führt zu

$$p(r) = \frac{1}{4}K r^2 + C_1 \ln r + C_2$$

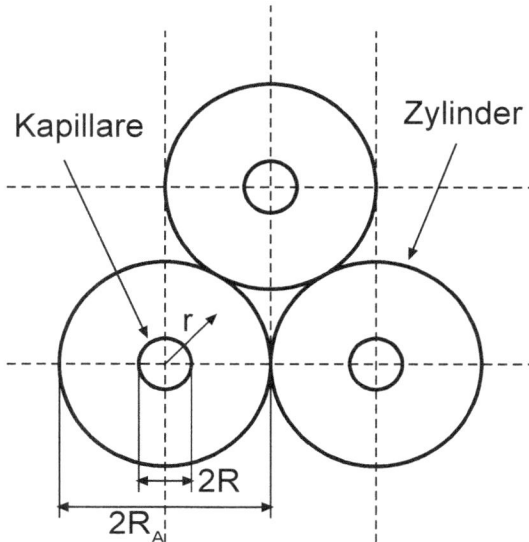

Abb. 1.1 Schema eines Querschnitt durch die Hirnrinde mit deren konzentrische Zylinder.

mit den Integrationskonstanten C_1 und C_2. Da an der Stelle $r = R_A$ der Sauerstoffpartialdruck minimal werden soll, muss hier $\frac{dp}{dr}|_{r=R_A} = 0$ sein. Dies und die Randbedingung, dass an der Stelle $r = R$ der Sättigunspartialdruck von Sauerstoff herrscht, also $p(R) = p_S$ ist, führt auf die Bestimmung von $C_1 = -\frac{1}{2} K R_A^2$ und $C_2 = p_S - \frac{1}{4} K R^2 + \frac{1}{2} K R_A^2 \ln R$. Damit wird

$$p(r) = p_S + K \left[\frac{1}{4} \left(r^2 - R^2 \right) + \frac{1}{2} R_A^2 \ln \frac{R}{r} \right].$$

1.4 Photosynthese

(a) Von der gesamten Strahlungsleistung der Sonne allen $P_S = 2 \cdot 10^{17}$ W auf die Erde. Wieviel Prozent davon wird in der Photosynthese umgesetzt, wenn dabei $m_{O_2}^* = 2 \cdot 10^{12}$ t/a frei werden? Die chemische Reaktionsgleichung der Photosynthese lautet $6 CO_2 + 6 H_2O \rightarrow C_6H_{12}O_6 + 6 O_2$. Dafür wird eine Gibbs'sche molare Enthalpie $\triangle G = +2.868$ kJ/mol benötigt.

(b) Man schätze den jährlichen Verbrauch an Sauerstoff durch Atmung $N_{O_2,total}^*$ durch die Menschheit bei einer Weltbevölkerung von $n = 7$ Milliarden. Ein Mensch verbraucht pro Minute $N_{O_2}^* = 1,1 \cdot 10^{22}$ Sauerstoffmoleküle. Wie groß ist das Mengenverhältnis zwischen dem insgesamt von der Weltbevölkerung eingeatmeten und dem durch Photosynthese freigesetzten Sauerstoff auf der Welt?

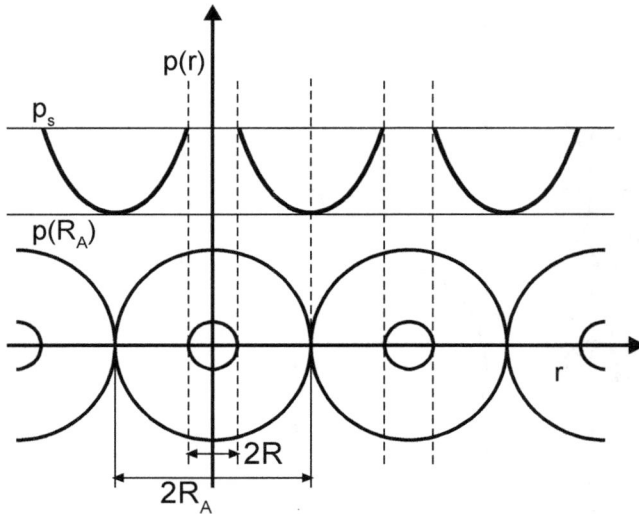

Abb. 1.2 Die Konzentration $p(r)$ bildet zwischen den Kapillaren Minima bei R_A.

(a) Die Strahlungsleistung der Sonne ist $P_S = 2 \cdot 10^{17}$ W. Im Laufe eines Jahrs wird die Energie somit

$$E_S = \tau P_S = (1\,\mathrm{a}) \cdot \left(2 \cdot 10^{17}\,\mathrm{J/s}\right) = 6{,}32 \cdot 10^{24}\,\mathrm{J}.$$

Die chemische Reaktiongleichung der Photosynthese

$$6\,CO_2 + 6\,H_2O \rightarrow C_6H_{12}O_6 + 6\,O_2 \quad \text{mit } \triangle G = +2.868\,\mathrm{kJ/mol}$$

sagt aus, dass für einen Formelumsatz eine spezifische Enthalpie $\triangle G = 2.868\,\mathrm{kJ/mol}$ verbraucht wird und dabei $N_{O_2FU} = 6$ Moleküle Sauerstoff entstehen (siehe Hinweis auf der gegenüberliegender Seite). Damit wird die jährliche Molmenge an Sauerstoff durch die Phototsynthese

$$N_{O_2Ph}^* = \frac{m_{O_2}^*}{M_{O_2}} = \frac{(2 \cdot 10^{12}\,\mathrm{t/a})\,(10^6\mathrm{g/t})}{32\,\mathrm{g/mol}} = 6{,}25 \cdot 10^{16}\,\mathrm{mol/a}$$

mit M_{O_2} als Molmasse des Sauerstoffmoleküls.
Die gesamte dafür benötigt Energie E_{Ph} pro Jahr ist somit

$$\tilde{E}_{Ph} = \frac{N_{O_2Ph}^* \tau \triangle G}{N_{O_2FU}} = \frac{(6{,}25 \cdot 10^{16}\,\mathrm{mol/a})\,(1\,\mathrm{a})\,(2.868\,\mathrm{kJ/mol})}{6}$$
$$= 2{,}987 \cdot 10^{22}\,\mathrm{J}.$$

Der Anteil Φ der zur Photosynthese genutzten Sonnenenergie wird dann

$$\Phi = \frac{E_{Ph}}{E_S} \cdot 100\,\% = \frac{2{,}98 \cdot 10^{22}\mathrm{J}}{6{,}25 \cdot 10^{24}\mathrm{J}} \cdot 100\,\% = 0{,}473\,\%.$$

(b) Ein Mensch verbrucht pro Minute $N^*_{O_2} = 1,1 \cdot 10^{22}\,1/\text{min}$ Sauerstoffmoleküle. Dies entspricht

$$N^*_{O_2\text{mol}} = \frac{N^*_{O_2}}{N_A}$$

mit N_A als Avogadrozahl. Numerisch

$$N^*_{O_2\text{mol}} = \frac{1,1 \cdot 10^{22}\,1/\text{min}}{6,02 \cdot 10^{23}\,1/\text{mol}} = 1,81 \cdot 10^{-2}\,\text{mol/min}.$$

Die totale Sauerstoffmenge $N^*_{O_2\text{total}}$, die pro Jahr von der Weltbevölkerung von $n = 7 \cdot 10^9$ Menschen verbraucht wird, ist somit

$$N^*_{O_2\text{total}} = n \cdot N^*_{O_2\text{mol}}.$$

Numerisch

$$N^*_{O_2\text{total}} = \left(7 \cdot 10^9\right)(0,01806\,\text{mol/min}) = 1,26 \cdot 10^8\,\text{mol/min}$$
$$= \left(1,26 \cdot 10^8\,\text{mol/min}\right)\left(5,26 \cdot 10^5\,\text{min/a}\right) = 6,65 \cdot 10^{13}\,\text{mol/a}.$$

Das Mengenverhältnis Ψ von eingeatmeter zu freigesetzter Sauerstoffmenge ist dann

$$\Psi = \frac{N^*_{O_2\text{total}}}{N^*_{O_2\text{Ph}}} \cdot 100\,\% = \frac{6,65 \cdot 10^{13}}{6,25 \cdot 10^{16}} \cdot 100\,\% = 0,11\,\%.$$

Ergänzender Hinweis zur Reaktionsgleichung:

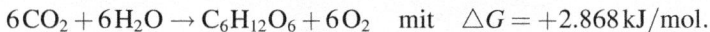

$$6\,CO_2 + 6\,H_2O \rightarrow C_6H_{12}O_6 + 6\,O_2 \quad \text{mit} \quad \triangle G = +2.868\,\text{kJ/mol}.$$

Man beachte die Angabe der molaren Gibb'schen Energie [kJ/mol], dies ist die molspezifische Energie, die chemischen Reaktionen pro Formelumsatz zugeführt werden muss, um diese zu ermöglichen (ist $\triangle G$ negativ, muss Wärme abgeführt werden). Zum leichteren Verständnis kann es hilfreich sein, die Gleichung mit der Einheit mol zu multiplizieren

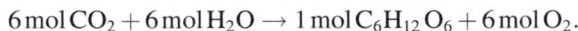

$$6\,\text{mol}\,CO_2 + 6\,\text{mol}\,H_2O \rightarrow 1\,\text{mol}\,C_6H_{12}O_6 + 6\,\text{mol}\,O_2.$$

Es entsteht also pro Formelumsatz $1\,\text{mol}\,C_6H_{12}O_6$. Da für einen Formelumsatz eine molare Wärmemenge von $\triangle G$ gebraucht wird, benötigt man demnach für 1 mol $C_6H_{12}O_6$

$$\triangle E_Z = \triangle G \cdot \frac{1}{1}\,\text{mol} = 2.868\,\text{kJ}$$

und für die Erzeugung von $1\,\text{mol}\,O_2$

$$\triangle E_S = \triangle G \cdot \frac{1}{6}\,\text{mol} = 478\,\text{kJ}.$$

1.5 Erythrozyten: Sauerstofftransport im Körper

A

(a) Wieviele Sauerstoffmoleküle $N_{O_2}^*$ werden pro Minute im Blut transportiert, wenn das Atemminutenvolumen eines Menschen $V_{O_2}^* = 10 \, l/min$ beträgt? Die Sauerstoffkonzentrationen der ein- und ausgeatmeten Luft sei $c_{O_2a} = 21 \, Vol\%$ bzw. $c_{O_2w} = 16,5 \, Vol\%$ bei einem Druck von $p = 10^5 \, Pa$ und einer Temperatur von $T = 300 \, K$.

(b) Im gesättigten Zustand transportiert ein Hämoglobinmolekül 4 Sauerstoffmoleküle. Wieviele Hämoglobinmoleküle N_{HG} befinden sich in einem Erytrozyten bei einer Blutmenge von $V_B = 6 \, l$, einer mittleren Blutumlaufzeit von $\tau = 50 \, s$ und $N_{Ery} = 5 \cdot 10^6 \, 1/\mu l$ Erythrozyten im Blut?

(c) Wie groß ist die mittlere Lebensdauer τ_L der Erythrozyten wenn $N_{Ery,a}^* = 3 \cdot 10^6$ Erythrozyten pro Sekunde im Körper neu gebildet werden?

L

(a) Die Anzahl der Sauerstoffmoleküle pro Zeiteinheit $N_{O_2}^*$ kann aus der allgemeine Gasgleichung ermittelt werden. Sie lautet hier

$$pV_{O_2}^* = N_{O_2}^* kT$$

mit k als Boltzmann-Konstante. Auflösen nach $N_{O_2}^*$ ergibt

$$N_{O_2}^* = \frac{pV_{O_2}^*}{kT} = \frac{pV^* \triangle c_{O_2}}{kT}$$

mit $\triangle c_{O_2} = c_{O_2a} - c_{O_2w}$. Numerisch findet man

$$N_{O_2}^* = \frac{10^5 \, Pa \, 10 \, l/min \, (0,21 - 0,165)}{1,38 \cdot 10^{-23} \, J/K \, 300 \, K} = 1,09 \cdot 10^{22} \, min^{-1}.$$

(b) Da ein Hämoglobinmolekül 4 Sauerstoffmoleküle transportiert, ist der Hämoglobinstrom

$$N_{HG}^* = \frac{N_{O_2}^*}{4} = \frac{1,087}{4} \cdot 10^{22} \, min^{-1} = 2,718 \cdot 10^{21} \, min^{-1}.$$

Weil $6 \, l$ Blut in der Umlaufzeit $\tau = 50 \, s$ durch den ganzen Körper fließen, beträgt der Blutstrom

$$V_B^* = \frac{V_B}{\tau} = \frac{6 \, l}{50 \, s} = 0,12 \, l/s = 0,12 \, l/s \, 60 \, s/min = 7,2 \, l/min.$$

In einem Liter Blut befinden sich $N_{Ery} = 5 \cdot 10^{12}$ Erythrozyten, so dass der Erythrozytenstrom

$$N_{Ery}^* = 7,2 \, l/min \, 5 \cdot 10^{12} \, 1/l = 3,6 \cdot 10^{13} \, min^{-1}$$

wird. Hierbei geht man von der Voraussetzung aus, dass alle Erythrozyten in $50 \, s$ den Körper durchlaufen; sie kommen ohne Sauerstoffbeladung in der Lunge an und werden dort mit O_2 gesättigt. Damit wird das Verhältnis

$$\frac{N_{HG}^*}{N_{Ery}^*} = \frac{N_{HG}}{N_{Ery}} = \frac{2,718 \cdot 10^{21}}{3,6 \cdot 10^{13}} = 7,55 \cdot 10^7.$$

In einem Erythrozyten befinden sich also $N_{HG} = 7,55 \cdot 10^7$ Hämoglobinmoleküle.[1]

---

[1]Vergleich mit Werten aus der Literatur; E. Buddecke gibt die Masse des Hämoglobins in einem Erythrozyten mit (30–32) pg und P. Karlson die Molmasse des Hämoglobins mit 6.7000 g/mol an. Daraus errechnet sich ein mittlerer Wert für N_{HG} zu $6,4 \cdot 10^7$.

(c) Für die Erythrozyten lässt sich folgende Ratengleichung aufstellen. Diese besagt, dass die Rate mit der sich die Zahl der Erythrozyten im Körper ändert gleich ist der Differenz zwischen der Erzeugungsrate und der Zerfallsrate, welche proportional zur Anzahl der Erythrozyten und umgekehrt proportional zur Lebensdauer τ_L ist (τ_L sei konstant).

$$\frac{dN_{Ery}}{dt} = -\frac{N_{Ery}}{\tau_L} + N^*_{Ery,a}.$$

Im Gleichgewicht ändert sich die Zahl der Erythrozyten nicht, also gilt für die Erythrozytenerzeugungsrate

$$N^*_{Ery,a} = \frac{N_{Ery}}{\tau_L}.$$

Nach der mittleren Lebensdauer τ_L aufgelöst, ergibt sich

$$\tau_L = \frac{N_{Ery}}{N^*_{Ery,a}} = \frac{3 \cdot 10^{13}}{3 \cdot 10^6}\, \text{s} = 10^7\, \text{s} = 116\, \text{d}.$$

1.6 Netzwerktheorie des menschlichen Atmungsapparates

Die Gesetze der Transportphänomene (Massenflüsse, elektrische Ströme, Wärmeströme und Impulsflüsse) sind gleichartig und zeigen viele Analogien. Sie lassen darum gegenseitige Modellierungen zu. Aufgrund der leichten Experimentiermöglichkeiten und der günstigen Messtechniken ist die Modellierung mechanischer Strömungsprobleme durch elektrische Analoggrößen besonders beliebt. Als Grundmodell dient dabei ein geladener Kondensator mit der Kapazität C, der über einen Stromkreis mit dem Ohm'schen Widerstand R während der Zeit t entladen wird. Mit einem solchen Modell kann auch die Atemströmung in der Lunge beschrieben werden. Der elektrische Widerstand R entspricht dem Strömungswiderstand der Lunge: $\frac{\triangle p}{V^*}$ mit V^* als Atemstrom; die elektrische Kapazität C entspricht der Dehnbarkeit der Lunge $\frac{\triangle V}{\triangle p}$.

(a) Wie sieht die entsprechende Diffentialgleichung für die zeitliche Abhängigkeit des elektrischen Entladungsstroms $I(t)$ in einem elektrischen System aus und wie lautet die Lösung für die Anfangsbedingung $I(t=0) = I_0$?

(b) Wie lautet die zu (a) analoge Differentialgleichung für die Atemströmung der Lunge und deren Lösung unter Vorgabe des Atemzugvolumens V_0?

(c) Ist die Zeit, die benötigt wird um 99% der eingeatmeten Luft wieder auszuatmen, bei Neugeborenen mit steiferer Lunge länger als bei Erwachsenen?

[Erwachsene: $R_E = 0,15\, \frac{\text{kPa} \cdot \text{s}}{\text{l}}$; $C_E = 2.000\, \frac{\text{ml}}{\text{kPa}}$; Neugeborene: $R_N = 2,5\, \frac{\text{kPa} \cdot \text{s}}{\text{l}}$; $C_N = 75\, \frac{\text{ml}}{\text{kPa}}$]

L

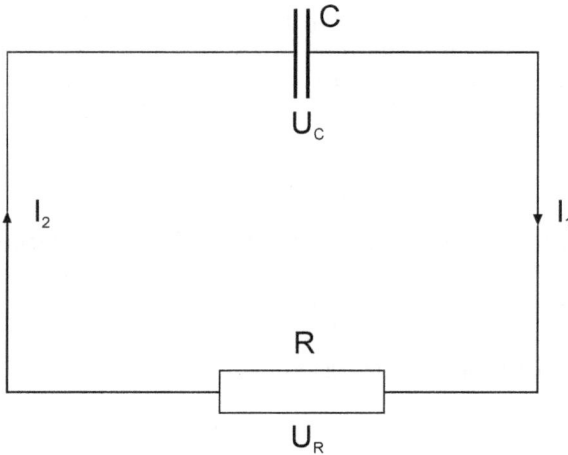

Abb. 1.3 Prinzipskizze des elektrischen Modells.

(a) Für die elektrische Stromstärke gilt

$$I_1 = I_2 = I \tag{1.2}$$

und für die elektrische Spannungen

$$U_C = -U_R. \tag{1.3}$$

Da $U_C = \frac{Q}{C}$ mit Q als Ladung des Kondensators und $U_R = IR$ ist, folgt

$$\frac{Q}{C} = -IR. \tag{1.4}$$

Ableiten ergibt die Differentialgleichung

$$\frac{dI}{dt} = -\frac{I}{RC}. \tag{1.5}$$

Trennen der Variablen und Integration ergibt

$$\int_{I_0}^{I} \frac{1}{I} \, dI = -\frac{1}{RC} \int_{0}^{t} dt$$

und

$$I(t) = I_0 \exp\left(-\frac{1}{RC} t\right). \tag{1.6}$$

(b) Folgende Analogien treten auf: der Atemstrom entspricht der elektrischen Stromstärke ($V^* \hat{=} I$); das Lungeneinzugsvolumen entspricht der elektrischen Ladungsmenge ($V \hat{=} Q$); der Lungendruck entspricht der elektrischen Spannung ($p \hat{=} U$). Die Dehnbarkeit der Lunge entspricht der Kapazität $C = \frac{\triangle V}{\triangle p}$ beschrieben. Damit gilt (1.6) hier analog in der Form

$$V = V_0 \exp\left(-\frac{1}{RC}\, t\right) = V_0 \exp\left(-\frac{1}{\frac{\triangle p}{V^*}\frac{\triangle V}{\triangle p}}\, t\right) = V_0 \exp\left(-\frac{V^*}{\triangle V}\, t\right). \qquad (1.7)$$

(c) Daraus ergibt sich die Zeit τ, bis der 99% der eingeatmeten Luft wieder ausgeatmet sind als

$$\tau = -RC \ln 0{,}01 = RC \ln 100 = 4{,}61\, RC.$$

Bei Erwachsenen beträgt der Wert:

$$RC = R_E C_E = 0{,}15\,\text{kPas}\, 2.000\,\text{ml}/\text{kPa} = 0{,}3\,\text{s}$$

und bei Neugeborenen:

$$RC = R_N C_N = 2{,}5\,\text{kPas}\, 75\,\text{ml}/\text{kPa} = 0{,}19\,\text{s}.$$

Daraus folgt für Erwachsene $\tau_E = 1{,}38\,\text{s}$ und für Neugeborne $\tau_N = 0{,}86\,\text{s}$. Die Zeit zum Ausatmen – der eingeatmeten Luftmenge – ist also bei Säuglingen kleiner als bei Erwachsenen, das bedeutet: Säuglinge atmen schneller; die Luftmenge pro Atmung ist aber bei Säuglingen kleiner als bei Erwachsenen.

1.7 Transportphänomene an der Zellmembran

Aus der Luft soll Sauerstoff an die Membranoberfläche einer Zelle gelangen. Dabei muss der Sauerstoff durch eine sich vor der Membran befindliche Grenzschicht diffundieren.

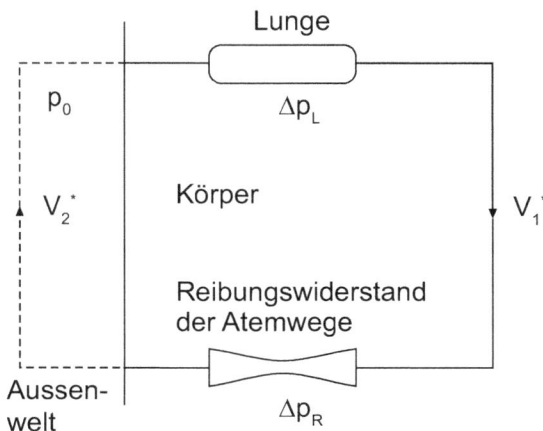

Abb. 1.4 Prinzipskizze der Atemströmung

Die Luft soll als ein Zweikomponenten-Gas aus O_2 (Index 1) und N_2 (Index 2) modelliert werden. Der Stickstoff ist das Trägergas. Folgende Größen seien bekannt: die Konzentrationswerte des Sauerstoffs an der Membranoberfläche c_{1M} und außerhalb der Grenzschicht c_{1L}, die Diffusionskoeffizienten, die für den Sauerstoffstrom und Stickstoffstrom beide gleich D sind, sowie die Membranoberfläche A und die Grenzschichtdicke δ.

Man bestimme eine Gleichung zur Berechnung des Molenstroms n_1^*, also den Sauerstoffstrom in die Zelle.

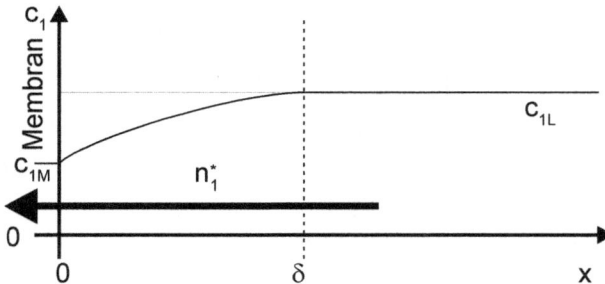

Abb. 1.5 Die Sauerstoffkonzentrationen im Zellinneren ($x \leq 0$), in der Grenzschicht ($0 < x \leq \delta$) und in der Luft ($x > \delta$), sowie der resultierende Molenstrom n_1^*.

Hinweis: Wenn eine Gaskomponente (1) durch eine Grenzschicht diffundiert, stellt sich nicht nur ein Konzentrationsgefälle für die Komponente (1) ein, sondern auch für das Trägergas (2), weil die Summe der molaren Konzentrationen konstant bleibt. Aufgrund dieses Konzentrationsgefälles diffundiert das Trägergas von der Membran weg, wird aber von dieser nicht nachgeliefert, da die Membran für das Trägergas undurchlässig ist. Die Nachlieferung erfolgt konvektiv aus dem Gasinneren in Richtung Membran. Dieser Strom nimmt auch die übergehende Komponente (1) mit und verstärkt so die Diffusion zur Grenzfläche.

L

Die Diffusion ist eine reine Molekularbewegung. Dabei nehmen einzelne Komponenten einer Mischung einen Platzwechsel vor, obwohl das Gesamtfluid, aus der die Mischung besteht, in Ruhe bleibt. Die Diffusion kann aber in Reaktion auch einen Konvektionsstrom bewirken, wie in dem hier vorliegenden Fall. Unter Konvektion versteht man die Bewegung der Gesamtmasse. Allgemein gilt für die Diffusion der Komponente j der Fick'sche Ansatz im einachsigen Fall

$$n_j^* = -DA\frac{dc_j}{dx}. \tag{1.8}$$

Nach (1.8) bewirkt der Gradient $\frac{dc_j}{dx}$ den Molenstrom durch die Fläche A, die senkrecht zur x-Richtung ist.

Die Abbildung zeigt den Konzentrationsverlauf $c_j(x)$ für die Komponente j (1 = Sauerstoff; 2 = Stickstoff). Als Konzentrationsmaß verwendet man den Molenbruch

$$c_j = \frac{n_j}{\sum n_j}. \tag{1.9}$$

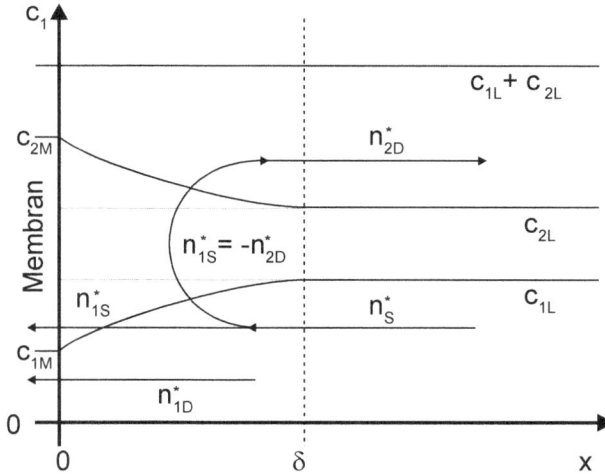

Abb. 1.6 Darstellung der Konzentrationen und der Ströme im Übergangsbereich vor der Membran.

n_j ist die Anzahl der Mole der Komponente j. x bedeutet die Membranabstandskoordinate. Für ein Zweistoffsystem gilt

$$c_1(x) + c_2(x) = 1 \qquad (1.10)$$

und somit

$$\frac{dc_1}{dx} = -\frac{dc_2}{dx}. \qquad (1.11)$$

Aus (1.8) ergibt sich mit A als Membranfläche

$$\text{Sauerstoffdiffusionsstrom} \quad n_{1D}^* = -DA \frac{dc_1}{dx} \qquad (1.12a)$$

$$\text{Stickstoffdiffusionsstrom} \quad n_{2D}^* = -DA \frac{dc_2}{dx}. \qquad (1.12b)$$

Unter Berücksichtigung von (1.11) gilt für den Stickstoffdiffusionsstrom auch

$$n_{2D}^* = DA \frac{dc_1}{dx}. \qquad (1.13)$$

Dieser diffusive Strom führt zu einem Stickstofftransport in x-Richtung, also von der Membran weg. Da von der Membran aber nichts an Stickstoff nachgeliefert wird, bewirkt der diffusive einen konvektiven Stickstoffstrom in Richtung Membran, den sogenannten Stefanstrom n_{2S}^*. Da der Gesamtstickstoffstrom n_2^* an jeder Stelle x der Grenzschicht verschwindet, muss der Stefanstrom entgegengesetzt gleich dem diffusiven Stickstoffstrom sein

$$n_{2S}^* = -n_{2D}^*. \qquad (1.14)$$

Unter Beachtung, dass der Stefanstrom definitionsgemäß den Stickstoffstrom, also nur einen Teilstrom des Gesamtkonvektionsstroms n_K^* darstellt, gilt $n_{2S}^* = c_2 n_K^*$. Somit wird

$$n_K^* = \frac{1}{c_2}\, n_{2S}^*.$$

Dieser Strom n_K^* transportiert auch Sauerstoff. Der Sauerstoffanteil n_{1S}^* beträgt $c_1 n_K^*$, sodass gilt

$$n_{1S}^* = \frac{c_1}{c_2}\, n_{2S}^*$$

und unter Berücksichtigung von (1.14)

$$n_{1S}^* = -\frac{c_1}{c_2}\, n_{2D}^*. \tag{1.15}$$

Setzt man (1.13) in (1.15) ein, ergibt sich

$$n_{1S}^* = -\frac{c_1}{c_2} DA \frac{dc_1}{dx}. \tag{1.16}$$

Der Gesamtsauerstoffstrom in Richtung der Membran setzt sich additiv aus dem konvektiven Teil n_{1S}^* und dem diffusiven Anteil n_{1D}^* zusammen

$$n_1^* = n_{1S}^* + n_{1D}^*. \tag{1.17}$$

Setzt man (1.16) und (1.12a) in (1.17) ein, findet man

$$n_1^* = -\frac{c_1}{c_2} DA \frac{dc_1}{dx} - DA \frac{dc_1}{dx} = -\left(1 + \frac{c_1}{c_2}\right) DA \frac{dc_1}{dx}.$$

Trennt man die Variablen und integriert über die Grenzschicht

$$\int_0^\delta n_1^* dx = -\int_{c_{1M}}^{c_{1L}} \left(1 + \frac{c_1}{c_2}\right) DA\, dc_1$$

erhält man unter Beachtung von Gleichung (1.10)

$$n_1^* \int_0^\delta dx = DA \int_{c_{1L}}^{c_{1M}} \frac{1}{1 - c_1}\, dc_1.$$

Die Integration ergibt

$$n_1^* \delta = DA \ln\left(\frac{1 - c_{1M}}{1 - c_{1L}}\right).$$

Somit wird der Sauerstoffstrom n_1^* durch die Membran

$$n_1^* = \frac{DA}{\delta} \ln\left(\frac{1 - c_{1M}}{1 - c_{1L}}\right) = \frac{DA}{\delta} \ln\left(\frac{c_{2M}}{c_{2L}}\right).$$

1.8 Dielektrische Messung von Exocytosevorgängen

In einem Experiment zur Bestimmung der Kapazität C und des Widerstands R einer Zellmembran wird mit Hilfe sogenannter μ-Elektroden eine Wechselspannung zwischen Intra- und Extrazellularraum angelegt. Gemessen wird die zeitliche Abhängigkeit der Stromstärke $I(t)$.

(a) Wie kann man aus der Funktion $I(t)$ Werte für C und R ermitteln und wie lautet hierfür die die komplexe Impedanz Z?

(b) Die Membran, die eine Nervenzelle mit einem Durchmesser von $d = 100\,\mu m$ umschließt, kann modellmäßig in erster Näherung als Kondensator beschrieben werden. Die Oberfläche des Kondensators entspricht der Oberfläche A der Zelle, der Abstand zwischen den Flächen unterschiedlicher Ladung ist die Membrandicke $\delta = 10\,nm$. Die Zellmembran habe die Dielektrizitätskonstante ε. Wie lautet für dieses Modell die Abhängigkeit der Kapazität C von den Geometriegrößen und der Dielektrizitätskonstante der Membran? Der Abstand der Elektroden von der Membran sei zu vernachlässigen.

(c) Bei der Exocytose werden Stoffe aus dem Zellinneren ausgestoßen. Wie ermöglicht diese Methode das Beobachten solcher Vorgänge?

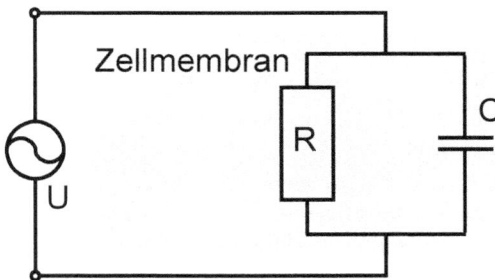

Abb. 1.7 Skizze der elektrischen Ersatzschaltung für die Membran.

(a) Zunächst wird der Stromfluss durch die Parallelschaltung betrachtet.

$$I = I_R + I_C. \tag{1.18}$$

Mit $I_R = \frac{U}{R}$ und $I_C = C\frac{dU}{dt}$ ergibt sich

$$I = \frac{U}{R} + C\frac{dU}{dt}, \tag{1.19}$$

mit $U(t) = U_0 e^{i\omega t}$ und $\frac{dU}{dt} = i\omega U(t)$

$$I = \frac{U}{R} + i\omega C U. \tag{1.20}$$

Damit wird die komplexe Impedanz

$$Z = \frac{I}{U} = \left(\frac{1}{R} + i\omega C\right)^{-1}.$$

In Z kodiert ist eine Phasenbeziehung zwischen I und U, diese lässt sich bestimmen, indem man Z in die Euler'sche Schreibweise der komplexen Zahlen überführt

$$Z = |Z| e^{i\varphi}.$$

Dabei ist φ die Phase

$$\tan \varphi = -\omega RC$$

und $|Z|$ der Scheinwiderstand

$$|Z| = \sqrt{Z^*Z} = R(1 + R^2\omega^2 C^2)^{-1/2}$$
$$= R\left(1 + \tan^2 \varphi\right)^{-1/2} = R \cos \varphi = -\frac{1}{\omega C} \sin \varphi.$$

Der Scheinwiderstand wird damit

$$|Z| = \frac{U_{\text{eff}}}{I_{\text{eff}}} = R \cos \varphi = -\frac{1}{\omega C} \sin \varphi.$$

Damit kann der Widerstand und die Kapazität bestimmen werden

$$R = \frac{U_{\text{eff}}}{I_{\text{eff}}} \frac{1}{\cos \varphi}, \quad C = -\frac{I_{\text{eff}}}{U_{\text{eff}}} \frac{\sin \varphi}{\omega}.$$

(b) Die Dicke der Membranhaut $\delta \approx 10\,\text{nm}$ ist klein im Vergleich zum Durchmesser $d \approx 100\,\mu\text{m}$ der hier betrachteten Nervenzelle, $\delta \ll d$. Lokal ist somit eine ebene Geometrie eine gute Näherung und man kann die Membran durch einen Plattenkondensator mit dem Plattenabstand $a = \delta$ beschreiben. Die Oberfläche der Kondensatorplatten A ist gleich der Oberfläche der Membran $A_M = \pi d^2$, wenn man von einer kugelförmigen Zelle ausgeht. Die Kapazität eines Plattenkondensators ist $C = \varepsilon_0 \varepsilon A/d$, im vorliegenden Fall also

$$C = \varepsilon_0 \varepsilon \frac{A_M}{\delta} = \varepsilon_0 \varepsilon \frac{\pi d^2}{\delta},$$

mit ε_0 als Dielektrizitätskonstante des Vakuums und ε als Dielektrizitätszahl. Eine Änderung der Dicke und der Oberfläche der Membran führt zu einer Änderung der Kapazität C.

(c) Bei der Exocytose werden Vesikel aus dem Inneren der Zelle kurzfristig mit der Zellmembran verschmolzen. Dadurch verändert sich die Geometrie der Membran und damit die Kapazität.

1.9 Diffusion und Skaleneigenschaften

Man betrachte den Sauerstoffeintrag in eine Amöbe und einen Blauwal für den Fall, dass in beiden Organismen die Stoffübertragung rein diffusiv erfolgen würde. Die Gestalt der Amöbe und des Blauwals soll kugelförmig angenommen werden (Durchmesser der Amöbe $d_A = 1\,\mu m$; Blauwal $d_W = 13\,m$). Die Sauerstoffkonzentration im Wasser $c_o = 11\,mg/l$ soll 10 mal größer sein als an der Stelle $r = 0,1\,d$ im Organismus. Der Sauerstoff soll im Mittelpunkt der Lebewesen verbraucht werden. Wäre die reine Diffusion als Stofftransport in großen Organismen (wie dem Wal) zum Überleben ausreichend? Man nehme an, dass auf dem Diffusionsweg kein Sauerstoff verbraucht werde.
[Diffusionskonstante von O_2 im Organismus und in Wasser: $D = 2,1 \cdot 10^{-9}\,m^2 s^{-1}$, Dichte von Sauerstoff: $\rho_{o_2} = 1,429\,kg/m^3$]

Die Diffusionsgleichung lautet allgemein und in Kugelkoordinaten

$$\frac{\partial c_{O_2}}{\partial t} = D \nabla^2 c_{O_2} = \frac{d^2 c_{O_2}}{dr^2} + \frac{2}{r} \frac{dc_{O_2}}{dr},$$

wobei man die Ableitungen nach den Winkelkoordinaten $= 0$ gesetzt hat, da isotrope Verhältnisse angenommen werden. Im stationären Fall ist die Konzentrationsverteilung konstant, d. h. die zeitliche Ableitung verschwindet. Diese gewöhnliche homogene Dgl. 2. Ordnung mit variablen Koeffizienten kann durch die Substitution $r = e^x$ in eine mit konstanten Koeffizienten umgewandelt werden. Sie lautet

$$\frac{d^2 c_{O_2}}{dx^2} + \frac{dc_{O_2}}{dx} = 0.$$

Zweimalige Integration ergibt

$$c_{O_2} = A e^{-x} + B = \frac{A}{r} + B.$$

Durch die Randbedingungen $c(r = 0,1\,d) = \frac{c_0}{10}$ und $c(r = 0,5\,d) = c_0$ erhält man für die Integrationskonstanten $A = -0,112\,d\,c_0$ und $B = 1,22\,c_0$ und damit die Lösung

$$c_{O_2} = c_0 \left(1,22 - 0,112 \frac{d}{r} \right).$$

Der Konzentrationsgradient in radialer Richtung ist damit an der Oberfläche

$$\left[\frac{dc_{O_2}}{dr} \right]_{r = \frac{d}{2}} = \frac{0,112\,c_o\,d}{d^2/4} = 0,45 \frac{c_o}{d},$$

ist also indirekt proportional zum Durchmesser des Organismus. Der Fluss pro Flächeneinheit ist laut Fick'schen Gesetz proportional zum Gradienten. Da die Oberfläche mit dem Quadrat des Durchmessers zunimmt, nimmt der gesamte Sauerstofftransport durch die Oberfläche linear mit dem Durchmesser zu. Der Verbrauch nimmt aber, bei angenommem konstantem Energieumsatz pro Gewicht mit der dritten Potenz zu. Das zeigt, dass ein diffusiver Transport, wie ihn die Amöben ausnutzen, bei größeren Tieren nicht ausreichen würde, um diese hinreichend mit Sauerstoff zu versorgen. Darum hat der Wal, wie alle höheren Tiere, ein Kreislaufsystem, das den Sauerstofftransport in die Organe konvektiv übernimmt.

2 Biomechanik

Im Rahmen der Biomechanik werden die Gesetze der klassischen Mechanik auf biologische Systeme übertragen. In diesem Kapitel behandeln wir insbesondere die Statik und Festigkeit des Knochensystems. Knochen sind Kompositmaterialen aus anorganischen Kristallen und Proteinen, die von lebenden Zellen auf- und abgebaut werden. Dadurch sind sie sehr anpassungsfähig und bewirken z. B. eine vermehrte Knochenbildung bei Belastungen. Zu den Belastungen gehören äußere Kräfte $\vec{F}$, deren Effekt lokal als Spannung, d. h. Kraft pro Fläche diskutiert wird. Stehen die Kräfte senkrecht auf einem Flächenelement dA, spricht man von Normalspannungen σ; wirken sie in der Fläche, nennt man sie Tangential- oder Schubspannungen τ. Ein allgemeiner Spannungszustand wird über den Spannungstensors $\underline{T}$, beschrieben.

Spannungen bewirken Verformungen der Knochen. Damit ein Knochen nicht geschädigt wird, darf diese Verformung ein zulässiges Maß nicht überschreiten. Das wiederum setzt voraus, dass die äußeren Belastungen nicht zu einen Spannungszustand führen, der eine irreversible Formänderung des Knochenmaterials bewirkt oder gar den Knochen zerstört (Knochenfraktur). Der Einfachheit halber diskutiert man hier meist nur einachsige Belastungsfälle, also nur entweder Normalspannungen oder reine Tangentialspannungen. Die zugehörigen Formänderungen sind reine Dehnung (bzw. Stauchung), Biegung, Scherung oder Torsion. Die Grenzspannungen, die hier nicht überschritten werden dürfen, werden auch mit Festigkeit des Knochens bezeichnet.

Unter der Dehnung ε eines materiellen Körpers versteht man dessen Längenänderung $\triangle l$ unter einer axialen Kraft der Größe F bezogen auf die Ursprungslänge l ($\varepsilon = \frac{\triangle l}{l}$). Die Dehnung ε ist bis zu der Grenzspannung σ_P proportional zur wirkenden Normalspannung $\sigma = \frac{F}{A}$. Zwischen der Spannung σ und der Dehnung ε besteht also der Zusammenhang $\sigma = E\varepsilon$ für $\sigma \leq \sigma_P$. Der Proportionalitätsfaktor E wird als Elastizitätsmodul bezeichnet. Ein analoger Zusammenhang ergibt sich auch für die Scherung eines Körpers. Hier wirkt aufgrund einer tangentialen Kraft der Größe F eine Schubspannung $\tau = \frac{F}{A}$, die bis zur zulässigen Spannung τ_P proportional zum Scherwinkel γ ist $\tau = G\gamma$ für $\tau \leq \tau_P$, Der Proportionalitätsfaktor G wird als Torsions- oder Schubmodul bezeichnet. Die Beziehungen $\sigma = E\varepsilon$ bzw. $\tau = G\gamma$ werden Hookesches Gesetz für Dehnung bzw. Scherung genannt. E und G sind also Stoffwerte wie auch σ_P und τ_P, die sich im vorliegenden Fall auf das Knochenmaterial beziehen. Die Spannungen σ_P und τ_P markieren die obere Grenze der Hookeschen Gesetze (Proportionalitätsgrenze). Bei höheren Werten wird der Proportinalbereich verlassen und es setzt im Knochen eine plastische Deformation ein. Gehen die Spannungswerte zurück, entsteht eine bleibende Deformation. Steigen die Spannungswerte weiter, kommt es bei σ_B und τ_B zum Knochenbruch. Der plastische Bereich ist bei Knochen relativ klein, sodass die Festigkeiten gegen plastische Verformung σ_P und τ_P mit den Festigkeiten gegen Bruch σ_B und τ_B numerisch gleich gesetzt werden können.

Die Stärke einer lokalen Spannung wird nicht nur durch die Stärke der äußeren Kraft bestimmt, sondern auch durch deren Angriffspunkt. Man beschreibt dies gern über Momente, wie z. B. das Biegemoment M_b, welches dem Produkt aus der externen Kraft und der Länge des wirkenden Hebelarms entspricht. Es bewirkt eine Biegespannung $\sigma_b = \frac{M_b}{W_b}$ mit dem Widerstandsmoment

$$W_b = \frac{1}{e_R} \int x^2 dA.$$

Für die Torsion ergibt sich aus dem Drehmoment M_t die Torsionsspannung τ_t zu $\tau_t = \frac{M_t}{W_p}$ mit dem polaren Widerstandsmoment

$$W_p = \frac{1}{e_R} \int r^2 dA.$$

Die Widerstandsmomente errechnen sich also als Integral über alle Flächen dA, gewichtet mit dem Quadrat des Abstandes von der Bezugsachse; e_R ist der Abstand der Randfaser von der neutralen Faser. Auch für Biegung und Torsion dürfen die Spannungen die zulässigen Werte der Knochenfestigkeit nicht überschreiten.

Der Knochen muss die Fähigkeit besitzen, möglichst große Kräfte und Momente bei möglichst kleinen Abmaßen und kleinem Gewicht aufzunehmen, Dieses Optimierungsproblem wird vom Körper durch eine „Leichtbaukonstruktion" gelöst. Die äußeren Teile des Knochens sind relativ dicht, im Inneren sind sie meist mit mehr oder weniger großen Hohlräumen durchsetzt. Die Knochenstruktur ist eine extrazelluläre Matrix, die zum größten Teil aus Calciumhydroxylapatit besteht. Diese verleiht dem Knochen die Druckfestigkeit gegen Stauchung. Der Rest besteht hauptsächlich aus Protein, das vor allem für die Zugfestigkeit gegen Dehnung verantwortlich ist.

Die Kräfte, die auf Knochen wirken, sind das Körpergewicht und Lasten von außerhalb des Körpers. Dazu kommen aber auch Muskelkräfte, die durch Kräftepaarbildung zu Drehmomenten und in Folge zur Biegung des Knochens führen können. Ein Beispiel ist die Skelettmuskulatur. Die Skelettmuskulatur ist mit einen Anteil von 40–50% des gesamten Körpergewichtes das mit Abstand schwerste Organ. Hauptsächlich ist dies die Muskulatur des Bewegungsapparates. Die funktionellen Einheiten des Skelettmuskels bilden die in Bündeln zusammengefassten Muskelfasern. Jede Muskelfaser ist ein langer Zytoplasmaschlauch von $10 - 100\,\mu m$ Durchmesser bei 1–5 cm Länge und ohne Zellgrenzen, sodass eine Zelle mehrere Hundert Zellkerne besitzt. Sie verlaufen in der Regel durch den gesamten Muskel und gehen am Ende in bindegewebsartige Sehnen über, durch die der Muskel am Knochen befestigt ist. Eine Muskelzelle enthält eine große Zahl von Mykrofibrillen, welche ihre Länge verändern können. Sie verlaufen parallel zueinander in der Längsachse in vielen ungefähr $2,5\,\mu m$ langen Einheiten.

Die maximale Kraft erzeugt ein Muskel bei der isometrischen Kontraktion, zum Beispiel beim Halten eines Gewichtes. Verkürzt sich der Muskel bei konstanter Spannung spricht man von isotonischer Kontraktion, zum Beispiel beim Stemmen eines Gewichtes. Die unterschiedlichen Verhaltensweisen verdeutlichen Ruhedehnungskurven. Hier wird an einen ruhenden Muskel eine Zugkraft angelegt, und die Dehnung gemessen. Diese Kurven zeigen ein nicht-Hookesches Verhalten und beschreiben die natürliche Elastizität der Muskelfasern. Der Wirkungsgrad η der Muskelbewegung, d. h. das Verhältnis der erzeugten mechanischen Arbeit zur verbrauchten chemischen Energie, hängt von der Art der Kontraktion ab. Bei der isometrischen Beanspruchung liegt keine Bewegung in Kraftrichtung vor und somit wird keine mechanische Arbeit geleistet. Der Wirkungsgrad ist darum $\eta = 0$; bei der isotonischen Beanspruchung mit einer Kraft, die 30 % unter der Maximalkraft liegt, ergibt sich ein Wirkungsgrad im Bereich $0,4 \leq \eta \leq 0,5$. Die übrige chemische Energie wird in Wärme umgewandelt.

Müssen Knochen gegenseitig beweglich sein, bildet der Körper Gelenke. Da Knochen nicht gegen Reibung geschützt sind, wird die Paarung Knochen auf Knochen vermieden und durch Knorpel überbrückt. Dieser besitzt eine hohe Widerstandsfähigkeit gegen Druckbelastungen bei geringer Reibung. Außerdem übernimmt der Knorpel bei Stoßbelastungen eine Dämpfungsfunktion. Die Reibungswerte werden darüber hinaus durch eine Gelenkflüssigkeit gemindert, sodass es nicht zu einer trockenen Reibung kommt. Die Stabilisierung der Gelenke übernehmen Bänder, die auch den Sehnen eine Führung geben.

2.1 Achillessehne

A Mit Hilfe der Achillessehne soll der entsprechende Beinmuskel den Körper eines auf einem Bein stehenden Menschen mit der Masse $m = 50\,\text{kg}$ so anheben, dass ein Winkel zwischen Fuß- und Bodenfläche von $\alpha = 20°$ entsteht. Wie groß ist in diesem Fall die Muskelkraft F_M, wenn die Fußlänge $l = 13\,\text{cm}$ und die Ristlänge $a = 10\,\text{cm}$ beträgt? Gehen Sie dabei davon aus, dass durch die Anatomie des Fußes (Bänder) die Sehne immer senkrecht auf den Fußknochen wirkt. Wenn man annimmt, dass die Muskelkraft als Dehnungskraft einer Feder mit der Federsteifigkeit $k = 10^3\,\text{N/cm}$ entstehen würde, wie groß ist dann der notwendige Federweg s?

L Man betrachte zunächst die in der folgenden Abbildung gezeigte Geometrie.

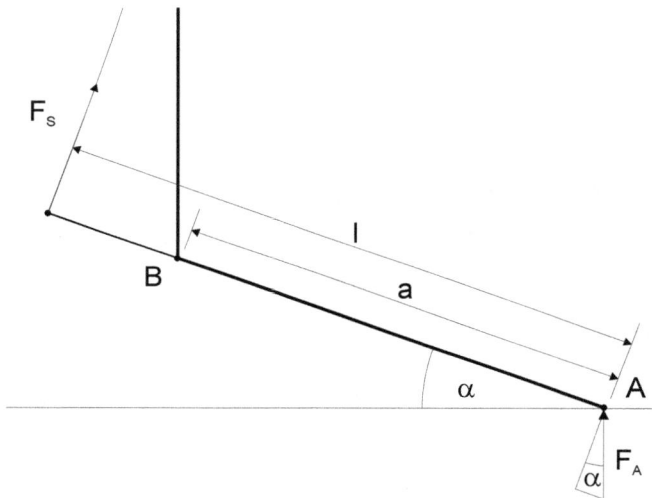

Abb. 2.1 Der Fuß als Hebel.

Im statischen Gleichgewicht müssen folgende Bedingungen gelten

$$\sum_{i=1}^{n} \vec{F}_i = 0, \tag{2.1}$$

$$\sum_{j=1}^{m} \vec{M}_j = 0. \tag{2.2}$$

Hierbei sind in $\vec{F}_i$ auch die von außen auf einen Körper wirkenden Kräfte zu berücksichtigen, also auch die aus einer Belastung entstehenden Reaktionskräfte. Innere Kräfte heben sich dagegen gegenseitig auf und gehen darum nicht in die Betrachtung ein. Aus der 1. Bedingung ergibt sich die aus der Gewichtskraft resultierende Reaktionskraft $\vec{F}_A$ des Bodens im Punkt A

$$\vec{F}_G + \vec{F}_A = 0.$$

Demnach ist die Reaktionskraft $\vec{F}_A$ der Gewichtskraft $\vec{F}_G$ entgegengerichtet. Die Beträge der beiden Kräfte F_A und F_G sind jedoch gleich groß. Die 2. Bedingung muss für jeden Punkt der Kraftebene gelten. Dabei ist man frei bei der Auswahl eines Punktes zur Formulierung der Momentensumme, um den sie verschwinden muss. Hier ist es zweckmäßig, die Momentensumme um den Punkt B zu formulieren, da hier die Gewichtskraft selbst kein Moment liefert (der Hebelarm hat die Länge Null). Es gilt dann

$$F_S \cdot (l-a) - F_A \cdot a\cos\alpha = 0.$$

Da $F_A = F_G$ und die Sehnenkraft F_S gleich der Muskelkraft F_M sein muss, ergibt sich

$$F_M = \left(\frac{a}{l-a}\right) mg\cos\alpha.$$

Numerisch

$$F_M = \frac{10}{3} \cdot 50\,\text{kg} \cdot 9{,}81\,\text{m/s}^2 \cos 20° = 1536\,\text{N}.$$

Wenn man den Muskel durch eine Feder modelliert, die ihre Kraft F_M über einen Federweg s aufbaut, findet man

$$F_M = ks$$

und somit

$$s = \frac{F_M}{k} = \frac{1536\,\text{N}}{10^3\,\text{N/cm}} = 1{,}54\,\text{cm}.$$

2.2 Knochenformen von Ulna und Radius

Betrachtet sei ein zum Körper um $90°$ angewinkelter Unterarm. In der Hand befinde sich ein gefüllter Bierkrug (Gefäßinhalt $V = 1\,\text{l}$; Leergewicht des Kruges $F_{GK} = 10\,\text{N}$). Die Armlänge beträgt $l = 50\,\text{cm}$. Zur Modellierung des Problems soll für Ulna (Elle) und Radius (Speiche) ein Rundstab angenommen werden, auf den die Hälfte der auf beide Knochen wirkenden Kräfte entfällt. Wie müsste der Ersatzstab und somit Ulna und Radius geformt sein, damit an jeder Stelle x (Längenkoordinate des Knochens) die Festigkeit (Biegespannung) gleich groß ist? Welchen Durchmesser müssten die Knochen am Ellbogen mindestens haben, um das volle Bierglas sicher zu halten?

Folgende zwei Knochenmodelle sollen betrachtet werden

(a) Vollstab

(b) Hohlstab mit dem Durchmesserverhältnis $\frac{D}{d} = 2$ mit D als äußeren und d als inneren Durchmesser.

Das Eigengewicht des Knochens soll vernachlässigt werden. Die Bruchspannung des Knochenmaterials sei $\sigma_B = 100\,\text{MPa}$.

Die Lösung des folgenden Integrals kann vorausgesetzt werden

$$\int z^2 \sqrt{a^2 - z^2}\, dz = -\frac{z}{4}\sqrt{(a^2-z^2)^3} + \frac{a^2}{8}\left[z\sqrt{(a^2-z^2)} + a^2 \arcsin\left(\frac{z}{a}\right)\right] + C.$$

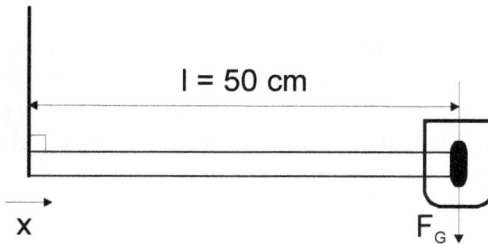

Abb. 2.2 Die Ulna und der Radius werden durch zwei Stäbe modelliert. Diese sind im rechten Winkel zum Oberarm ausgerichtet und werden am Ende durch einen Bierkrug belastet.

L

(a) Vollstab:
Verantwortlich für die Belastung, die am Ende des Armes wirkt, ist die Querkraft $\vec{F}$

$$\vec{F} = \vec{F}_{GK} + \vec{F}_{GB}$$

mit $\vec{F}_{GK}$ als Gewichtskraft des Kruges und $\vec{F}_{GB}$ als Gewichtskraft des Biers. $F_{GB} = \rho_B g V$ mit V als Inhalt des Kruges und ρ_B als Dichte von Bier. Für ρ_B kann hier die Dichte von Wasser ρ_W angenommen werden: $\rho_B = \rho_W = 1.000\,\text{kg/m}^3$
Somit beträgt die Querkraft

$$F = 10\,\text{N} + 1.000\,\text{kg/m}^3 \cdot 9,81\,\text{m/s}^2 \cdot 0,001\,\text{m}^3 = 19,81\,\text{N}.$$

Diese Querkraft soll die Knochen je zur Hälfte belasten, sodass die Stabkraft $F_S = \frac{F}{2} = 9,9\,\text{N}$ beträgt. Da der Stab fest eingespannt ist, entsteht auch über die Stablänge ein Biegemoment $M_b(x)$

$$M_b(x) = F_S(l - x).$$

Das Biegemoment ist an der Einspannstelle ($x = 0$), also dem Ellbogen, am größten

$$M_{b,\max} = F_S l = 9,9\,\text{N} \cdot 0,5\,\text{m} = 4,95\,\text{Nm}.$$

F_S und $M_b(x)$ zusammen belasten den Stab an der jeder Stelle x. Da aber die Stablänge l sehr viel gößer ist als der Stabdurchmesser D, wird nur M_b für den Spannungszustand im Stab von maßgebender Bedeutung.[1] Das Biegemoment erzeugt an jeder Stelle x ein betragsmässig identisches Reaktionsmoment

$$M_b^{\triangledown}(x) = \int_A \sigma(z)\, z\, dA = \int_{-\frac{1}{2}D(x)}^{\frac{1}{2}D(x)} \sigma(z)\, z\, B(x,z)\, dz$$

---

[1]Man spricht im Fall $l \ll D$ von einem ‚schlanken' Stab und die mögliche Verformung ist in guter Näherung eine Biegung. Wenn aber $l/D \approx 1$ ist, treten zusätzliche Verformungen auf, und es bilden sich zusätzlich Scherspannungen.

mit $B(z)$ als Breite des Stabes. Es handelt sich bei dem Stab um einen Rundstab, darum ist

$$B(x,z) = \sqrt{\left[\frac{D(x)}{2}\right]^2 - z^2}.$$

Die Spannungsverteilung $\sigma(z)$ muss linear sein, weil die Stirnflächen des Stabes bei einer Biegung eben bleiben, das bedeutet: alle Fasern in z-Richtung sind bei einer Biegung linear um $\triangle l(z)$ gedehnt bzw. gestaucht worden. Dabei bleibt die mittlere Faser ungedehnt. Sie wird ‚neutrale Faser' genannt. $\triangle l(z)$ ist demnach eine lineare Funktion. Da im elastischen Bereich das Hook'sche Gestz $\sigma = E\varepsilon$ gilt, mit $\varepsilon(z) = \frac{\triangle l(z)}{l}$, muss auch die Abhängigkeit $\sigma(z)$ linear sein. Die Funktion $\sigma(z)$ lautet

$$\sigma(x,z) = \frac{2\sigma_0(x)}{D} z$$

mit $\sigma_0(x)$ als Spannungswert an der Stelle $[x,z] = \left[x, \frac{D(x)}{2}\right]$. Daraus folgt

$$M_b^{\triangledown}(x) = \frac{2\sigma_0(x)}{D(x)} \int\limits_{-\frac{1}{2}D(x)}^{+\frac{1}{2}D(x)} z^2 \sqrt{\frac{D(x)}{2}^2 - z^2}\, dz,$$

bzw. aus Symmetriegründen

$$M_b^{\triangledown}(x) = 2\frac{2\sigma_0(x)}{D(x)} \int\limits_{0}^{\frac{1}{2}D(x)} z^2 \sqrt{\left[\frac{D(x)}{2}\right]^2 - z^2}\, dz.$$

Das Integral

$$2 \int\limits_{0}^{\frac{1}{2}D(x)} z^2 \sqrt{\left[\frac{D(x)}{2}\right]^2 - z^2}\, dz = J_a$$

wird auch als axiales Flächenträgheitsmoment J_a bezeichnet und $\frac{J_a}{b} = W_a$ als axiales Widerstandsmoment[2] mit b als Abstand der neutralen Faser von der Randfaser. b ist im vorliegenden Fall $\frac{1}{2}D(x)$. Damit lautet

$$M_b^{\triangledown}(x) = \frac{2\sigma_0(x)}{D(x)} J_a = \sigma_0(x)\, W_a.$$

Die Integration von $2\int\limits_{0}^{\frac{1}{2}D(x)} z^2 \sqrt{\left[\frac{D(x)}{2}\right]^2 - z^2}\, dz$ ergibt (unter Beachtung der Integrallösung in der Aufgabenstellung) für die Werte J_a und W_a

$$J_a = \frac{\pi D(x)^4}{64} \text{ und } W_a = \frac{\pi D(x)^3}{32}.$$

---

[2] Man beachte, dass die beiden Ausdrücke J_a und W_a keine Momente im Sinne von Kraft $\times$ Hebelarm sind, sondern reine Geometriegrößen. J_a hat die Einheit m^4 und W_a die Einheit m^3

Somit wird

$$M_b^{\triangledown}(x) = \frac{\pi}{32} D(x)^3 \sigma_0(x).$$

Da $M_b(x)$ und $M_b^{\triangledown}(x)$ vom Betrag gleich sein müssen, gilt

$$F_S l \left(1 - \frac{x}{l}\right) = \frac{\pi}{32} D(x)^3 \sigma_0(x).$$

Daraus folgt

$$\sigma(x) = \frac{32}{\pi D(x)^3} F_S l \left(1 - \frac{x}{l}\right).$$

Soll nun die Festigkeit über x konstant bleiben, muss $\sigma_0(x) = $ const gelten, also keine Funktion von x sein. Außerdem darf σ_0 die Bruchspannung σ_B nicht überschreiten, d. h. mit der Bedingung $\sigma_0 = \sigma_B$ wird die Forderung der Mindestsicherheit erfüllt. Daraus folgt

$$D^3(x) = \frac{32 F_S l}{\pi \sigma_B} \left(1 - \frac{x}{l}\right).$$

Damit wird die Knochenform zu

$$D(x) = D_0 \sqrt[3]{1 - \frac{x}{l}}$$

mit

$$D_0 = \sqrt[3]{\frac{32 M_{b,\max}}{\pi \sigma_B}}$$

als Knochendurchmesser am Ellbogen $x = 0$.
Mit $M_{b,\max} = 4{,}95\,\text{Nm}$; $\sigma_B = 100\,\text{MPa} = 10^8\,\text{Pa}$ ergibt sich $D_0 = 7{,}96\,\text{mm}$.

(b) Hohlstab:
Hierbei ändern sich die Geometriegrößen J_a und W_a

$$J_{a(\text{Hohl})} = 2\left[\int_0^{\frac{1}{2}D(x)} z^2 \sqrt{\frac{D(x)^2}{4} - z^2}\,dz - \int_0^{\frac{1}{2}d(x)} z^2 \sqrt{\frac{d(x)^2}{4} - z^2}\,dz\right]$$

$$= \frac{\pi}{64}\left[D(x)^4 - d(x)^4\right]$$

$$W_{a(\text{Hohl})} = \frac{\pi}{32} D(x)^3 \left[1 - \left(\frac{d}{D}\right)^4\right].$$

Mit $\frac{d}{D} = 0{,}5$ wird

$$W_{a(\text{Hohl})} = \frac{\pi}{32} D(x)^3 \cdot 0{,}9375.$$

Da $M_b = W_a \sigma_B$ ist, folgt an der Stelle $x = 0$

$$M_{b,\max} = \frac{0{,}9375\,\pi}{32} D_0^3 \sigma_B$$

und daraus

$$D_{0(\text{Hohl})} = \sqrt[3]{\frac{32 M_{b,\max}}{0,9375 \cdot \pi \cdot \sigma_B}} = 1,03 D_{0(\text{Voll})} = 8,13\,\text{mm}.$$

Tab. 2.1 Knochendurchmesser an verschiedenen Stellen

	$x[\text{cm}]$	0	5	10	20	30	40	50
Vollstab	$D_{\text{Voll}}[\text{mm}]$	8,0	7,7	7,4	6,7	5,9	4,7	0
Hohlstab	$D_{\text{Hohl}}[\text{mm}]$	8,2	8,0	7,6	7,0	6,1	4,8	0

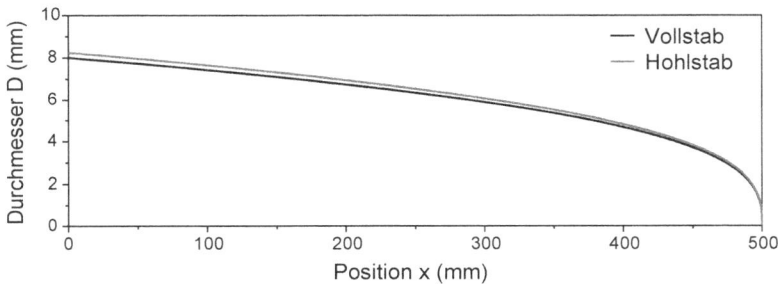

Abb. 2.3 Die Knochenformen im Vergleich.

Fazit: Beim Hohlstab ergibt sich bei gleicher Festigkeit ein kaum größerer Durchmesser gegenüber dem Vollstab. Knochen sind darum in den meisten Fällen hohl. Vorteile: Es ist weniger Knochenmasse nötig, das Eigengewicht ist kleiner und der Hohlraum bietet Platz für Gefäße und Nervenstränge. Die Dicke der Armknochen sind bei erwachsenen Menschen größer als der hier errechnete Wert, da ein Mensch mehr halten kann als ein Maß Bier.

2.3 Skibindung

Betrachtet wird eine Skibindung, die dann auslöst, wenn die Querkraft $\vec{F}$ an der Spitze der Bindung einen Grenzwert überschreitet. Dieser Wert ist unter der Bedingung vierfacher Sicherheit ($\frac{\tau_B}{\tau_{\max}}$) gegenüber Torsionsbruch zu ermitteln. Man gehe dabei von der Vorstellung aus, dass der Knochenaufbau, samt Knie, im Bein eines Menschen durch einen runden Ersatzstab der Länge l und dem Durchmesser d beschrieben werden kann. Dieser soll am oberen Ende fest eingespannt sein. Dabei gelten für den Stab die Stoffdaten des Knochenmaterials. Weiterhin soll der Winkel $\varphi_{\max}$ ermittelt werden, um den sich der Körper gegenüber der Skiachse in dem Augenblick verdreht hat, in dem die Bindung auslöst.

[Ersatzstab: Durchmesser $d = 4\,\mathrm{cm}$; Länge $l = 1\,\mathrm{m}$; Bruchspannung des Knochens $\tau_B = 65\,\mathrm{MPa}$; Schubmodul der Knochenmasse $G = 3{,}7\,\mathrm{GPa}$
Sonstiges: Schuhgrösse $s = 25\,\mathrm{cm}$; Sicherheitsfaktor $\nu = 4$]

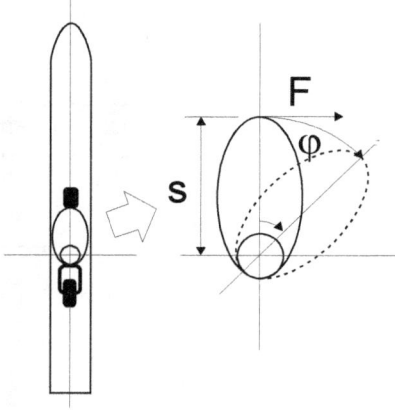

Abb. 2.4 Der Ski mit Bindung in der Aufsicht.

Für das Torsionsmoment $\vec{M}_s$, das die Skibindung auf den Ski ausübt, gilt

$$\vec{M}_s = \vec{F} \times \vec{s}. \tag{2.3}$$

Hier ist $\vec{F}$ die Querkraft und die Länge des Vektors $\vec{s}$ entspricht der Schuhgröße. Das Torsionsmoment, das auf das Bein wirkt, beträgt

$$M = \int_A \tau(r)\, r\, dA$$

mit $\tau(r)$ als Schubspannungsverteilung im Stabquerschnitt. Die Spannungsverteilung $\tau(r)$ ergibt sich wegen

$$\frac{\tau(r)}{\tau_0} = \frac{r}{R}$$

mit $\tau_0 = \tau(r = R)$ zu

$$\tau(r) = \tau_0 \frac{r}{R}. \tag{2.4}$$

Das Flächenelement dA kann durch die Radialkoordinate r ausgedrückt werden: $dA = 2\pi r\, dr$. Damit wird das Torsionsmoment

$$M = \tau_0 \left(\frac{2\pi}{R}\right) \int_0^R r^3\, dr = \tau_0 W_P. \tag{2.5}$$

Das polare Widerstandsmoment W_P für einen runden Vollstab lautet

$$W_P = \frac{2\pi}{R} \int_0^R r^3\, dr = \left(\frac{\pi}{2}\right) R^3 = \left(\frac{\pi}{16}\right) d^3. \tag{2.6}$$

Demnach ist

$$M = \frac{\pi \tau_0 d^3}{16}. \tag{2.7}$$

Das maximal zulässige Torsionsmoment M_{zul} erhält man aus der Bedingung, dass die maximale Schubspannung τ_0 um den Sicherheitsfaktor v kleiner bleiben soll als die Bruchspannung τ_B des Knochens, $\tau_0 \leq v \tau_B$:

$$M_{zul} = \frac{\pi \tau_B d^3}{16 v}.$$

Durch Gleichsetzen dieses Moments und des ausgeübten Moments (2.3), $M_{zul} = M_s$, erhält man für die Auslösekraft

$$F = \frac{\pi \tau_B d^3}{16 vs} = 314{,}4\,\mathrm{N}. \tag{2.8}$$

Aus geometrischen Gründen – siehe Abb. 2.5 – gilt für den Verdrehwinkel φ in Bezug auf den Scherwinkel γ die Beziehung

$$l\gamma = R\varphi = \frac{d}{2}\varphi \rightarrow \varphi = \frac{2l}{d}\gamma. \tag{2.9}$$

Demnach ist der maximale Drehwinkel φ_{max}, bei dem die Skibindung auslöst

$$\varphi_{max} = \frac{2l}{d}\gamma_{max}. \tag{2.10}$$

Aus dem Hookschen Gesetz für Torsion $\tau = G\gamma$ für $\tau < \tau_B$ mit G als Schubmodul folgt

$$\gamma = \frac{\tau}{G} \quad \text{bzw.} \quad \gamma_{max} = \frac{\tau_B}{vG}. \tag{2.11}$$

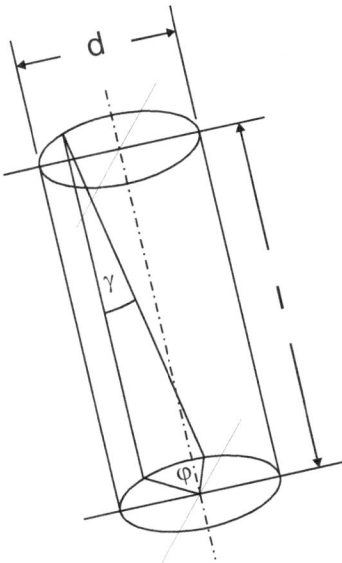

Abb. 2.5 Das Bein bei Torsion mit dem Verdrehwinkel φ und dem Scherwinkel γ.

Damit wird der maximale Drehwinkel

$$\varphi_{max} = 2\frac{\tau_B l}{vGd} \,\widehat{=}\, \varphi^\circ_{max} = 180^\circ \frac{\varphi_{max}}{\pi} = 360^\circ \frac{\tau_B l}{v\pi Gd}. \qquad (2.12)$$

Mit $l = 1\,\text{m}$; $G = 3{,}7\,\text{GPa}$; $\tau_B = 65\,\text{MPa}$ und $d = 4\,\text{cm}$ ergibt sich numerisch

$$\varphi_{max} = 360^\circ \frac{65\,\text{MPa} \cdot 1\,\text{m}}{4\pi \cdot 3{,}7\,\text{GPa} \cdot 0{,}04\,\text{m}} = 12{,}6^\circ.$$

In der Realität ist der Winkel φ_{max} deutlich größer, weil das Bein – entgegen der Annahme – nicht in der Hüfte eingespannt ist (Kugelgelenk) und im Unterschenkel die beiden Parallelknochen – Schienbein und Wadenbein – eine weitere Drehbeweglichkeit ermöglichen, ohne dass der Knochen dadurch belastet wird.

2.4 Elastizität der Wirbelsäule

A

Ein Mann zieht an einem Seil mit $F = 200\,\text{N}$, das an einer Wand befestigt ist (siehe Abb.). Dadurch verkrümmt sich die Wirbelsäule. Man bestimme diese Krümmung, also die Biegelinie der Wirbelsäule. Die im Becken starr fixierte Wirbelsäule sei durch einen geraden und orthogonal zum ebenen Boden ausgerichteten elastischer Stab mit quadratischem Querschnitt modelliert. Das Becken bleibt während des Ziehens in Ruhe. Die Verbindung von Schulter zu Wirbelsäule sei starr. Wie groß ist bei dieser Belastung die maximale Durchbiegung?
[Elastizitätsmodul der Wirbelsäule (mit Muskulatur) $E = 6{,}25\,\text{GPa}$ (Effektivwert); Länge der Wirbelsäule $l = 1\,\text{m}$; Breite der quadratischen Wirbelsäule $b = 4\,\text{cm}$; Bruchspannung des Knochenmaterials $\sigma_B = 120\,\text{N/mm}^2$]

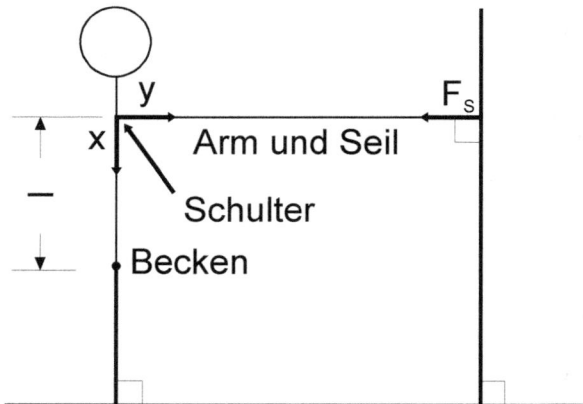

Abb. 2.6 Geometrie zur Bestimmung der Biegelinie.

Die äußere Belastung der Wirbelsäule ist durch die Seilkraft F_S gegeben, die sich als Reaktionskraft der Zugkraft F ergibt. Sie erzeugt das x-abhängige Biegemoment $M(x)$

$$M(x) = F_S x.$$

Dieses Moment führt in der Wirbelsäule zu Spannungen, die in guter Näherung als reine Normalspannung behandelt werden kann. Damit das System statisch bleibt, muss das äußere Moment entgegengesetzt gleich dem inneren Moment sein. Dieses ist abhängig vom Ort, sowohl von der Längskoordinate x, wie auch von der y-Koordinate:

$$dM(x,y) = \sigma(x) y\, dA.$$

Hier ist $\sigma(x) = \frac{2\sigma_0(x)}{b} y$ mit $\sigma_0(x)$ als Spannungswert an der oberen Randfaser der Wirbelsäule. Das Flächenelement $dA = b\, dy$ ist ein Querschnittselement der Wirbelsäule. Damit wird

$$M(x) = \frac{2\sigma_0(x)}{b} \int\limits_{-b/2}^{b/2} y^2 b\, dy = \frac{2\sigma_0(x)}{b} I_a$$

mit dem axialen Flächenträgheitsmoment

$$I_a = 2b \int\limits_0^{b/2} y^2\, dy = b\left[\frac{y^3}{3}\right]_0^{b/2} = \frac{b^4}{12}.$$

Damit wird das Biegemoment

$$M(x) = \frac{2\sigma_0(x) I_a}{b}$$

und

$$\sigma_0(x) = \frac{M(x)\, b}{2 I_a}.$$

Die Biegelinie wird durch die Funktion $y(x)$ beschrieben. $y(x)$ steht in Zusammenhang mit dem Krümmungsradius $R(x)$.

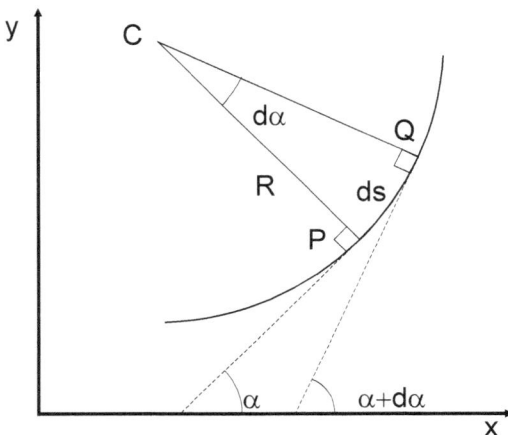

Abb. 2.7 Geometrie zur Bestimmung der Biegelinie.

Es gilt

$$\tan \alpha = \frac{dy}{dx} = y'$$

und daraus abgeleitet

$$\frac{d\alpha}{\cos^2 \alpha} = y'' dx.$$

Weiter gilt $ds^2 = dx^2 + dy^2$ bzw.

$$\frac{ds}{dx} = \sqrt{1 + \left(\frac{dy}{dx}\right)^2} = \sqrt{1 + y'^2}.$$

Mit $d\alpha = \frac{ds}{R}$ gilt für den Krümmungsradius

$$R = \frac{ds}{d\alpha} = \frac{ds}{dx}\frac{dx}{d\alpha}.$$

Die Beziehung $\sin^2 \alpha + \cos^2 \alpha = 1$ kann auch in der Form $\tan^2 \alpha + 1 = \frac{1}{\cos^2 \alpha}$ geschrieben werden oder unter Beachtung der obigen Terme

$$y'^2 + 1 = \frac{1}{\cos^2 \alpha} = y'' \frac{dx}{d\alpha}$$

$$R = \sqrt{1 + y'^2} \cdot \frac{(1 + y'^2)}{y''} = \frac{(1 + y'^2)^{3/2}}{y''}.$$

Im Rahmen der Biegung von Knochen kommen immer nur kleine Krümmungen vor. Für kleine Krümmungen wird y' klein und y'^2 von höherer Ordnung klein, sodass man für den Zusammmenhang Krümmungsradius $R(x)$ und Biegelinie $y(x)$ findet

$$R(x) = \frac{1}{y''(x)} \rightarrow y''(x) = \frac{1}{R(x)}.$$

Um zu zeigen, wie der Krümmungsradius von der Belastung abhängt, muss die Dehnungsgeometrie entsprechend Abb. 2.8 betrachtet werden. Für den Abstand eines Punktes in der Wirbelsäule vom Zentrum des Kreises, der die Biegung beschreibt, wird r verwendet. Die Belastung erzeugt auf der äußersten Faser $r = R + \frac{b}{2}$ die Dehnung dl und auf der innersten Faser $r = R - \frac{b}{2}$ die Stauchung $-dl$. Die mittlere Faser der Wirbelsäule $r = R$ bleibt unverformt (neutrale Faser).

$$\frac{dx}{R} = \frac{dl}{\frac{b}{2}} = \frac{2\,dl}{b}.$$

Da $\frac{dl}{dx} = \varepsilon_0$ also die Dehnung der äußeren Faser ist, gilt

$$\frac{1}{R} = \frac{2\varepsilon_0}{b}.$$

Unter Beachtung des Hookschen Gesetzes $\sigma_0 = E\varepsilon_0$ folgt

$$\frac{1}{R} = \frac{2\sigma_0}{Eb}.$$

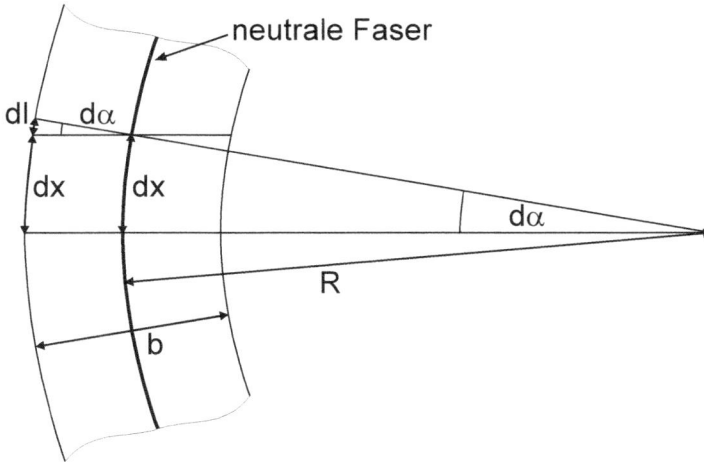

Abb. 2.8 Dehnung und Stauchung des Knochenmaterials der Wirbelsäule auf beiden Seiten der neutralen Faser.

Da für große Krümmungsradien $\frac{1}{R} = y''$ gilt und für $\sigma_0 = \frac{M \cdot b}{2 I_a}$ (siehe oben), ergibt sich für die 2. Ableitung der Biegelinie die Bedingung

$$y''(x) = \frac{M(x)}{I_a E}.$$

Im vorliegenden Fall ist $M(x) = F_S x$ und $I_a = \frac{b^4}{12}$ und somit

$$y'' = \frac{12 F_S x}{b^4 E} = A x.$$

Daraus folgt

$$y' = A \frac{x^2}{2} + B$$

und

$$y = A \frac{x^3}{6} + B x + C.$$

Es gelten die Randbedingungen

$$y(l) = 0$$
$$y'(l) = 0,$$

was zu

$$B = -\frac{A l^2}{2} = -\frac{6 F_S l^2}{b^4 E}$$

$$C = -\frac{A l^3}{6} + \frac{A l^3}{2} = \frac{4 F_S l^3}{b^4 E}$$

führt. Die Biegelinie lautet somit

$$y(x) = \frac{2F_S}{b^4 E} x^3 - \frac{6F_S l^2}{b^4 E} x + \frac{4F_S l^3}{b^4 E}$$

$$= \frac{2F_S}{b^4 E} \left(x^3 - 3l^2 x + 2l^3 \right).$$

Da die maximale Durchbiegung an der Stelle $x = 0$ ist, gilt

$$y_{\max} = y(0) = \frac{4F_S l^3}{b^4 E}.$$

Numerisch

$$y_{\max} = \frac{4 \cdot 200}{0,04^4 \cdot 6,25 \cdot 10^9} \frac{\mathrm{N\,m^3}}{\mathrm{m^4 Pa}} = 5\,\mathrm{cm}.$$

Natürlich ist die Lösung nur dann gültig, wenn durch die Belastung das Knochmaterial nicht geschädigt wird. Brechen würde die Wirbelsäule, wenn an irgendeiner Stelle die Bruchspannung σ_B überschritten würde. Die durch die gegebene Belastung auftretende maximale Spannung ist $\sigma_{0,\max} = \sigma_0(l)$:

$$\sigma_{0,\max} = \frac{M(l)\,b}{2J_a} = \frac{F_S\,l\,b}{2\frac{b^4}{12}} = \frac{6F_S\,l}{b^3}.$$

Numerisch

$$\sigma_{0,\max} = \frac{6 \cdot 200 \cdot 1000}{40^3} \frac{\mathrm{N\,mm}}{\mathrm{mm^3}} = 18,75\,\mathrm{N/mm^2}.$$

Da die Bruchspannung des Knochenmaterials $\sigma_B = 120\,\mathrm{N/mm^2}$ beträgt, ist nachgewiesen $\sigma_{0,\max} \ll \sigma_B$, das heißt: der Knochen hält der Belastung stand.

2.5 Patientenhebe

Die Hebevorrichtung an einem Krankenbett besteht aus einem starren Rahmen, an dem senkrecht ein stählerner Rundstab, mit der Länge $l = 1\,\mathrm{m}$ befestigt ist. Am Ende dieser Stange befindet sich ein dreieckiger Griff, um dem Patienten das Aufstehen zu erleichtern. Gesucht ist der notwendige Außendurchmesser D, die Biegelinie $y(x)$ und die maximale Durchbiegung $y_{\max}$ der Stange unter Berücksichtigung ihres Eigengewichts für einen $m_P = 100\,\mathrm{kg}$ Patienten

(a) für einen Vollstab

(b) für ein Rohr mit einen Verhältnis Innendurchmesser zu Außendurchmesser $\frac{d}{D} = 0,95$.

Verlangt ist vierfache Sicherheit gegenüber einem Bruch des Stabes.
[Materialwerte für Stahl: Elastizitätsmodul $E = 206\,\mathrm{GPa}$; Bruchspannung $\sigma_B = 981\,\mathrm{MPa}$; Dichte $\rho = 7800\,\mathrm{kg/m^3}$]

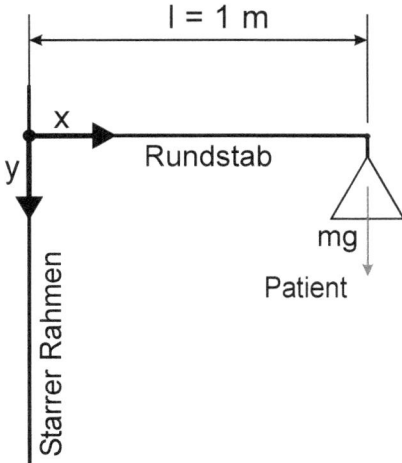

Abb. 2.9 Die Hebevorrichtung am Krankenbett.

Bestimmung des Außendurchmessers

(a) Vollstab:

Die äußere Belastung ist durch das Gewicht des Patienten und das Eigengewicht des Stabes gegeben und führt auf das x-abhängige Biegemoment $M(x)$

$$M(x) = M_P(x) + M_E(x).$$

Hier ist

$$M_P(x) = m_P g(l - x)$$

der Beitrag des Patientengewichts zum Biegemoment und

$$M_E(x) = \rho g A \int_x^l (l - x)\, dx = \frac{\pi}{8} \rho g D^2 (l - x)^2$$

der Beitrag des Eigengewichts der Stange. Unter der Annahme, dass das gesamte Gewicht des Patienten am Stab wirkt, gilt

$$M(x) = g(l - x)\left\{ m_P + \frac{\pi}{8} \rho D^2 (l - x) \right\}.$$

An der Stelle $x = 0$ wird das Biegemoment maximal, d. h. hier ist die Belastung am größten. $M_{\max}$ ergibt sich zu

$$M_{\max} = M(x = 0) = gl\left(m_P + \frac{\pi}{8} \rho D^2 l \right).$$

Dieses Moment führt im Stab zu Spannungen, die ein inneres Moment erzeugen, das dem äußeren gleich sein muss. Die Beiträge zum inneren Moment hängen ab vom Ort z, der Koordinate in vertikaler Richtung, senkrecht zur neutralen Faser:

$$dM(z) = \sigma z\, dA.$$

Die ortsabhängige Normalspannung ist $\sigma = \frac{2\sigma_0}{D} z$ und σ_0 ist der Spannungswert an der oberen Randfaser. Das Flächenelement is

$$dA = 2\sqrt{\frac{D^2}{4} - z^2}\, dz.$$

Damit wird das Biegemoment

$$M = \frac{4\sigma_0}{D} \int\limits_{-D/2}^{D/2} z^2 \sqrt{\frac{D^2}{4} - z^2}\, dz = \frac{8\sigma_0}{D} \int_0^{D/2} z^2 \sqrt{D^2 - z^2}\, dz = \frac{2\sigma_0}{D} I_a.$$

I_a ist das axiales Flächenträgheitsmoment

$$I_a = 4 \int\limits_0^{D/2} z^2 \sqrt{\frac{D^2}{4} - z^2}\, dz$$

$$= 4 \left[\frac{z}{4} \sqrt{\left(\frac{D^2}{4} - z^2\right)^3} + \frac{D^2}{32} \left(z\sqrt{\frac{D^2}{4} - z^2} + \frac{D^2}{4} \arcsin \frac{2z}{D} \right) \right]_0^{D/2}$$

$$= \frac{D^4}{32} \arcsin 1 = \frac{D^4}{32} \frac{\pi}{2} = \frac{\pi D^4}{64}.$$

Damit wird

$$M = \frac{2\sigma_0 I_a}{D} = \frac{\pi \sigma_0 D^3}{32}.$$

Die Spannung σ_0 darf an der Stelle $x = 0$ nicht größer werden als die zulässige Spannung σ_{zul}

$$\sigma_{zul} = \frac{\sigma_B}{\nu}$$

mit σ_B als Bruchspannung von Stahl; ν ist der Sicherheitsfaktor. Damit wird das zulässige innere Moment

$$M_{zul} = \frac{\pi \sigma_B D^3}{32\nu}.$$

M_{zul} ist aber gleich dem äußeren Moment M_{max}:

$$\frac{\pi \sigma_B D^3}{32\nu} = gl \left(m_P + \frac{\pi}{8} \rho D^2 l \right)$$

oder

$$D^3 - \frac{4\rho g \nu l^2}{\sigma_B} D^2 = \frac{32 m_P g l \nu}{\pi \sigma_B}.$$

Löst man nach dem Stabdurchmesser auf erhält man

$$D^3 - 0{,}00125\,\text{cm} \cdot D^2 = 0{,}00004\,\text{cm}^3$$
$$D = 3{,}40\,\text{cm}.$$

(b) Hohlstab:

Für den Hohlstab bleibt der Beitrag des Patienten zum Biegemoment gleich. Für den Beitrag des Eigengewichts findet man

$$M_E = \frac{\pi}{8} \rho_{ST} g D^2 \left[1 - \left(\frac{d}{D}\right)^2\right] (l-x)^2$$

und für das gesamte Biegemoment

$$M_{\max} = g \left\{ m_P + \frac{\pi}{8} \rho D^2 l^2 \left[1 - \left(\frac{d}{D}\right)^2\right] \right\}.$$

Das innere Moment lautet

$$M_{\text{zul}} = \frac{\pi \sigma_B}{32 \nu} \left(1 - \delta^4\right) D^3.$$

Aus $M_{\max} = M_{\text{zul}}$ folgt

$$\frac{\pi \sigma_B}{32 \nu} \left[1 - \left(\frac{d}{D}\right)^4\right] D^3 = g \left\{ m_P + \frac{\pi}{8} \rho D^2 l^2 \left[1 - \left(\frac{d}{D}\right)^2\right] \right\}.$$

und in Normalform

$$D^3 - \left\{ \frac{4 \rho g \nu l^2}{\sigma_B} \left[\frac{1 - \left(\frac{d}{D}\right)^2}{1 - \left(\frac{d}{D}\right)^4} \right] \right\} D^2 = \frac{32 \, m_P g l \nu}{\pi \sigma_B \left[1 - \left(\frac{d}{D}\right)^4\right]} .022$$

Numerisch in SI-Einheiten

$$D^3 - 0{,}00069 \qquad D^2 = 0{,}000219$$
$$D = 0{,}06 \, \text{m} = 6 \, \text{cm} \qquad \text{und} \qquad d = 5{,}70 \, \text{cm}.$$

Bestimmung der Biegelinie und der maximalen Durchbiegung

Wie in der vorhergehenden Aufgabe diskutiert gilt $y'' = \frac{M}{I_a E}$. Somit gilt für

(a) Vollstab:

$$y'' = \frac{M(x)}{I_{aV} E}.$$

Hier steht der Index V für Größen, die auf den Vollstab bezogen sind. Mit $I_{aV} = \frac{\pi D^4}{64}$ und $M(x) = mg(l-x) + \frac{\pi D^2}{8} g \rho (l-x)^2$ ergibt sich

$$A_V = \frac{64 \, m_P g}{\pi D^4 E} = 7{,}3 \cdot 10^{-2} \, \text{m}^{-2} \qquad \text{und} \qquad B_V = \frac{8 \, g \rho}{D^2 E} = 2{,}6 \cdot 10^{-3} \, \text{m}^{-3}.$$

Damit folgt

$$y'' = A_V (l - x) + B_V \left(l^2 - 2lx + x^2\right)$$

$$y' = A_V \left(lx - \frac{x^2}{2}\right) + B_V \left(l^2 x - lx^2 + \frac{x^3}{3}\right) + C$$

$$y = A_V \left(\frac{lx^2}{2} - \frac{x^3}{6}\right) + B_V \left(\frac{l^2 x^2}{2} - \frac{lx^3}{3} + \frac{x^4}{12}\right) + Cx + D.$$

Es gelten die Randbedingungen $y'(x = 0) = 0$ und $y(x = 0) = 0$ was zu $C = D = 0$ führt. Die Biegelinie lautet somit

$$y(x) = \frac{1}{2} A_V x^2 \left(l - \frac{x}{3}\right) + \frac{1}{2} B_V x^2 \left(l^2 - \frac{2lx}{3} + \frac{x^2}{6}\right)$$

und die maximale Durchbiegung

$$y_{\max} = y(x = l) = \frac{2}{3} A_V l^3 + \frac{1}{4} B_V l^4.$$

Numerisch:

$$y_{\max} = 4{,}9 \cdot 10^{-2} \, \text{m} + 6{,}5 \cdot 10^{-4} \, \text{m} = 5 \, \text{cm}.$$

(b) Rohr:

$$y'' = \frac{M(x)}{I_{aR} E}.$$

Der Index R bezieht sich auf die Größen des Hohlstabs.
Mit $I_{aR} = \frac{\pi D^4}{64} [1 - (\frac{d}{D})^4]$ und $M(x) = m_P g(l - x) + \frac{\pi}{8} g D^2 \rho \, [1 - (\frac{d}{D})^2]$ wird die Biegelinie

$$y(x) = \frac{1}{2} A_R x^2 \left(l - \frac{x}{3}\right) + \frac{1}{2} B_R x^2 \left(l^2 - \frac{2lx}{3} + \frac{x^2}{6}\right)$$

mit $A_R = \frac{64 m_P g}{\pi D^4 E} [1 - (\frac{d}{D})^4] = 0{,}057 \, \text{m}^{-2}$ und $B_R = \frac{8 g \rho}{D^2 E} [\frac{1 - (\frac{d}{D})^2}{1 - (\frac{d}{D})^4}] = 0{,}00052 \, \text{m}^{-3}$. Die maximale Durchbiegung wird

$$y_{\max} = \frac{2}{3} A_R l^3 + \frac{1}{4} B_R l^4.$$

Numerisch

$$y_{\max} = 3{,}8 \cdot 10^{-2} \, \text{m} + 2{,}2 \cdot 10^{-4} \, \text{m} = 3{,}82 \, \text{cm}.$$

Sie ist somit beim Rohr kleiner als beim Vollstab.

2.6 Proportionen der Lebewesen

Ein Bergbauer möchte von Rinder- auf Elefantenhaltung umstellen. Allerdings möchte er auf den traditionellen Almabtrieb, bei dem die Tiere Glocken um den Hals tragen, nicht verzichten. Da die Elefanten bei gleichen Proportionen doppelt so groß sind wie die Rinder, könnten die Elefantenglocken, bei gleicher Nackenbelastung, ohne Bedenken auch die doppelte Größe haben, meint der Landwirt. Ist das richtig? Es soll angenommen werden, dass die Tiere aus zwei Kugeln mit Radius r für den Kopf und Radius R für den starren Körper (Rumpf) bestehen. Diese beiden Kugeln sind mit einem runden, masselosen Vollstab verbunden (Länge l, Durchmesser D). Man bilde das Verhältnis aus den maximalen Spannungen, die im Hals der beiden Tiere auftreten. Welche Konsequenzen hat dies im Bezug auf die maximal erreichbare Größe eines Lebewesens?

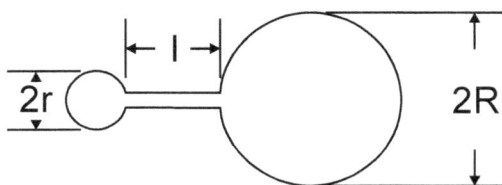

Abb. 2.10 Kugel-Vollstab-Kugel-Modell von Kopf-Hals-Körper von Rind und Elefant.

Aufgrund der geometrischen Ähnlichkeit gilt für alle Längengrößen zwischen Rind und Elefant der Maßstabsfaktor 1:2. Das bedeutet für die Radien der Körper und Köpfe $R_E = 2R_R$, $r_E = 2r_R$ und entsprechend für die Länge und den Durchmesser des Halses. Daraus folgt für die Volumina der Köpfe,

$$\frac{V_E}{V_R} = \left(\frac{r_E}{r_R}\right)^3 = \left(\frac{2r_R}{r_R}\right)^3 = 2^3 = 8$$

und damit

$$V_E = 8\,V_R.$$

Aufgrund der Annahme, dass beide Tiere die gleiche Dichte haben, gilt weiter

$$m_E = 8\,m_R.$$

Daraus resultiert für die jeweilige Kopflast F_K die Beziehung

$$F_{K,E} = 8F_{K,R}.$$

Die Spannungsverteilung $\sigma(x)$ im Hals der Tiere lautet (siehe Aufgabe 2.2)

$$\sigma(x) = \frac{32F_K l}{\pi D^3}\left(1 - \frac{x}{l}\right).$$

Die maximale Spannung, die am Rumpf ($x = 0$) auftritt, ist

$$\sigma_{\max} = \frac{32}{\pi D^3} F_K l.$$

Somit findet man

- für den Elefanten

$$\sigma_{\max,E} = \frac{32}{\pi D_E^3} F_{K,E} l_E = \frac{32}{\pi (2D_R)^3} 8 F_{K,R} 2 l_R$$

- für das Rind

$$\sigma_{\max,R} = \frac{32}{\pi D_R^3} F_{K,R} l_R$$

Damit ergibt sich

$$\sigma_{\max,E} = 2\,\sigma_{\max,R}.$$

Die maximale Spannung ist demnach beim Elefanten doppelt so groß wie beim Rind. Aber die Bruchspannung σ_B ist bei beiden Tierarten gleich groß, da die Knochen aus dem gleichen Material bestehen. Daraus erkennt man, dass eine geometrisch ähnliche Vergrößerung des Körper seine Grenzen hat. In der Natur findet man darum auch keine geometrische Ähnlichkeit in der Halspartie. In der Regel sind bei größeren Tieren eine kleinere Halslänge und überproportionale Dicke der Halswirbel vorhanden. So auch bei Elefanten gegenüber Rindern. Da die Elefanten mit dem Kopf dann nicht mehr so leicht an ihre Grundnahrung am Boden kommen, könnte das der Grund dafür gewesen sein, dass den Elefanten Rüssel gewachsen sind. Dies ist auch bei der Glockengröße zu beachten. Das Gewichtverhältnis der Rinderglocke zur Elefantenglocke lautet

$$\frac{F_{Gl,E}}{F_{Gl,R}} = \frac{\rho_{Gl}\,g\,V_{Gl,E}}{\rho_{Gl}\,g\,V_{Gl,R}} = \frac{V_{Gl,E}}{V_{Gl,R}} = \left(\frac{d_{Gl,E}}{d_{Gl,R}}\right)^3.$$

Hat die Elefantenglocke doppelte Größe, ist

$$d_{Gl,E} = 2 d_{Gl,R},$$

so dass gilt

$$\frac{F_{Gl,E}}{F_{Gl,R}} = 2^3 = 8.$$

Das Ergebnis ist also identisch dem Verhältnis der Kopflasten: die Elefantenglocke wiegt das achtfache der Rinderglocke. Da sich aber die Festigkeit der Halspartie (siehe oben) nicht mit Vergrößerung der Proportionen gleichermaßen erhöht, sollte der Landwirt für die Elefanten keine größeren Glocken verwenden.

2.7 Knochen gleicher Festigkeit

Wie müsste ein Knochen gleicher Festigkeit gestaltet sein, wenn er mit einer gleichmäßig über die ganze Länge l verteilten Last beansprucht würde? Als Modell sei ein einseitig eingespannter, horizontaler Träger der Länge l betrachtet, auf dem eine gleichmäßig verteilten Last liegt. Der Querschnitt des Trägers soll rechteckig sein, wobei die Breite b konstant ist, während die Höhe $h(z)$ so angepasst werden soll, dass die Normalspannung

$\sigma(x)$ entlang dem Träger unabhängig von x wird? Welchen Körper gleicher Festigkeit erhält man? (Man nehme als Ursprung der x-Achse das Ende des Stabes an.)

Bei einem Körper gleicher Festigkeit ist die Biegespannung konstant $\sigma(x) = \sigma_{max}$. Die Biegespannung ist das Verhältnis von Biegemoment M_B und Widerstandsmoment W: $\sigma(x) = \frac{M_B(x)}{W(x)}$. Das Widerstandsmoment W kann durch das Flächenträgheitsmoment I berechnet werden:

$$W = \frac{I}{e_R} = \frac{\frac{1}{12}bh^3}{\frac{h}{2}} = \frac{1}{6}bh^2.$$

e_R ist der Abstand der Randfaser von der neutralen Faser, die durch den Schwerpunkt des Balkenquerschnitts führt. Auf der einen Seite der neutralen Faser herrscht Druckbelastung und auf der anderen Seite Zugbelastung. Das Biegemoment M_B ist das Produkt aus Kraft F und Kraftarm. Hier muss integriert werden, da sich die Kraft auf den einseitig eingespannten Träger bei gleichmäßiger Streckenlast $f\left[\frac{N}{m}\right]$ linear mit x erhöht:

$$M_B(x) = \int_0^x dM_B(x) = \int_0^x dx\, F(x) = \int_0^x dx\, f \cdot x = \frac{1}{2}f x^2.$$

Die Streckenlast ist konstant gleich $f = \frac{F}{l}$, das maximale Biegemoment beträgt also $M_B(l) = F\frac{l}{2}$. Für die Biegespannung ergibt sich insgesamt

$$\sigma(x) = \frac{M_B(x)}{W(x)} = \frac{\frac{1}{2}f x^2}{\frac{1}{6}bh^2(x)} \; ; \; \sigma_{max} = \frac{\frac{1}{2}f l^2}{\frac{1}{6}bh_{max}^2}.$$

Die Abhängigkeit vom Ort x verschwindet offenbar dann, wenn $h(x) \propto x$. Somit besitzt der Körper gleicher Festigkeit die Form eines Dreiecks, wobei sich dessen Höhe linear mit x ändert.

2.8 Gewichtheben

Wenn man sich nach vorne bückt um ein schweres Objekt aufzuheben, dann wird die Wirbelsäule stärker belastet, als wenn man es mit geradem Rücken aus den Knien heraus hochhebt. Benutzen Sie das in Abbildung 2.11 dargestellte Modell um die Belastung der Wirbelsäule zu berechnen wenn das Objekt $m = 20\,\text{kg}$ schwer ist.

Bei dem Modell wird vereinfacht angenommen, dass sich die Wirbelsäule (dargestellt als Balken mit einer Masse von $M = 35\,\text{kg}$) hauptsächlich am fünften Lendenwirbel biegt. Die Stützkraft stammt von einer Gruppe von Muskeln, die hier zu einem zusammengefaßt werden, der bei einem Abstand von $2/3$ der Oberkörperlänge befestigt ist. Der Winkel zwischen der Wirbelsäule und diesem fiktiven Muskel sei $\alpha = 12°$ (siehe Abb. 2.11). Man bestimme die Spannkraft F_S im Rückenmuskel und die Kompressionskraft F_x, die die Wirbelsäule zusammendrückt.

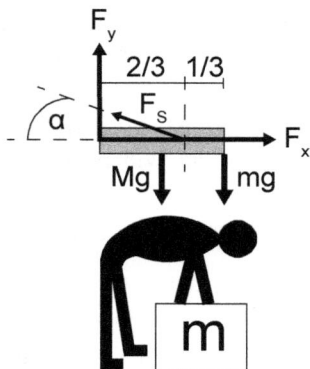

Abb. 2.11 Gewichtheben.

Man betrachtet zunächst das Kräftegleichgewicht in vertikaler Richtung mit $F_1 = Mg$ und $F_2 = mg$

$$F_y + F_{S,y} - F_1 - F_2 = 0$$

und in horizontaler Richtung

$$F_x - F_{S,x} = 0 \Leftrightarrow F_x = F_{S,x} = \frac{F_{S,y}}{\tan \alpha}.$$

Für die Drehmomente gilt (l ist die Länge des Balkens, der Nullpunkt liegt bei dem Kreuzungspunkt der beiden Kräfte F_x und F_y in der Abbildung):

$$+\frac{2}{3}lF_{S,y} - \frac{l}{2}F_1 - lF_2 = 0.$$

Daraus ergibt sich

$$F_{S,y} = \frac{3}{2}F_2 + \frac{3}{4}F_1 = \left(\frac{3}{2} \cdot 20\,\text{kg} + \frac{3}{4} \cdot 35\,\text{kg}\right) \cdot 9{,}81\,\frac{\text{m}}{\text{s}^2} = 551\,\text{N}.$$

Die Kompressionskraft, die auf die Wirbelsäule drückt, beträgt daher

$$F_y = \frac{F_{S,y}}{\tan \alpha} = \frac{551\,\text{N}}{\tan 12°} = 2596\,\text{N}$$

und die Spannkraft im Rückenmuskel

$$F_S = \frac{F_{S,y}}{\sin \alpha} = \frac{551\,\text{N}}{\sin 12°} = 2654\,\text{N}.$$

Die Kompressionsbelastung auf die Wirbelsäule entspricht daher einer Masse von 264 kg und die Spannkraft im Muskel der Gewichtskraft einer Masse von 271 kg, wenn eine 20 kg-Masse auf diese Weise aufgehoben wird.

3 Strömungstheorie des Blutkreislaufs

Die Biofluiddynamik beschäftigt sich mit den Strömungen der Körperflüssigkeiten, insbesondere der Blutströmung, konkret mit dem Herz-Kreislaufsystem. Zu den wichtigsten Aufgaben dieses Systems gehört die Versorgung der Körperzellen mit Nährstoffen und der Abtransport von Abfallstoffen. Neben das System der Blutgefäße tritt im menschlichen Körper noch ein Lymphsystem, das diejenigen Stoffe übernimmt, die auf Grund ihrer Größe nicht über die Zellmembranen in die Blutbahn gelangen können. Mit der Lymphe werden unter anderem Krankheitskeime zu den Lymphknoten transportiert und dort unschädlich gemacht. Das Lymphsystem spielt darum neben dem Blutkreislaufsystem in der Immunabwehr eine zentrale Rolle.

Blut ist eine relativ komplexe Flüssigkeit, phänomenologisch eine Supension. Sie besteht aus den roten und weißen Blutkörperchen und dem Blutplasma als Trägerfluid, in dem eine Vielzahl von Stoffen gelöst sind. Die roten Blutkörperchen (Erythrozyten) sind für den Transport von Sauerstoff, die weißen für die Immunabwehr verantwortlich. Die Blutkörperchen können ihre Gestalt leicht verändern. Diese Gegebenheit verleiht dem Blut eine fluide Elastizität. Man spricht bei solchen Medien von viskoelastischen Flüssigkeiten. Trotzdem wird das Blut oft im Rahmen einer Kontinuumsbetrachtung als homogene Flüssigkeit behandelt.

Die wichtigste mechanische Stoffgröße neben der Fluiddichte ρ ist bei Fluiden die Viskosität η. Sie ist ein Maß für die innere Reibung einer Flüssigkeit, wenn Scherkräfte angreifen. Im Gegensatz zur trockenen Reibung verschwindet die Flüssigkeitsreibung im statischen Fall. Auch bei großen Viskosität bleibt somit die Geschwindigkeit einer Flüssigkeit endlich, solange eine Kraft angreift. Eine Schubspannung führt jedoch zu einem Gradienten der Strömungsgeschwindigkeit $\dot{\gamma}$. Für Newton'sche Flüssigkeiten sind Schubspannung τ und Geschwindigkeitsgradient $\dot{\gamma}$ proportional zueinander, $\tau = \eta\dot{\gamma}$. Bei nicht-Newton'schen Fluiden ist η eine Funktion der Schubspannung. Fluide, bei denen die Viskosität bei steigender Schubspannung abnehmen, werden als stukturviskos oder viskoelastisch bezeichnet. Die Tabelle 3.1 gibt einen Überblick über typische Maße, Strömungsgeschwindigkeit und Druckgradienten in unterschiedlichen Blutgefäßen.

Obwohl der Blutfluss eine pulsierende Strömung darstellt, wird bei der mathematischen Behandlung meist eine stationäre Strömung mit einer über der Zeit konstanten mittleren Strömungsgeschwindigkeit angenommen. Für die mathematische Behandlung der Strömungsprobleme gelten die Bilanzgleichungen der Mechanik: Kontinuitätsgleichung, Impulsgleichung und Energiegleichung. Führt man den Newton'schen Ansatz in die Impulsgleichung ein, ergibt sich bei Stationarität die für die Strömungsmechanik wichtige Navier-Stokes Gleichung $\rho\,(\vec{w}\nabla)\,\vec{w} + \nabla p - \eta\nabla^2\vec{w} = 0$. Im Rahmen von Abschätzungen oder Näherungsrechnungen ist hier noch eine Sonderform der Energiegleichung von Bedeutung, die Gleichung von Bernoulli $p + \frac{\rho}{2}w^2 + \rho g h = $ const. Die Bernoulli'sche Gleichung gilt bei Stationarität ohne Berücksichtigung der Reibung. Sie beschreibt den Idealfall einer reibungsfreien Strömung.

Tab. 3.1 Typische Strömmungsparameter einiger Gefäße im menschlichen Körper.

Blutbahn	Durchmesser $D = 2R$ [mm]	mittl. Strömungsgeschw. w [m s^{-1}]	mittl. Druckgradient $\dot{\gamma}$ [s^{-1}]
Aorta	25	0,48	155
Arterie	4	0,45	900
Arteriole	0,05	0,05	8.000
Kapillare	0,008	0,001	1.000
Venüle	0,02	0,002	800
Vene	5	0,1	160
Vena cava	30	0,38	3.300

Für allen Strömungen, so auch bei der in Adern geführten Blutströmung gibt es zwei prägnant unterschiedliche Strömungsformen, die laminare und turbulente. Die Stromlinien laminarer Strömung verlaufen parallel, die turbulenter scheinbar stochastisch. Jede Strömung beginnt bei niedriger Geschwindigkeit laminar und schlägt bei zunehmender Geschwindigkeit plötzlich auf Turbulenz um. Es handelt sich hierbei um ein Stabilitätsproblem. Ohne auf die Ursachen näher einzugehen, ist es jedoch möglich, Kriterien für die Beurteilung einer Strömungsform zu finden. Dies geschieht unter Beachtung der Ähnlichkeitstheorie, die für die Rohrströmung aus den die Strömung beeinflussenden Einflussgrößen ($\triangle p, w, d, \rho, \eta$) Kennzahlbeziehungen formuliert hat. Hier gilt für die glatte Rohrströmung die Beziehung $Eu = f(Re)$ mit $Eu = \frac{\triangle p}{\rho w^2}$ und $Re = \frac{\rho w d}{\eta}$. Die Größe der Reynoldszahl hat sich als Kriterium zur Beurteilung einer Strömungsform erwiesen. So findet man bei einer Rohrströmung, dass für $Re < 2.300$ die laminare Strömungsform stabil ist und für $Re > 2.300$ die turbulente.

Das Herz als Blutpumpe übernimmt die Aufgabe der Förderung. Strömungstechnisch gehört das Herz als Doppelpumpe (Zweikammersystem) zu zwei gekoppelten Kreisläufen, dem Lungenkreislauf und dem Körperkreislauf. Die Funktion wird durch eine Kontraktion des Herzmuskels (Myokard) erreicht; das Zusammenziehen wird Systole genannt, das Entspannen Diastole. Die Amplitude des des mittleren Blutstroms wird bestimmt durch Frequenz und Schlagvolumen. Die Frequenz bei Ruhe liegt bei 70 Schägen pro Minute und steigt bei Belastung stark an. Auch das Schlagvolumen kann z. B. über die Höhe der Systole verändert werde. Der Blutfluss hängt von vielen internen und externen Faktoren ab. Er wird durch ein autonomes Regelsystem des Körpers gesteuert.

Die Berechnung der pulsatorischen Vorgänge ist äußerst kompiziert und kann nur unter sehr idealisierten Annahmen erfolgen. Betrachtet man die Blutbahn (in Zylinderkoordinaten) als starres Rohr mit dem Radius R und Blut als Newton'sche Flüssigkeit, ergibt sich für den Blutstrom $\dot{m}$ bei Annahme einer harmonischen Schwingung des Druckgradienten $\frac{dp}{dz}$ im eingeschwungenen Zustand bei einer Frequenz ω in komplexer Darstellung (J_0 als Besselfunktion erster Ordnung)

$$\dot{m}(t) = \frac{\pi R^2}{i\omega} \cdot \frac{dp}{dz} \cdot \left[1 - \frac{J_0\left(r\sqrt{-i\frac{\omega\rho}{\eta}}\right)}{J_0\left(R\sqrt{-i\frac{\omega\rho}{\eta}}\right)} \right] \cdot e^{i\omega t}.$$

Die Annahme einer Sinus-/Cosinusschwingung für den Druckgradienten ist eine starke Vereinfachung der Realität. Trotzdem hat sich die Gleichung zur Beschreibung des Blutflusses nicht nur qualitativ als brauchbar erwiesen. Bei einer genaueren Betrachtung müssten viele weitere Effekte berücksichtigt werden, wie z. B. die Elastizität der Blutgefäße.

Arteriosklerotische Veränderungen führen oft zu Störungen des Blutflusses. Hierbei sind insbesondere arterielle Verschlusskrankheiten von existenzieller Bedeutung. Meist hat sich in einem Gefäß eine Ablagerung gebildet, die zu einem akuten Strömungshindernis heranwachsen kann und ab einer bestimmten Größe das Strömungsverhalten des Blutes stark beeinflusst. Dabei treten dann mehrere Probleme gleichzeitig auf. Einmal wird der Blutstrom kleiner, sodass bestimmte Organe nicht mehr ausreichend mit Sauerstoff und Nährstoffen versorgt werden. Die Folge ist Müdigkeit des Betroffenen und möglicherweise Schmerzen in der Herzgegend. Zum anderen kommt es hinter dem Hindernis zu Wirbelbildungen und Totwassergebieten. In diese Gebieten stagniert das Blut durch Kreiswirbel lokal, was zu Thrombosen führen kann. Therapien bestehen medikamentös in hämoviskositätssenkenden und herzstärkenden Präparaten oder im fortgeschrittenen Stadium der Erkrankung in chirurgischen Eingriffen, zum Beispiel durch Bypassoperationen.

Manche Krankheiten verändern die Hämoviskosität signifikant. Darum kann die Viskositätsmessung auch diagnostisch genutzt werden. Dies bedingt den Einsatz geeigneter Messgeräte. Heute existieren neben der klassischen „Blutsenkungsmethode" eine Reihe von Messtechniken, die auch in vivo blutrheologische Untersuchungen zulassen.

3.1 Von der Aorta zu den Kapillaren

A Es soll die Anzahl der im menschlichen Körper befindlichen Kapillaren abgeschätzt werden. Man gehe dabei von einem Aortadurchmesser $D = 2,5\,\mathrm{cm}$ aus. Für die Kapillaren kann ein mittlerer Durchmesser $d = 8\,\mu\mathrm{m}$ angenommen werden. In allen Kapillaren soll der gleiche Druckgradient herrschen, und er soll 6 mal höher sein als in der Aorta.

L Entsprechend der Hagen-Poiseuille'schen Gleichung ist bei konstantem Druckgradienten der Volumenstrom

$$V_i^* \propto D_i^4 \text{ bzw. } w_i \propto D_i^2.$$

Unter Berücksichtigung des unterschiedlichen Druckgradienten folgt

$$\frac{w}{w_A} = 6\left(\frac{d}{D}\right)^2$$

mit w_A als Strömungsgeschwindigkeit in der Aorta und w als Strömungsgeschwindigkeit in den Kapillaren.
Es gilt die Kontinuitätsgleichung

$$w_A A_A = N A w$$

mit A_A für die mittlere Aortaquerschnittsfläche und A für die mittlere Kapillarenquerschnittsfläche. N ist die Anzahl der Kapillaren

$$N = \frac{w_A A_A}{w A}$$

und somit

$$N = \frac{w_A}{w}\left(\frac{D}{d}\right)^2 = \frac{1}{6}\left(\frac{D}{d}\right)^4.$$

Numerisch ergibt sich

$$N = \frac{1}{6}\left(\frac{2,5}{8 \cdot 10^{-4}}\right)^4 = 1,6 \cdot 10^{13}.$$

3.2 Das Blut als Potenzfluid

A Auf Grund der elastischen Eigenschaften der Blutkörperchen zeigt Blut in seinem Fließverhalten einen nicht-Newton'schen Charakter, das heißt, die Abhängigkeit der Schubspannung τ von der Scherrate $\dot{\gamma}$ ist nicht linear. Für solche Funktionen ist unter anderem ein Ansatz in Potenzform gebräuchlich, z. B. $\tau = k\dot{\gamma}^n$. Für viskoelastische Fluide (wie Blut) ist $n < 1$, für dilatante ist $n > 1$. Für Newton'sche Flüssigkeiten ist $n = 1$ und $k = \eta$. k und n nehmen also den Charakter von Stoffeigenschaften des Fluids an. Gesucht ist für Blut in einer Arterie der Länge L unter Annahme eines „Potenz-Fluids" bei stationären Verhältnissen

(a) die Schubspannungsverteilung $\tau(r)$

(b) das Geschwindigkeitsprofil $w(r)$

(c) der Durchsatz V^*

(d) die mittlere Strömungsgeschwindigkeit $\bar{w}$

(e) das Verhältnis der maximalen zur mittleren Strömungsgeschwindigkeit $\frac{w_{max}}{\bar{w}}$.

(a) Man betrachte folgendes zylindrisches Volumenelement $dV = \pi r^2 dz$.

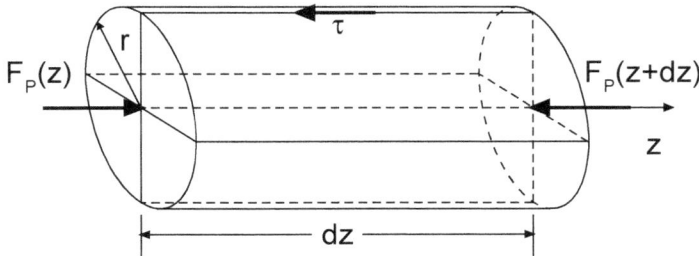

Abb. 3.1 Schubspannung τ und Druckkraft F_P wirken auf das zylindrische Volumenelement dV.

Im stationären Fall verschwindet die Summe der Kräfte auf ein Volumenelement

$$0 = F_P - F_R$$

mit F_P als Druckkraft und F_R als Reibungskraft, welche beide in z-Richtung wirken. Daraus folgt

$$0 = p\pi r^2 - \left[p + \left(\frac{\partial p}{\partial z} \right) dz \right] \pi r^2 - \tau 2\pi r dz.$$

Nach τ aufgelöst, erhält man die Schubspannungsverteilung über der radialen Koordinate r in der Arterie

$$\tau(r) = - \left(\frac{\partial p}{\partial z} \right) \frac{r}{2}.$$

Da $\frac{\partial p}{\partial z}$ keine Funktion von z ist, muss $p(z)$ linear sein. Darum kann $\frac{\partial p}{\partial z}$ auch durch $\frac{p_2 - p_1}{z_2 - z_1} = \frac{-\triangle p}{L}$ ersetzt werden, mit $\triangle p = p_1 - p_2$. Die Spannungsverteilung lautet dann

$$\tau(r) = \left(\frac{\triangle p}{L} \right) \frac{r}{2}.$$

(b) Für eine Potenzflüssigkeit gilt der Ansatz nach Ostwald de Waele $\tau = k\dot{\gamma}^n$ mit $\dot{\gamma}$ als Schergradient, der bei axialen Strömungen in Zylindergeometrien zu $\dot{\gamma} = -\frac{dw}{dr}$ wird. Das Vorzeichen ist negativ, weil in r – Richtung die Geschwindigkeit abnimmt. Somit gilt

$$\tau = k \left(-\frac{dw}{dr} \right)^n.$$

Setzt man den Potenzansatz in die Schubspannungsverteilung ein, erhält man $k(-\frac{dw}{dr})^n = (\frac{\triangle p}{L})\frac{r}{2}$ und daraus

$$w = -\left[\left(\frac{\triangle p}{L2k}\right)\right]^{\frac{1}{n}} \int r^{\frac{1}{n}} dr.$$

Die Integration führt zur Geschwindigkeitsverteilung $w(r)$

$$w(r) = -\left[\frac{n}{1+n}\left(\frac{\triangle p}{2kL}\right)^{\frac{1}{n}}\right] r^{\frac{1+n}{n}} + C$$

$$= C - Br^{\frac{1+n}{n}} \quad \text{mit } B = \frac{n}{1+n}\left(\frac{\triangle p}{2kL}\right)^{\frac{1}{n}}.$$

Für $r = \frac{D}{2}$ ist wegen der Wandhaftung $w = 0$, sodass aus dieser Bedingung die Integrationskonstante C ermittelt werden kann. Aus $0 = C - B(\frac{D}{2})^{\frac{1+n}{n}}$ folgt

$$C = B\left(\frac{D}{2}\right)^{\frac{1+n}{n}}$$

und

$$w(r) = B\left[-r^{\frac{1+n}{n}} + \left(\frac{D}{2}\right)^{\frac{1+n}{n}}\right] = B\left(\frac{D}{2}\right)^{\frac{1+n}{n}}\left[1 - \left(\frac{2r}{D}\right)^{\frac{1+n}{n}}\right].$$

Nach Rücksubstitution von B erhält man $w(r)$ zu

$$w(r) = \frac{n}{1+n}\left(\frac{\triangle p}{2kL}\right)^{\frac{1}{n}}\left(\frac{D}{2}\right)^{\frac{1+n}{n}}\left[1 - \left(\frac{2r}{D}\right)^{\frac{1+n}{n}}\right].$$

(c) Unter dem (volumetrischen) Durchsatz versteht man den Volumenstrom V^*. Für V^* gilt

$$V^* = 2\pi \int_0^{D/2} r\,w(r)\,dr$$

$$= 2\pi\frac{1+n}{n}\left[\left(\frac{\triangle p}{2kL}\right)^{\frac{1}{n}}\right]\left(\frac{D}{2}\right)^{\frac{1+n}{n}} \int_0^{D/2} r\left[1 - \left(\frac{2r}{D}\right)^{\frac{1+n}{n}}\right] dr$$

$$= \frac{n\pi}{1+3n}\left(\frac{\triangle p}{2kL}\right)^{\frac{1}{n}}\left(\frac{D}{2}\right)^{\frac{1+3n}{n}}.$$

(d) Die mittlere Geschwindigkeit $\bar{w}$ ist eine über r konstant angenommene Geschwindigkeit, die den gleichen Durchsatz bringt wie $w(r)$. Für die mittlere Geschwindigkeit gilt demnach

$$\bar{w}A = V^*$$

mit A als Strömungsquerschnitt. A ist für die Arterie ein Kreisquerschnitt mit $A = \frac{\pi D^2}{4}$.
Damit ergibt sich für $\bar{w}$

$$\bar{w} = \frac{n}{1+3n} \left(\frac{\triangle p}{2kL} \right)^{\frac{1}{n}} \left(\frac{D}{2} \right)^{\frac{1+n}{n}}.$$

(e) Die Strömungsgeschwindigkeit wird im Zentrum maximal bei $r = 0$. Daraus folgt

$$w_{\max} = w(r = 0) = \frac{n}{1+n} \left(\frac{\triangle p}{2kL} \right)^{\frac{1}{n}} \left(\frac{D}{2} \right)^{\frac{1+n}{n}}.$$

Daraus ergibt sich das Verhältnis $\frac{w_{\max}}{\bar{w}}$

$$\frac{w_{\max}}{\bar{w}} = \frac{1+3n}{1+n}.$$

Für $n = 1$ und $k = \eta$ ergeben sich aus den obigen Gleichungen die entsprechenden
Lösungen für Newton'sche Flüssigkeiten

$$w(r) = \frac{\triangle p D^2}{16\eta L} \left[1 - \left(\frac{2r}{D} \right)^2 \right]$$

$$V^* = \frac{\pi \triangle p D^4}{128 \eta L} \quad \text{(Hagen-Poiseuille).}$$

Und somit wird für Newton'sche Flüssigkeiten die mittlere Geschwindigkeit $\bar{w} = \frac{\triangle p D^2}{32\eta L}$, die maximale Geschwindigkeit in der Kapillarmitte $w_{max} = \frac{\triangle p D^2}{16\eta L}$ und das Verhältnis dieser Geschwindigkeiten $\frac{w_{max}}{\bar{w}} = 2$.

3.3 Verzweigungen

Betrachtet sei ein Modell eines Arteriensystems, bei dem sich jeweils nach einer Länge
L die Arterien in zwei Zweige gleichen Durchmessers teilen. Der größte Arteriendurchmesser beträgt $D = 2,5$ cm.

(a) Um welchen Faktor Φ muss sich der Durchmesser D_n von Stufe zu Stufe jeweils verändern, wenn für jede Stufe der Druckabfall gleich bleiben soll?

(b) Um welchen Faktor Ψ ändern sich die Fließgeschwindigekeiten von Stufe zu Stufe?

(c) Nach wieviel Stufen N ist der Durchmesser D_N nur noch $25\,\mu$m?

L

(a) Für jede Stufe beträgt der Druckabfall

$$\triangle p = \triangle p_n = \triangle p_{n+1} = \text{const}$$

mit $n = 1,2,3,...,N$. Aus der Hagen-Poiseuilleschen Gleichung $V^* = \frac{\pi D^4}{128\eta}\left(\frac{\triangle p}{L}\right)$ folgt

$$\frac{\triangle p}{L} = \frac{128\eta V^*}{\pi D^4}$$

$$\left(\frac{\triangle p}{L}\right)_n = \frac{128\eta V_n^*}{\pi D_n^4}$$

$$\left(\frac{\triangle p}{L}\right)_{n+1} = \frac{128\eta V_{n+1}^*}{\pi D_{n+1}^4}.$$

Hieraus ergeben sich die Verhältnisse der Durchmesser von zwei aufeinander folgenden Stufen

$$\left(\frac{D_n}{D_{n+1}}\right)^4 = \frac{V_n^*}{V_{n+1}^*}.$$

Aus Kontinuitätsgründen muss die Durchflussmenge durch eine Arterie in der n-ten Stufe gleich groß sein wie die Duchflussmenge durch die beiden darauf folgenden Arterien, $V_n^* = 2V_{n+1}^*$. Damit wird

$$\frac{D_{n+1}}{D_n} = \left(\frac{1}{2}\right)^{1/4} = 0.84 = \Phi.$$

(b) Für die Strömungsgeschwindigkeiten der einzelnen Stränge gilt wegen $w_n A_n = w_{n+1}A_{n+1}$ die Bedingung

$$\frac{w_n}{w_{n+1}} = \frac{A_{n+1}}{A_n} = \left(\frac{D_{n+1}}{D_n}\right)^2 = \left(\frac{1}{2}\right)^{1/2} = 0,71 = \Psi.$$

(c) Nach N Strängen lautet das Durchmesserverhältnis: $\frac{D_N}{D} = \left(\frac{D_{n+1}}{D_n}\right)^N$. Daraus folgt

$$N = \frac{\log\left(\frac{D_N}{D}\right)}{\log\left(\frac{D_{n+1}}{D_n}\right)} = \frac{\log\left(\frac{D_N}{D}\right)}{\log(\Phi)}.$$

Mit $D = 2,5\,\text{cm}$ und $D_N = 25\,\mu\text{m}$ ergibt sich numerisch

$$N = \frac{\log\left(\frac{0,025}{25}\right)}{\log(0,84)} = \frac{\log(10^{-3})}{-0,075} = \frac{-3}{-0,075} = 40.$$

Nach 40 Stufen sind die Arterien nur noch $25\,\mu\text{m}$ dick.

3.4 Bypass

Aufgrund einer „Verkalkung" ist bei einem Patienten der Aortadurchmesser D auf 2 cm verengt. Der dadurch verursachte Druckverlust führt zu einer lebensbedrohenden Verringerung des Blutstroms. Man entschließt sich darum zu einer Bypassoperation, d. h. zur Aorta wird ein weiterer Strang parallel geschaltet, sodass der Blutstrom wieder ansteigen kann. Welchen Durchmesser d muss der Bypass haben, damit Druckverlust $\triangle p_V$ und der Blutstrom V^* wieder die Werte einer gesunden Aorta erreichen? Es sollen stationäre und laminare Verhältnisse angenommen werden.
[Druckverlust der gesunden Aorta $\triangle p_V = \triangle p_{V\text{norm}} = 87{,}6\,\text{Pa}$; Blutstrom $V^* = V^*_{\text{norm}} = 7\ 1/\text{min}$; Aortalänge $l = 40\,\text{cm}$; Blutviskosität $\eta = 1{,}8 \cdot 10^{-2}\,\text{Pa} \cdot \text{s}$]

Mit der Hagen-Poiseuilleschen Gleichung wird

$$\Delta p_V = \frac{128\,\eta\,V^*_{\text{norm}}\,l}{\pi D^4}.$$

Nach der OP verteilt sich der Blutstrom V^*_{norm} auf zwei Stränge (V^*_{By} ist der Blutstrom durch den Bypass, V^*_A der Strom durch die Aorta)

$$V^*_{\text{norm}} = V^*_A + V^*_{By} = \frac{\pi \Delta p_{V\text{norm}}}{128\,l\,\eta}\left(d^4 + D^4\right).$$

Aufgelöst nach dem Bypassdurchmesser

$$d^4 = \frac{128\,\eta\,V^*_{\text{norm}}\,l}{\pi \triangle p_{V\text{norm}}} - D^4$$

$$d = \sqrt[4]{\frac{128 \cdot 1{,}8 \cdot 10^{-2}\,\text{Pa} \cdot \text{s} \cdot 7 1/\text{min} \cdot 40\,\text{cm}}{\pi \cdot 87{,}6\,\text{Pa}} - 2^4 \text{cm}^4} = 2{,}19\,\text{cm}.$$

3.5 Hämorheometrie mit einem Kugel-Kugel-Viskosimeter

Die Viskosität von Blut bzw. Blutplasma kann in einem Kugel-Kugel-Viskosimeter gemessen werden. Dieses System besteht aus einer inneren Vollkugel, die in konzentrischer Anordnung in einer starren Hohlkugel mit der Drehfrequenz n rotiert und dem im Zwischenraum befindlichen Medium eine Scherbelastung aufprägt. Gemessen wird das Antriebsmoment M in Abhängigkeit von der Drehfrequenz, also $M(n)$. Das Kugel-Kugel-Viskosimeter ist auf Grund des von der Atmosphäre abgeschlossenen Flüssigkeitsraums für die Hämorheometrie besonders gut geeignet. Der Durchmesser der inneren Vollkugel sei d, der der äußeren Hohlkugel D. Gesucht sind die Auswertebeziehungen zur Bestimmung der Funktion $\eta(\dot{\gamma})$ für ein Kugel-Kugel-System mit sehr engem Spalt ($\delta = d/D \approx 1$), also $\dot{\gamma} = f(n)$ und $\eta = f(M,n)$. Für die Scherrate $\dot{\gamma}$ gilt in Kugelkoordinaten $\dot{\gamma} = -r\frac{\partial}{\partial r}\left(\frac{w_\varphi}{r}\right)$.

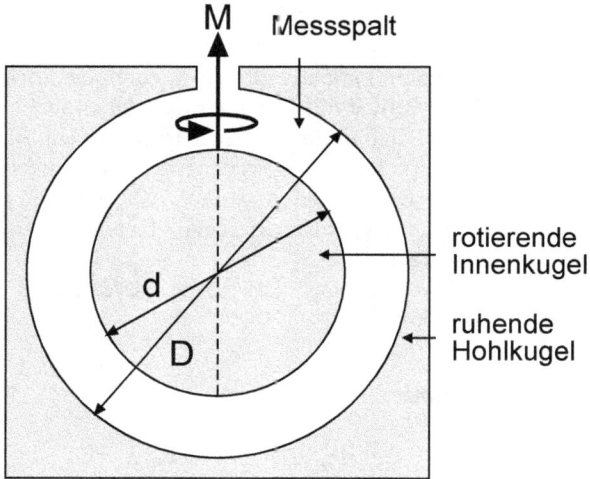

Abb. 3.2 Geometrie eines Kugel-Kugel-Viskosimeters

Das Geschwindigkeitsfeld $\vec{w}$ im Kugelspalt kann duch $\vec{w}\,(w_r, w_\varphi, w_\vartheta)$ beschrieben werden; dabei sind (r, φ, ϑ) sphärische Koordinaten (r – Radiallänge; φ – Azimutwinkel; ϑ – Polarwinkel). Für $\delta = d/D \to 1$ (sehr enger Spalt) geht die 3-dimensionale Rotationsströmung approximativ in eine ebene Schichtströmung (Scherströmung) $\vec{w}\,(w_\varphi, 0, 0)$ mit $w_\varphi = w_\varphi\,(r, \vartheta)$ über. Die Bewegungsgleichung lautet

$$\frac{D}{Dt}\vec{w} = [\vec{\nabla} \cdot \underline{\underline{\sigma}}]$$

mit $\frac{D}{Dt}$ als substanzieller Ableitung und $\underline{\underline{\sigma}}$ als Spannungstensor. Da nur die φ-Komponente der Bewegungsgleichung einen Beitrag leistet, nimmt die Bewegungsgleichung unter Berücksichtigung des engen Spalts die Form an

$$\frac{\partial \sigma_{r\varphi}}{\partial r} + 3\frac{\sigma_{r\varphi}}{r} = 0. \tag{3.1}$$

Die Komponente $\sigma_{r\varphi}$ des Spannungstensors ist auf Grund der Scherströmung identisch mit der Schubspannung τ. Im Weiteren wird darum $\sigma_{r\varphi} = \tau$ gesetzt. Aus der Bewegungsgleichung (3.1) ergibt sich nach Integration über r die Beziehung $\tau = \frac{C}{r^3}$, die für Flüssigkeiten, die dem Newton'schen Ansatz genügen, zu folgender Gleichung führt

$$\dot{\gamma} = \frac{C}{\eta r^3}. \tag{3.2}$$

Die Scherrate $\dot{\gamma}$ für eine Rotationsströmung mit der Fließrichtung φ, die eine Scherung in r-Richtung erfährt, lautet

$$\dot{\gamma} = -r\frac{\partial}{\partial r}\left(\frac{w_\varphi}{r}\right)$$

und ergibt unter Berücksichtigung von $\tau = \eta \dot{\gamma} = \frac{C}{r^3}$

$$-\eta r \frac{\partial}{\partial r} \left(\frac{w_\varphi}{r} \right) = \frac{C}{r^3}.$$

Dies führt auf die Differentialgleichung

$$d \left(\frac{w_\varphi}{r} \right) = - \left(\frac{C}{\eta r^4} \right) dr$$

mit der Lösung

$$\frac{w_\varphi}{r} = \left(\frac{C}{3\eta r^3} \right) + B.$$

Weil die Innenkugel mit der Winkelgeschwindigkeit ω rotiert und die äußere Hohlkugel ruht, lauten die Randbedingungen

$$w_\varphi \left(r = d/2 \right) = \frac{d}{2} \omega \sin \vartheta$$

und

$$w_\varphi \left(r = D/2 \right) = 0.$$

Damit ergeben sich für B und C die Bestimmungsgleichungen

$$\omega \sin \vartheta = B + \left(\frac{8C}{3\eta d^3} \right) \quad \text{und} \quad 0 = B + \left(\frac{8C}{3\eta D^3} \right).$$

Daraus folgt

$$C = \frac{3\eta d^3 \omega \sin \vartheta}{8 \left(1 - \delta^3 \right)} \quad \text{und} \quad B = -\frac{\delta^3 \omega \sin \vartheta}{1 - \delta^3}.$$

C eingesetzt in (3.2) ergibt

$$\dot{\gamma}(r, \vartheta) = \frac{3}{8} \left(\frac{d}{r} \right)^3 \frac{\omega \sin \vartheta}{1 - \delta^3}.$$

Der Schergradient an der Oberfläche der Innenkugel $\dot{\gamma}(\frac{d}{2}, \vartheta) = \dot{\gamma}_d$ lautet

$$\dot{\gamma}_d (\vartheta) = 3\omega \left(\frac{\sin \vartheta}{1 - \delta^3} \right) = 6\pi n \left(\frac{\sin \vartheta}{1 - \delta^3} \right).$$

$\dot{\gamma}_d$ ist abhängig von ϑ. Das bedeutet, dass für jeden Winkel ϑ andere $\dot{\gamma}_d$-Werte existieren, die über den gesamten Scherbereich der Innenkugel ($0 \leq \vartheta \leq \pi$) das Antriebsmoment M bestimmen. Eine über den gesamten Scherbereich gemittelte Scherrate $\dot{\gamma}_{\text{eff}}$ ergibt sich zu

$$\dot{\gamma}_{\text{eff}} = \frac{6n}{1 - \delta^3} \int\limits_0^\pi \sin \vartheta \, d\vartheta = -\frac{6n}{1 - \delta^3} \cos \vartheta \big|_0^\pi$$

Damit erhält man die Auswertungsgleichung für die Scherrate in Abhängigkeit von der Drehzahl n die Beziehung

$$\dot{\gamma} = \frac{12n}{1 - \delta^3}. \tag{3.3}$$

Das Antriebsmoment errechnet sich aus der $\sigma_{r\varphi}$- Komponente des Spannungstensors für $r = d/2$, die mit der Schubspannung an der Oberfläche der Innenkugel $\tau_d = \tau(d/2)$ identisch ist, wie folgt

$$M = \frac{\pi a^3}{2} \tau_d \int\limits_0^{\frac{\pi}{2}} \sin^2 \vartheta \, d\vartheta = \frac{\pi^2 d^3}{8} \tau_d.$$

Für eine newtonsche Flüssigkeit mit der Fließfunktion $\tau = \eta \dot{\gamma}$ erhält man dann unter Beachtung von (3.3)

$$M = 2\pi^2 \eta n \left(\frac{d^3}{1 - \delta^3} \right).$$

Nach η aufgelöst, ergibt sich die Auswertungsgleichung zur Viskositätsbestimmung aus den Messwerten M und n

$$\eta = \frac{1 - \delta^3}{2\pi^2 d^3} \left(\frac{M}{n} \right) \approx \frac{1 - \delta^3}{20 d^3} \left(\frac{M}{n} \right). \tag{3.4}$$

Mit (3.3) und (3.4) erhält man aus M und n die Kurve $\eta(\dot{\gamma})$, aus der mit $\tau = \eta \cdot \dot{\gamma}$ auch die Fließkurve konstruiert werden kann.

3.6 Strömungs-Kennzahlen

A

Die dimensionslosen Kennzahlen Re (Reynolds-Zahl) und Eu (Euler-Zahl) sind für eine Kapillarströmung folgendermaßen definiert

$$Re = \frac{d w \rho}{\eta} \quad \text{und} \quad Eu = \frac{\Delta p}{\rho w^2}$$

mit w als mittlere Strömungsgeschwindigkeit in der Kapillare, d als Durchmesser der Kapillare, ρ als Dichte des Fluids, η als dynamische Viskosität und Δp als Druckabfall über der Rohrlänge l. Die Hagen-Poiseuille'sche Gleichung soll mit Hilfe dieser Kennzahlen in dimensionsloser Form dargestellt werden. Welche Vorteile hat diese Darstellung?

L

Die Hagen-Poissieulle-Gleichung lautet

$$V^* = \frac{\pi d^4 \triangle p}{128 \eta l}$$

Der Volumenstorm beträgt $V^* = wA = \frac{w\pi d^2}{4}$. Somit gilt

$$\frac{w\pi d^2}{4} = \frac{\pi d^4 \triangle p}{128\,\eta l}$$

Daraus erhält man die Druckdifferenz

$$\triangle p = \frac{32\,l\eta w}{d^2} = 32\left(\frac{l}{d}\right)\left(\frac{\eta w}{d}\right).$$

Wenn man beide Seiten durch ρw^2 teilt, findet man

$$\frac{\triangle p}{\rho w^2} = 32\left(\frac{l}{d}\right)\left(\frac{\eta}{\rho wd}\right)$$

bzw.

$$Eu = 32\left(\frac{l}{d}\right)Re^{-1}$$

Mit $Eu' = \left(\frac{d}{l}\right)Eu$ als modifizierte Euler-Zahl gilt auch

$$Eu' = \frac{32}{Re}$$

In der Fachliteratur existiert neben der Euler-Zahl auch eine gleichwertige Kennzahl, die mit Rohrreibungsbeiwert λ bezeichnet wird, wobei $\lambda = \frac{\triangle p}{\frac{\rho}{2}w^2}\frac{d}{l}$ definiert ist. Mit λ ergibt sich als Beziehung zwischen λ und Re

$$\lambda = \frac{64}{Re}.$$

Da die Hagen-Poiseuille-Gleichung nur für laminare Kapillarströmungen ($Re \leq 2.300$) gilt, gilt $Eu' = 32/Re$ (bzw. $\lambda = 64/Re$) ebenfalls nur für diesen Fall. Bei Turbulenz gelten andere funktionelle Abhängigkeiten[1], die aus Modellversuchen experimentell bestimmt werden müssen. Für die Planung und Auswertung dieser Experimente ist die dimensionslose Darstellung von großem Vorteil, da sich die Anzahl der Variablen von 5 auf 2 reduziert. Um die Funktion $Eu' = f(Re)$ (bzw. $\lambda = f(Re)$) zu bestimmen, braucht man nur Re zu variieren und Eu' (bzw. λ) zu messen. Dies ist am einfachsten durch die Veränderung der Strömungsgeschwindigkeit w möglich. Hätte man dagegen in der dimensionsbehafteten Darstellung die Funktion $\triangle p = f(w,d,l,\rho,\eta)$ experimentell ermitteln wollen, müsste man in zahlreichen Versuchsreihen w, d, l, ρ und η variieren.

Außerdem bietet die dimensionslose Darstellung die Möglichkeit der „Modellübertragung„. Dabei handelt es sich darum, Messdaten, die an einem Versuchmodell experimentell ermittelt werden, auf die Großausführungen zu übersetzen (scale-up). Hier lautet die Bedingung: Alle ein Problem beschreibenden Kennzahlen müssen in Modell- und Hauptausführungen übereinstimmen (Π-Theorem von Buckingham). Würde man zum

---

[1] z. B. nach Blasius: $\lambda = 0,316\,(Re)^{-0,25}$ für $2.300 \leq Re \leq 10^5$; nach Nikuradse: $\lambda = 0,0032 + 0,22(Re)^{-0,24}$ für $10^5 \leq Re \leq 3 \cdot 10^6$

Beispiel die Blutströmung an einem Experiment mit Wasser untersuchen, müsste bei der Auswertung des Versuchs beachtet werden

$$Re_B = Re_W \quad \text{und} \quad Eu_B = Eu_W.$$

3.7 Verengung der Aorta

Bei einer Untersuchung wurde in der Aorta eines Patienten eine pathologische Veränderung des Strömungsquerschnittes diagnostiziert. Der freie Durchmesser zeigte sich in einer Röntgenaufnahme auf $d = 1$ cm lochartig verengt. Man schätze den daraus resultierenden Druckverlust $\triangle p_v$ in der Aorta ab. Die Strömung soll laminar und stationär angenommen werden. Trägheitseffekte seien vernachlässigbar.
Anmerkung: Zur Berechnung beachte man, dass ein Kreisloch als Grenzwert eines Hyperboloiden entsteht. Bei Nutzung von hyperbolischen Koordinaten geht hier die Koordinate der Wandhyperbel gegen Null. Man bestimme darum zunächst allgemein den Druckverlust bei Durchströmung eines Hyperboloiden in hyperbolischen Koordinaten und konkretisiere $\triangle p_v$ bei der numerische Berechnung auf die lochartige Einengung.
[gemittelte Blutviskosität $\eta = 0.0\llcorner8$ Pa · s; Blutstrom $V^* = 7$ l/min]

In Abbildung 3.3 ist die Geometrie der hyperbolischen Verengung in der (xz)-Ebene eines kartesischen Koordinatensystems in Mittelpunktslage dargestellt. Die Engstelle besitzt den Abstand $2a$; der Fokusabstand ist $2e$.

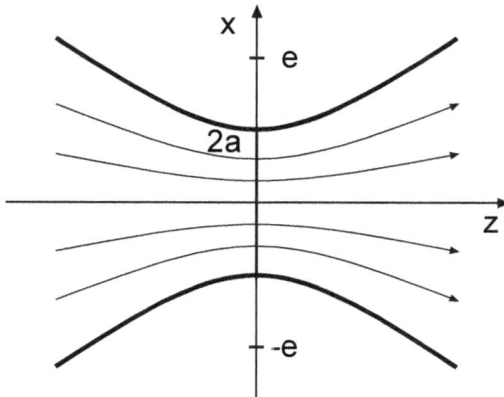

Abb. 3.3 Hyperbolische Strömungslinien im Bereich der Verengung

Die Gleichung der Wandhyperbel in der (xz)-Ebene lautet

$$\frac{x^2}{a^2} - \frac{z^2}{e^2 - a^2} = 1.$$

Es lassen sich konfokale Hyperbeln und Ellipsen definieren

$$\frac{x^2}{e^2\left(1-\tau^2\right)} - \frac{z^2}{e^2\tau^2} = 1 \quad \text{mit } \tau_0 \leq \tau \leq 1 \text{ [Hyperbeln]}$$

und

$$\frac{x^2}{e^2\left(1+\sigma^2\right)} + \frac{z^2}{e^2} = 1 \quad \text{mit} \quad 0 \leq \sigma \leq \infty \text{[Ellipsen]},$$

wobei $\tau_0 = \sqrt{1-\frac{a^2}{e^2}}$ ist. Die konfokalen Hyperbeln und Ellipsen sind zueinander orthogonal; σ und τ sind die Koordinaten dieser Kurven. Für die Blutströmung lautet die Navier-Stokes-Gleichung für den hier betrachteten Fall

$$\eta\,\vec{\nabla} \times \vec{\nabla} \times \vec{w} + \vec{\nabla}p = 0.$$

Mit Hilfe folgender Transformationsbeziehungen

$$\vec{W} = \frac{\vec{w}e^2}{V^*} \qquad X = \frac{x}{e}$$

$$\hat{\nabla} = e\vec{\nabla} \qquad Y = \frac{y}{e}$$

$$P = \frac{pe^3}{\eta V^*} \qquad Z = \frac{z}{e}$$

lässt sich die Navier-Stokes-Gleichung dimensionslos schreiben

$$\hat{\nabla} \times \hat{\nabla} \times \vec{W} + \hat{\nabla}P = 0.$$

Die erzeugenden Flächen sind jetzt durch folgende Gleichungen gegeben:

$$\frac{X^2+Y^2}{1+\sigma^2} + \frac{Z^2}{\sigma^2} = 1 \quad \text{Rotationsellipsoid}$$

$$\frac{X^2+Y^2}{1-\tau^2} - \frac{Z^2}{\tau^2} = 1 \quad \text{Rotationshyperboloid.}$$

Über die Transformationsformeln

$$X^2 = \left(1+\sigma^2\right)\left(1-\tau^2\right)\cos^2\varphi$$
$$Y^2 = \left(1+\sigma^2\right)\left(1-\tau^2\right)\sin^2\varphi$$
$$Z^2 = \sigma^2\tau^2$$

errechnen sich die Metrikkoeffizienten zu

$$g_{\sigma\sigma} = \frac{\sigma^2+\tau^2}{1+\sigma^2}; \qquad g_{\tau\tau} = \frac{\sigma^2+\tau^2}{1-\tau^2}; \qquad g_{\varphi\varphi} = \left(1+\sigma^2\right)\left(1-\tau^2\right).$$

Für das Oberflächenelement eines Ellipsoids gilt die Beziehung $dA = \sqrt{g_{\sigma\sigma}g_{\varphi\varphi}}\,d\varphi d\tau$ und für den innerhalb des Wandhyperboloids liegenden Ellipsoidenausschnitt die Durchsatzbeziehung

$$-\oint W_\sigma dA = 1.$$

Hierbei wird der Teil der Verengung betrachtet, bei dem die Strömung entgegen der $+\sigma -$ Richtung erfolgt. Aus der Kontinuitätgleichung

$$\hat{\nabla} \cdot \overrightarrow{W} = \frac{1}{\sqrt{g_{\sigma\sigma} g_{\tau\tau} g_{\varphi\varphi}}} \left[\frac{\partial}{\partial \sigma} \left(\sqrt{g_{\tau\tau} g_{\varphi\varphi}} W_\sigma \right) + \frac{\partial}{\partial \tau} \left(\sqrt{g_{\sigma\sigma} g_{\varphi\varphi}} W_\tau \right) \right] = 0$$

ist zu ersehen, dass die Komponenten des Geschwindigkeitsvektors $\overrightarrow{W}$ aus einer Stromfunktion Ψ zu bestimmen sind

$$W_\sigma = -\frac{1}{\sqrt{g_{\tau\tau} g_{\varphi\varphi}}} \frac{\partial \Psi}{\partial \tau}$$

$$W_\tau = +\frac{1}{\sqrt{g_{\sigma\sigma} g_{\varphi\varphi}}} \frac{\partial \Psi}{\partial \sigma}.$$

Bildet man die Rotation der dimensionslosen Navier-Stokes-Gleichung und führt in die so erhaltene Gleichung

$$\hat{\nabla} \times \hat{\nabla} \times \hat{\nabla} \times \overrightarrow{W} = 0$$

die Ausdrücke für W_σ und W_τ ein, so ergibt sich die Differentialgleichung

$$D^4\Psi = 0.$$

Hierbei bedeuten $D^4\Psi = D^2 \left(D^2\Psi \right)$ mit dem Differentialoperator

$$D^2 = \frac{1}{g_{\sigma\sigma}} \frac{\partial^2}{\partial \sigma^2} + \frac{1}{g_{\tau\tau}} \frac{\partial^2}{\partial \tau^2}.$$

Zur Lösung der Dgl. kann ein Ansatz in der Form $\Psi = m(\tau)$ gewählt werden. Durch diesen Ansatz wird die Durchsatzbeziehung am einfachsten erfüllt. Nach Einsetzen ergibt sich

$$D^4\Psi = \frac{1}{(\sigma^2 + \tau^2)^3} \left[4 \left(1 - \tau^2 \right) \left(1 + \sigma \right)^2 \frac{d^2m}{d\tau^2} - 4\tau \left(1 - \tau^2 \right) \left(1 + \sigma^2 \right) \frac{d^3m}{d\tau^3} \right] +$$
$$+ \frac{1 - \tau^2}{\sigma^2 + \tau^2} \frac{d^4m}{d\tau^4}.$$

Da die Dgl. für alle $\sigma-$ und $\tau-$Werte gelten muss, folgen die Beziehungen

$$\frac{d^4m}{d\tau^4} = 0 \quad \text{und} \quad \frac{d^2m}{d\tau^2} - \tau \frac{d^3m}{d\tau^3} = 0,$$

deren gemeinsame Lösung unter Berücksichtigung der Randbedingung $\overrightarrow{W} \left(\tau = \tau_0 \right) = 0$

$$\Psi = C \left(\tau^3 - 3\tau_0^2 \tau \right)$$

lautet. Die Konstante C bestimmt sich unter Berücksichtigung der Durchsatzbedingung zu

$$C = \frac{1}{2\pi \left(1 - 3\tau_0^2 + 2\tau_0^3 \right)}.$$

Damit ergibt sich das Geschwindigkeitsfeld $\vec{W}$ der Blutströmung zu

$$\vec{W} = (W_\sigma, 0, 0) \qquad \text{mit} \qquad W_\sigma = \frac{-3C(\tau^2 - \tau_0^2)}{\sqrt{(1+\sigma^2)(\sigma^2 + \tau^2)}}.$$

Wie man sieht, verlaufen die Stromlinien entlang der konfokalen Hyperbeln. Zur Bestimmung des Druckverlaufs entlang der Rotationsachse muss $\vec{W}$ in die dimensionslose Navier-Stokes-Gleichung eingesetzt werden. Nach $\hat{\nabla}P$ aufgelöst, lautet diese $\hat{\nabla}P = -\hat{\nabla} \times \hat{\nabla} \times \vec{W}$ und in Komponentenschreibweise

$$\frac{\partial P}{\partial \sigma} = +\sqrt{\frac{g_{\sigma\sigma}}{g_{\tau\tau}g_{\varphi\varphi}}} \frac{\partial}{\partial \tau}\left[\sqrt{\frac{g_{\varphi\varphi}}{g_{\sigma\sigma}g_{\tau\tau}}} \frac{\partial}{\partial \tau}\left(\sqrt{g_{\sigma\sigma}}W_\sigma\right)\right]$$

$$\frac{\partial P}{\partial \tau} = -\sqrt{\frac{g_{\tau\tau}}{g_{\sigma\sigma}g_{\varphi\varphi}}} \frac{\partial}{\partial \sigma}\left[\sqrt{\frac{g_{\varphi\varphi}}{g_{\sigma\sigma}g_{\tau\tau}}} \frac{\partial}{\partial \sigma}\left(\sqrt{g_{\sigma\sigma}}W_\sigma\right)\right]$$

Hieraus ergibt sich der Druckgradient auf der Rotationsachse zu

$$\frac{\partial P}{\partial \sigma}\Big|_{\tau=1} = -\frac{12C}{(1+\sigma^2)^2}.$$

Daraus folgt nach Integration der Druckverlauf

$$P(\sigma)|_{\tau=1} = P_\infty - 6C\left(\frac{\sigma}{1+\sigma^2} + \arctan\sigma\right)$$

und der Gesamtdruckverlust

$$\triangle P = 24C \int_0^\infty \frac{1}{(1+\sigma^2)^2}\, d\sigma = \frac{3}{1 - 3\tau_0^2 + 2\tau_0^3}$$

zwischen $+\infty \le \sigma \le -\infty$. Da hier der Fall einer sprunghaften Einengung betrachtet wird, kann nun $\tau_0 = 0$ gesetzt werden, denn im Fall $\tau_0 \to 0$ entartet der Hyperboloid in ein kreisrundes Loch mit dem Radius $e = a = \frac{d}{2}$. Damit wird der dimensionslose Druckverlust $\triangle P = 3$ bzw. dimensionsbehaftet

$$\triangle p_V = \frac{3\eta V^*}{a^3} = \frac{24\eta V^*}{d^3}.$$

Die numerische Berechnung ergibt

$$\triangle p_V = \frac{24 \cdot 0{,}018\,\text{Pa} \cdot \text{s} \cdot 7\,\text{1/min}}{1\,\text{cm}^3} = \frac{24 \cdot 0{,}018\,\text{Pa} \cdot \text{s} \cdot 7\,\text{1/min}}{60\,\text{s/min} \cdot 1.0001/\text{m}^3, 0{,}01^3\text{m}^3} = 50{,}4\,\text{Pa}.$$

Im Rahmen dieser Betrachtung wurden Trägheitseffekte vernachlässigt. Diese sind jedoch dafür verantwortlich, dass hinter Verengungen häufig Strömungswirbel auftreten. Diese können den Druckverlust noch erheblich erhöhen (siehe auch Aufgabe 3.8). Wirbel sind bei einer Blutströmung besonders gefährlich, da sie als „Totwassergebiete" stagnieren. Dadurch entsteht die Gefahr einer Blutgerinnung, die zu Thrombosen führen kann.

3.8 Stufenförmige Verengung der Aorta

A Es soll der Druckverlust einer Aortaverengung entsprechend der Abbildung betrachtet werden, bei der sich der Durchmesser von $d_1 = 2{,}5\,\text{cm}$ auf $d_2 = 1\,\text{cm}$ verengt. Man bestimme den daraus resultierenden Druckverlust $\triangle p_v$ in der Aorta für den Fall, dass die Verluste nur durch Verwirbelungen entstehen. Die Fluidreibung soll vernachlässigt werden. Hierbei muss beachtet werden, dass sich unmittelbar hinter der Verengung der effektive Strömungsquerschnitt aufgrund von Trägheitseffekten noch auf A' weiter einschnürt. Die Größe dieser Einschnürung wird durch die Kontraktionszahl k, die als Verhältnis $\frac{A'}{A_2}$ definiert ist, beschrieben; k ist abhängig von der Reynoldszahl $Re = \frac{\rho_{\text{Blut}} d_2 w_2}{\eta_{\text{Blut}}}$ und dem Verhältnis $\Phi = \frac{A_2}{A_1}$. Aus Modellversuchen wurde die Abhängigkeit zu $k = 4{,}6 \cdot 10^{-3} \, Re \, \Phi$ bestimmt. Der mittlere Blutstrom des Patienten wurde zu $V^* = 7\,\text{l/min}$ ermittelt. Für die Lösung sollen stationäre Verhältnisse angenommen werden.
[Blutdichte $\rho_{\text{Blut}} = 1.050\,\text{kg/m}^3$, Blutviskosität $\eta_{\text{Blut}} = 0{,}018\,\text{Pa} \cdot \text{s}$]

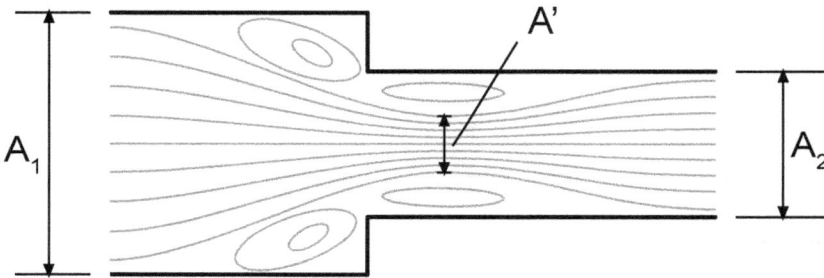

Abb. 3.4 Stufenförmige Verengung im Querschnitt einer Arterie

L Aufgrund der scharfkantig rechtwinkligen Einengung können die Stromlinien den 90°-Kantenlinien nicht direkt folgen. Diese werden statt dessen eine stetige Bahnkurve beschreiben und es entstehen Umlaufwirbel als Totwassergebiete. Zusätzlich wird aufgrund der Trägheit der Flüssigkeit die Strömung gegenüber der geometrischen Einengung noch weiter auf eine Querschnittsfläche A' eingeengt. Die Wirbelbildung durch diese Einengung bedeutet einen Verlust an mechanischer Energie, was einem Druckverlust $\triangle p_V$ entspricht. Dieser Druckverlust ist die Differenz zwischen dem Druck, der ohne Verwirbelung im neuen Aortaquerschnitt auftreten würde (repräsentiert durch den bernoulli'schen Druck p_{2B}) und dem realen Druck p_2. Dabei wird die Stelle (2) dort gewählt, wo das Blut wieder störungsfrei fließt. Da der Druckverlust vor der Verengung in den Wert der experimentell ermittelten Kontraktionszahl k eingeht, muss man zur Ermittlung des Druckverlustes nur die Vorgänge hinter der Verengung (hier erweitert sich die Strömung wieder) beachten, wobei die Drucke p' und p'_B im engsten Strömungsquerschnitt A' identisch angenommen werden dürfen.

$$\triangle p_V = p_{2B} - p_2. \tag{3.5}$$

Der Idealdruck p_{2B} kann durch die Bernoulli Gleichung, der Realdruck p_2 durch die Impulsgleichung ausgedrückt werden. Die Bernoulli'sche Gleichung lautet:

$$p_{2B} + \frac{\rho_{Blut}}{2}w_2^2 = p_B' + \frac{\rho_{Blut}}{2}w'^2.$$

Daraus folgt

$$p_{2B} - p_B' = \frac{\rho_{Blut}}{2}w_2^2\left(\frac{w'^2}{w_2^2} - 1\right). \tag{3.6}$$

Die Impulsgleichung (einachsig und stationär) lautet

$$0 = m^*\left(w' - w_2\right) + A_2\left(p' - p_2\right).$$

Unter Berücksichtigung von $m^* = \rho_{Blut}A_2 w_2$ wird $p_2 - p'$ zu

$$p_2 - p' = \frac{\rho_{Blut}}{2}w_2^2\left(\frac{2w'}{w_2} - 2\right). \tag{3.7}$$

(3.6) und (3.7) in (3.5) ergibt dann bei Beachtung von $p' = p_B'$ den Druckverlust $\triangle p_V$

$$\triangle p_V = \frac{\rho_{Blut}}{2}w_2^2\left[\left(\frac{w'}{w_2}\right)^2 - 2\frac{w'}{w_2} + 1\right]$$

$$= \frac{\rho_{Blut}}{2}w_2^2\left(\frac{w'}{w_2} - 1\right)^2.$$

Da die Kontinuitätsgleichung $V = w'A' = w_2 A_2$ lautet, wird

$$\frac{w'}{w_2} = \frac{A_2}{A'} = \frac{1}{k}$$

mit k als Kontraktionszahl. Aus der Beziehung $k = 4{,}6 \cdot 10^{-3} Re\,\Phi$ ergibt sich hier mit $Re = \frac{w_2 \rho_{Blut} d_2}{\eta_{Blut}} = 850$ und $\Phi = \frac{A_2}{A_1} = \frac{0{,}8}{4{,}9} = 0{,}16$ der Wert $k = 0{,}63$.

Damit kann der Druckverlust $\triangle p_V$ auf Grund der Einengung bestimmt werden:

$$\triangle p_V = \frac{\rho_{Blut}}{2}\left(\frac{V^*}{A_2}\right)^2\left(\frac{1}{k} - 1\right)^2.$$

Numerisch wird mit $\rho_{Blut} = 1.050\,\text{kg/m}^3$; $V^* = 7\,\text{1/min} = 2{,}33 \cdot 10^{-4}\text{m}^3/\text{s}$; $A_2 = 0{,}8\,\text{cm}^2$ $= 8 \cdot 10^{-5}\text{m}^2$ und $k = 0{,}63$ der Druckverlust $\triangle p_V = 384\,\text{Pa}$.

3.9 Blutdruck in der Aorta

Wie groß ist der Druckverlust durch die Fluidreibung in der Aorta bei einem gesunden Menschen? Für die Berechnung sollen stationäräre Verhältnisse und ein laminarer Strömungszustand angenommen werden. Ist die letzte Bedingung berechtigt? Wie groß ist der

Druckverlust durch Reibung im Verhältnis zum Druckverlust durch Verengungen in der Aorta? Dabei soll für eine Druckverlustabschätzung der Verengungen der Summenwert aus sprunghafter und stufenförmiger Verengung entsprechend der vorherigen Aufgaben angenommen werden.
[Aortadurchmesser $D = 2,5$ cm; Aortalänge $l = 40$ cm; Blutviskosität $\eta = 0,018$ Pas; Blutstrom $V^* = 7$ l/min]

Der Druckverlust in der Aorta $\triangle p_A$ bestimmt sich aus der Hagen-Poiseuille'schen Gleichung, wenn laminare Verhältnisse vorliegen. Dies ist dann der Fall, wenn die Reynoldszahl $Re < 2.300$ ist. Die Reynoldszahl lautet

$$Re = \frac{\rho w D}{\eta} = \frac{\rho D V^*}{\eta A} = \frac{4}{\pi} \frac{\rho}{\eta} \frac{V^*}{D}.$$

Numerisch ergibt sich Re mit $D = 2,5$ cm; $l = 40$ cm; $V^* = 7 l/min$; $\eta = 0,018$ Pa $\cdot$ s und $\rho = 1.050$ kg/m^3 zu

$$Re = 337.$$

Somit ist das Kriterium für Laminarität erfüllt, und man darf hier mit der Hagen-Poiseuille Gleichung rechnen

$$V^* = \frac{\pi D^4}{128\,\eta} \frac{\triangle p_A}{l}.$$

Nach $\triangle p_A$ aufgelöst

$$\triangle p_A = \frac{128\,\eta\,l}{\pi D^4} V^* = \triangle p_A = 360\,\text{Pa}.$$

Liegt also in der Aorta eine Einengung mit einem Druckverlust durch Reibung (entsprechend Aufgabe 3.7) $\triangle p_{VR} = 50,4$ Pa und Verwirbelung (entsprechend Aufgabe 3.8 $\triangle p_{VW} = 384$ Pa) vor, steigt der Druckverlust auf

$$\triangle p = (\triangle p_A + \triangle p_{VR} + \triangle p_{VW}) = 360\,\text{Pa} + 50,4\,\text{Pa} + 384\,\text{Pa} = 794,4\,\text{Pa}.$$

Das Verhältnis der Druckverluste der Einengung zu den Reibungsverlusten in der Aorta ist hier

$$\frac{\triangle p_V}{\triangle p_A} = \frac{794,4\,\text{Pa}}{360\,\text{Pa}} = 2,2.$$

Wie man sieht, steigt bei dieser massiven Einengung der Druckverlust auf mehr als das Doppelte an.

3.10 Pulsierende Blutströmung

Betrachtet sei eine pulsierende Blutströmung. Man bestimme die Blutstromstärke V_S^*

(a) für den Fall, dass die Herzfrequenz eines Patienten auf nur $\omega_S = 50$ min^{-1} abgesunken ist (Normalwert $\omega = 70$ min^{-1}), und vergleiche sie mit dem stationären Wert bei gleichem Druckgradienten p';

(b) für einen anderen Patienten, bei dem Herzflimmern auftritt (das ist eine Herzrhythmusstörung mit plötzlich sehr hoher Herzfrequenz).

Für die Lösung gehe man von der Geschwindigkeitsverteilung

$$w\left(r,t\right) = \frac{p' e^{i\omega t}}{i\omega\rho}\left[1 - \frac{J_0\left(r\sqrt{-i\frac{\rho\omega}{\eta}}\right)}{J_0\left(R\sqrt{-i\frac{\rho\omega}{\eta}}\right)}\right]$$

aus und bestimme $w\left(r,t\right)$ in einer Näherung 2. Ordnung. Die r-Koordinate ist der Abstand eines Blutteilchens von der Achse einer Blutader. Daraus kann die mittlere Geschwindigkeit $\bar{w}$ berechnet und mit der entsprechenden Beziehung von Hagen-Poiseuille verglichen werden. Die mittlere Geschwindigkeit $\bar{w}$ eintspricht einem Mittelwert über r, welcher im Mittel über einen Puls den gleichen Durchsatz erzeugt wie das Geschwindigkeitsprofil $w\left(r,t\right)$ (= gewichtetes Mittel).
[Blutdichte $\rho = 1.050\,\mathrm{kg}/m^3$; Blutviskosität $\eta = 0,018\,\mathrm{Pas}$; Aortaradius $R = 1,25\,\mathrm{cm}$]

Bevor die mittlere Geschwindigkeit bestimmt wird, wird zur Näherungslösung die Besselfunktion $J_n\left(x\right)$ in der Ausgangsgleichung für $w\left(r,t\right)$ in eine Reihe entwickelt. Es gilt

$$J_n\left(x\right) = \frac{x^n}{2^n\Gamma\left(n+1\right)}\left[1 - \frac{x^2}{2\left(2n+2\right)} + \frac{x^4}{8\left(2n+2\right)\left(2n+1\right)} - \ldots + \ldots\right].$$

Somit wird die Besselfunktion nullter Ordnung $J_0\left(x\right)$

$$J_0\left(x\right) = \frac{1}{\Gamma\left(1\right)}\left[1 - \frac{x^2}{4} + \frac{x^4}{16} - \ldots + \ldots\right]$$

und unter Berücksichtigung, dass die Gammafunktion $\Gamma\left(1\right) = 1$ ist in der gesuchten Näherung

$$J_0\left(x\right) \approx 1 - \frac{x^2}{4}.$$

Das Verhältnis der Besselfunktionen in der Ausgangsgleichung lautet dann

$$\frac{J_0\left(r\sqrt{-i\frac{\rho\omega}{\eta}}\right)}{J_0\left(R\sqrt{-i\frac{\rho\omega}{\eta}}\right)} = \frac{4\eta + i\,r^2\rho\omega}{4\eta + i\,R^2\rho\omega}.$$

Setzt man dies in die Lösung für $w\left(r,t\right)$ ein, ergibt sich

$$w\left(r,t\right) = p'e^{i\omega t}\left[\frac{\left(R^2 - r^2\right)}{4\eta + i\left(\rho\omega R^2\right)}\right].$$

p' ist der Scheitelwert des periodischen Druckgradienten. Unter Beachtung der Euler'schen Formel für komplexe Zahlen $e^{iz} = \cos z + i \sin z$ findet man

$$w(r,t) = p' \left[\frac{(R^2 - r^2)}{4\eta + i\,(\rho\,\omega R^2)} \right] [\cos(\omega t) + i \sin(\omega t)]$$

$$= p' \frac{R^2}{4\eta} \frac{1 - \left(\frac{r}{R}\right)^2 \left[\cos(\omega t) + i \sin(\omega t)\right]}{1 + i \frac{\rho\omega R^2}{4\eta}}.$$

Die in der Gleichung vorkommende Größe $\frac{\rho\omega R^2}{\eta}$ kann als eine mit der Pulsfrequenz gebildete Reynoldszahl verstanden werden und soll im Folgenden mit $\widetilde{Re}$ abgekürzt werden. Damit wird

$$w(r,t) = \frac{p'R^2}{4\eta} \frac{\left\{ \left[1 - \left(\frac{r}{R}\right)^2 \right] \right\} \{\cos(\omega t) + i \sin(\omega t)\}}{1 + i \frac{1}{4}\widetilde{Re}}.$$

Für die Schwingung ist nur der Realteil dieses komplexen Ausdrucks relevant. Zur Ermittlung muss mit dem konjugiert komplexen Nenner $1 - i \frac{1}{4}\widetilde{Re}$ erweitert werden. Der Realteil lautet dann

$$w(r,t) = \frac{p'R^2}{4\eta} \left[1 - \left(\frac{r}{R}\right)^2 \right] \frac{\cos(\omega t) + \frac{1}{4}\widetilde{Re} \sin(\omega t)}{1 + \frac{1}{16}\widetilde{Re}^2}.$$

Wie man sieht, handelt es sich hier um eine überlagerte Sinus-/Cosinusschwingung über der Zeit t und einer parabolische Abhängigkeit vom Radius r, die bei $\omega = 0$ mit dem Geschwindigkeitsprofil nach Hagen-Poiseuille $w(r) = \frac{p'R^2}{4\eta}[1 - (\frac{r}{R})^2]$ übereinstimmt. Die mittlere Geschwindigkeit $\bar{w}$ ergibt sich über die Bilanz

$$\frac{2\bar{w}A}{\omega} = \int\limits_A \int\limits_t w(r,t)\,dA\,dt$$

mit der Querschnittsfläche A der Aorta. Da $A = \pi R^2$ und $dA = 2\pi r dr$ ist, findet man

$$\bar{w} = \frac{2\,p'}{4\,\eta} \int\limits_0^R 2 \frac{\omega}{2} \int\limits_0^{\frac{\pi}{2\omega}} r\left[1 - \left(\frac{r}{R}\right)^2\right] \frac{\cos(\omega t) + \frac{1}{4}\widetilde{Re} \sin(\omega t)}{1 + \frac{1}{16}\widetilde{Re}^2}\,dr\,dt.$$

Weil in der Gleichung die Variablen r und t separiert auftreten, kann über dr und dt unabhängig integriert werden

$$\bar{w} = \frac{p'R^2}{8\eta} \frac{\omega}{1 + \frac{1}{16}\widetilde{Re}^2} \int\limits_0^{\frac{\pi}{2\omega}} \cos(\omega t) + \frac{1}{4}\widetilde{Re} \sin(\omega t)\,dt$$

$$= \frac{p'R^2}{8\eta} \frac{\omega}{1 + \frac{1}{16}\widetilde{Re}^2} \left[\frac{\sin(\omega t) - \frac{1}{4}\widetilde{Re} \cos(\omega t)}{\omega} \right]_0^{\frac{\pi}{2\omega}}$$

$$= \frac{p'R^2}{8\eta} \left[\frac{1 + \frac{1}{4}\widetilde{Re}}{1 + \frac{1}{16}\widetilde{Re}^2} \right].$$

Die mittlere Geschwindigkeit $\bar{w}_{HP}$ nach Hagen-Poiseuille lautet

$$\bar{w}_{HP} = \frac{p'R^2}{8\eta}.$$

Somit wird das Verhältnis $\Theta = \frac{\bar{w}}{\bar{w}_{HP}}$ zu

$$\Theta = \frac{1 + \frac{1}{4}\widetilde{Re}}{1 + \frac{1}{16}\widetilde{Re}^2}$$

(a) Im Fall einer Herzfunktionsstörung mit einer auf $\omega_S = 50\,\text{s}^{-1}$ reduzierten Herzfrequenz, ergibt sich eine Blutstromstärke

$$V_S^* = \pi\,\overline{w}_S R^2 = \frac{\pi p'R^4}{8\eta}\left[\frac{1 + \frac{1}{4}\widetilde{Re}_S}{1 + \frac{1}{16}\widetilde{Re}_S^2}\right] \text{ mit } \widetilde{Re}_S = \frac{\rho\,\omega_S R^2}{\eta}.$$

Nach Hagen-Poiseuille gilt

$$V_{HP}^* = \frac{\pi p'R^4}{8\eta}$$

und somit für das Verhälnis

$$\frac{V_S^*}{V_{HP}^*} = \left[\frac{1 + \frac{1}{4}\widetilde{Re}_S}{1 + \frac{1}{16}\widetilde{Re}_S^2}\right].$$

Mit $\omega_S = 50\,\text{min}^{-1}$ wird $\widetilde{Re}_S = 7{,}6$ und

$$\frac{V_S^*}{V_{HP}^*} = \left[\frac{1 + \frac{1}{4}7{,}6}{1 + \frac{1}{16}7{,}6^2}\right] = 0{,}63\cdot$$

Aufgrund der vorliegenden Herzfunktionsstörung wird die Blutstromstärke des Patienten unter Beachtung der Näherung um 63 % kleiner sein als im Fall einer stationären Berechnung nach Hagen-Poiseuille.

(b) Bei Herzrhythmusstörungen durch Herzflimmern geht $\omega \to \infty$ und somit auch $\widetilde{Re} \to \infty$. Dadurch wird der Ausdruck $\frac{V_S^*}{V_{HP}^*}$ unbestimmt. Durch Anwendung der Hospital'schen Regel wird

$$\lim_{\widetilde{Re}\to\infty}\left(\frac{V_S^*}{V_{HP}^*}\right) = \lim_{\widetilde{Re}\to\infty}\left(\frac{\frac{1}{4}}{\frac{1}{8}\widetilde{Re}}\right) = \lim_{\widetilde{Re}\to\infty}\left(\frac{2}{\widetilde{Re}}\right) = 0$$

d. h., dass für $\widetilde{Re} \to \infty$ somit der Blutstrom $V_S^* \to 0$ geht. Es entsteht ein lebensbedrohlicher Zustand, der zum Herzinfarkt führen kann, wenn nicht sofort Gegenmaßnahmen, z. B. durch den Einsatz eines Defibrilators, getroffen werden.

3.11 Herzleistung

A

Zur einfachen Abschätzung der Herzleistung nehme man an, dass der mittlere systolische Druck des linken Ventrikels $p_{lv} = 100\,\text{mm Hg}$, und der des rechten Ventrikels $p_{rv} = 15\,\text{mm Hg}$ betrage. Das Herz habe ein Volumen von $V = 300\,\text{ml}$ und das Schlagvolumen eines Ventrikels betrage $70\,\text{ml}$.

(a) Wenn man annimmt, dass das Volumen des Ventrikels während eines Herzschlags gegen einen konstanten systolischen Druck verschoben wird, wie groß ist dann die vom Herzen pro Herzschlag erbrachte mechanische Arbeit?

(b) Wie hoch ist die mittlere Leistung bei einer Herzfrequenz ν von 72 Schlägen pro Minute? Wie groß ist die erbrachte Leistungsdichte?

(c) Ist die Leistungsdichte aus Aufgabenteil b mit einer Aquarienpumpe erreichbar? Die Pumpe soll ein Volumen von $V = 0,2\,\text{l}$ haben und pro Minute $10\,\text{l}$ Wasser in die Höhe $h = 6,12\,\text{m}$ befördern können.

(d) Bisher wurde vernachlässigt, dass das ausgeworfene Blut beschleunigt werden muss. Wie groß ist der prozentuale Anteil der Beschleunigungsarbeit an der Gesamtarbeit? Die Auswurfgeschwindigkeit sei $v = 0,5\,\frac{\text{m}}{\text{s}}$, die Dichte von Blut ist $\rho = 1,05\,\frac{\text{kg}}{\text{l}}$.

L

(a) Die mechanische Arbeit setzt sich aus den beiden Teilen für den linken und rechten Ventrikel zusammen: $W = W_{lV} + W_{rV}$. Die in der Medizin immernoch übliche Einheit mm Hg, also das Torr, entspricht $133,32\,\text{Pa}$. Mit $W = pV$ ergibt sich

$$W_{lV} = 100 \cdot 133,32\,\text{Pa} \cdot 0,070 \cdot 10^{-3}\text{m}^3 = 0,93\,\text{J}$$
$$W_{rV} = 15 \cdot 133,32\,\text{Pa} \cdot 0,070 \cdot 10^{-3}\text{m}^3 = 0,14\,\text{J}.$$

(b) Die mittlere Leistung beträgt

$$P = W_{\text{ges}}\nu = (0,93 + 0,14)\,\text{J} \cdot \frac{72\,1/\text{min}}{60\,\text{s}/\text{min}} = 1,28\,\text{W}$$

und die erbrachte Leistung pro Volumen

$$\frac{P}{V} = \frac{1,28\,\text{W}}{300\,\text{ml}} = 4,27\,\frac{\text{kW}}{\text{m}^3}.$$

(c) Die Leistung der Aquarienpumpe berechnet sich aus der Fördermenge $V^* = V\nu = 10\frac{1}{\text{min}}$ zu

$$P = W\nu = mgh \cdot \nu = \rho gh \cdot V^* = 10^3\,\frac{\text{kg}}{\text{m}^3} \cdot 9,81\,\frac{\text{m}}{\text{s}^2} \cdot 6,12\,\text{m} \cdot \frac{10 \cdot 10^{-3}\text{m}^3}{60\,\text{s}} = 10\,\text{W}.$$

Als Leistungsdichte ergibt sich

$$\frac{P}{V} = \frac{10\,\text{W}}{0,2 \cdot 10^{-3}\,\text{m}^3} = 50\,\frac{\text{kW}}{\text{m}^3}.$$

Die Leistungsdichte würde also ausreichen; die Schwierigkeiten ein Kunstherz zu entwickeln, liegen also woanders.

(d) Die Beschleunigungsarbeit beträgt

$$W_B = \frac{1}{2}mv^2 = \frac{1}{2}\rho Vv^2 = \frac{1}{2} \cdot 1{,}05 \, \frac{\text{kg}}{\text{l}} \cdot 2 \cdot 0{,}0701 \cdot 0{,}5^2 \frac{\text{m}^2}{\text{s}} = 0{,}018 \, \text{J}.$$

Dessen Anteil an der gesamten geleisteten Arbeit beträgt nur

$$\frac{W_B}{W_B + W} = \frac{0{,}018 \, \text{J}}{0{,}018 \, \text{J} + 1{,}073 \, \text{J}} = 0{,}016 = 1{,}6 \, \%.$$

3.12 Öffnungsfläche Mitralis

Die Druckdifferenz zwischen Vorder- und Hinterseite der geschlossenen Mitralklappe eines menschlichen Herzens betrage 2 mm Hg. Außerdem sei der sogenannte Herzindex, das Verhältnis des Herzminutenvolumens zur Körperoberfläche A_0, bekannt: $q = 3{,}5 \, \frac{\text{l}}{\text{m}^2 \, \text{min}}$. Wie groß ist die Öffnungsfläche der Mitralis bei einem Menschen, der $m = 75 \, \text{kg}$ wiegt und $l = 170 \, \text{cm}$ groß ist?

Man benutze zur Lösung sowohl die Kontinuitäts-Gleichung $V^* = \bar{w} \cdot A$ als auch die modifizierte Formel von Du Bois zur näherungsweisen Berechnung der Körperoberfläche:

$$A_0 = k \cdot \sqrt{m \cdot l}$$

mit der Konstanten $k = 0{,}167 \, \sqrt{\frac{\text{m}^3}{\text{kg}}}$. V^* ist der Volumenstrom (Volumen pro Zeit) des Blutes mit der mittleren Geschwindigkeit $\bar{w}$ durch eine Fläche A.

Aus dem Herzindex q und der Formel von Du Bois bekommt man für den Volumenstrom V^*

$$V^* = A_0 q = 0{,}167 \, \sqrt{\text{m}^3/\text{kg}} \cdot \sqrt{75 \, \text{kg} \cdot 1{,}7 \, \text{m}} \cdot 3{,}5 \, \frac{\text{l}}{\text{m}^2 \, \text{min}}$$
$$= 6{,}6 \, \frac{\text{l}}{\text{min}} = 1{,}1 \cdot 10^{-4} \, \frac{\text{m}^3}{\text{s}}.$$

Bei einer raschen Öffnung der Mitralklappe kann man annehmen, dass die gesamte Druckdifferenz Δp für den Antrieb zur Verfügung steht. Die Druckdifferenz berechnet sich zu

$$\Delta p = \rho_{\text{Hg}} \cdot g \cdot \Delta h = 13{,}6 \cdot 10^3 \, \frac{\text{kg}}{\text{m}^3} \cdot 9{,}81 \, \frac{\text{m}}{\text{s}^2} \cdot 2 \cdot 10^{-3} \text{m} = 266{,}8 \, \text{Pa}.$$

Unter Berücksichtigung der Bernoulli-Gleichung $\frac{1}{2}\rho\bar{w}^2 = \Delta p$ bekommt man für die mittlere Strömungsgeschwindigkeit $\bar{v}$

$$\bar{w} = \sqrt{\frac{2 \, \Delta p}{\rho}} = \sqrt{\frac{2 \cdot 266{,}8 \, \text{Pa}}{1{,}08 \cdot 10^3 \text{kg}/\text{m}^3}} = 0{,}7 \, \frac{\text{m}}{\text{s}}.$$

Da das Blut nur während einer halben Herzperiode ausströmt, erhält man letztendlich als Abschätzung für die Fläche der Mitralklappe

$$A = \frac{2 \cdot V^*}{\bar{w}} = \frac{2 \cdot 1{,}1 \cdot 10^{-4} \mathrm{m^3 s}}{0{,}7\,\mathrm{m\,s}} = 3{,}14 \cdot 10^{-4} \mathrm{m^2} = 3{,}14\,\mathrm{cm^2}.$$

4 Wahrnehmung

Für den Menschen sind neben dem Tast- und dem Geruchsinn die optische und akustische Wahrnehmung die wichtigsten: wir nehmen den größten Teil unserer Informationen über den Sehsinn auf. Dieser besteht neben den Augen aus einem Teil des Gehirns. Fällt Licht auf ein Auge, so sendet es Nervenimpulse an das Gehirn, wo sie zu nutzbaren Informationen verarbeitet werden. Das Auge besteht aus der Hornhaut, der vorderen Augenkammer, der Linse, der Iris mit Pupille, dem Glaskörper, der Netzhaut und dem Sehnerv. Durch die Augenmuskulatur, die Augenlider und die Tränendrüse ist das Auge zudem in der Lage, sich auf die wechselnden Anforderungen einzustellen. Der Augapfel besteht aus einer gallertartigen Flüssigkeit, welche 98% Wasser enthält. Der Rest sind vor allem Kollagen und Hyaluronsäure, die das Wasser bindet. Der Augendruck liegt zwischen 2 und 3 kPa über dem Druck der Umgebung. Das Augwasser wird ständig erneuert, um eine hohe optische Qualität zu gewährleisten. Die Hornhaut mit ihrer hohen Transparenz wird ständig von der Tränenflüssigkeit benetzt, die die Oberfläche glatt hält und Verunreinigungen entfernt.

Einfallendes Licht wird durch Hornhaut und Linse gebrochen; ihre Krümmungen liefern den wichtigsten Beitrag zur Linsenwirkung des Auges. Die Linse selbst ist über einen gewissen Bereich flexibel, wodurch es möglich wird, eine bestimmte Objektebene scharf abzubilden. Die Iris mit Pupille liefert als variable Blende einen Beitrag zur Helligkeitsadaption und zur Tiefenschärfe. Das Bild wird auf der Netzhaut, der Retina, erzeugt und durch die Sehzellen in elektrische Nervenimpulse umgewandelt. Auf der Netzhaut befinden sich der blinde und der gelbe Fleck. Der letztere liegt im optischen Zentrum des Auges und hat die größte Dichte von Sehzellen. Deshalb werden hier die schärfsten Bilder erzeugt. Der blinde Fleck ist die Stelle, wo die Sehnerven und Blutgefäße in das Auge gelangen. Hier befinden sich keine Sinneszellen und es findet deshalb keine optische Wahrnehmung statt. Überall sonst enthält die Netzhaut Sinneszellen. Man unterscheidet zwei Arten von Fotorezeptoren: Stäbchen und Zapfen. Die Stäbchen dienen der Hell-Dunkel-, die Zapfen der Farbwahrnehmung. Sie sind vornehmlich im gelben Fleck konzentriert, wodurch dort auch die beste Fahrbwahrnehmung gegeben ist. Es gibt deutlich mehr Stäbchen als Zapfen, vor allem im äußeren Bereich der Retina. Das menschliche Gesichtsfeld eines Auges reicht horizontal von ca. $-60°$ bis $+120°$ und vertikal von ca. $-75°$ bis $+60°$. Da sich beim Menschen für beide Augen die Bereiche überlappen, können wir in diesem Bereich auch Entfernungen wahrnehmen.

Die Linsenwirkung beim Auge wird in erster Linie von der gekrümmten Hornhaut und der Linse erzeugt. Jede Grenzfläche liefert einen Beitrag zur Brechung, welcher mit der Linsenformel $\frac{n_1}{g} + \frac{n_{N+1}}{b} = \sum_{i=1}^{N} \frac{n_{i+1} - n_i}{r_i}$ beschrieben werden kann, mit g als Gegenstandsweite, b als Bildweite; n als Brechungsindex und r_i als Krümmungsradius der Grenzfläche. Die Größe $\frac{\triangle n}{r}$ wird Brechkraft genannt mit der Einheit (m^{-1}). In der Optik wird die Einheit auch als Dioptrie (dpt) bezeichnet.

Wie jedes Linsensystem zeigt auch das gesunde Auge eine Reihe optischer Fehler. Hierzu gehören die sphärische und chromatische Aberration. Die erstere macht sich im Dunkeln bemerkbar, wenn der Pupillendurchmesser groß ist. In diesem Bereich werden die Signale mehrerer benachbarter Sinneszellen „gemittelt", um ein genügend großes Signal zu erhalten. Bei der chromatischen Aberration wird blaues Licht stärker gebrochen als rotes. Im Wellenlängenbereich von 400–700 nm beträgt der Fehler rund 2 dpt. Für die meisten Sinneszellen ist der Unterschied in der Brechzahl jedoch zu gering, um sich spürbar auszuwirken. Ein weiterer Fehler besteht darin, dass das Bild nur in der Nähe des gelben Fleckes scharf ist. Da dort aber die Zahl der Sinneszellen, wie erklärt, viel größer ist als im übrigen Bereich, kann das Bild trotzdem scharf detektiert werden.

Die Änderung der Brechkraft wird durch eine Deformation der Linse, Akkommodation genant, erreicht. Im Ruhezustand wird die Linse durch Aufhängebänder gespannt und ist damit relativ flach, d. h. die Brechkraft ist gering. Dadurch werden weit entfernte Gegenstände scharf abgebildet. Wird der Ziliarmuskel kontrahiert, so erschlaffen die Bänder und die Linse krümmt sich stärker, die Brechkraft nimmt zu und der Brennpunkt wandert nach vorn. Während Kinder Gegestände in relativ kurzer Entfernung (ca. 7 cm) scharf sehen können, nimmt dieser Abstand bei Erwachsenen mit fortscheidendem Alter zu, da die Beweglichkeit der Linse nachlässt. Da die Linse aus extrazellulärem Material besteht, regeneriert sie sich nicht von selbst. Deshalb brauchen viele ältere Menschen zur Unterstützung der Akkommodation eine Lesebrille. Bei Kurzsichtigkeit ist die Brennweite zu kurz, so dass das Bild im Inneren des Auges entsteht, anstatt auf der Netzhaut. In diesem Fall benötigt man eine Zerstreuungslinse für die Korrektur (negative Dioptrien). Bei Weitsichtigkeit muss die Brennweite verkürzt werden, um das Bild auf der Netzhaut abzubilden. Die Brille besteht in diesem Fall aus einer Sammellinse.

Das Auge ist in einem Wellenlängenbereich von 380 bis 780 nm empfindlich. Dieser Bereich stimmt gut mit dem Spektrum des Sonnenlichtes auf der Erdoberfläche überein. Für die Wellenlängenabhängigkeit der Wahrnehmung spielt aber nicht nur die Empfindlichkeit der Sinneszellen eine Rolle, sondern auch das Absorptionsgeschehen im gesamten Auge. So wird kurzwelliges Licht schon vollständig absorbiert, bevor es die Netzhaut erreicht, denn Wasser und alle molekularen Stoffe absorbieren im ultravioletten Bereich und im Bereich größerer Wellenlängen relativ stark. Dabei wird ein Teil der aufgenommenen optischen Energie in der Form von Fluoreszenzlicht wieder abgestrahlt. Da dieses Fluoreszenzlicht als diffuser Hintergrund erscheint, stört es die übrige Wahrnehmung. Das restliche Licht wird fast zur Hälfte gestreut und geht dadurch auch der Wahrnehmung verloren. In den Sinneszellen wird ein Teil des ankommenden Lichtes absorbiert, wobei das Absorptionsmaximum je nach Art der Sinneszellen und Gesamthelligkeit bei einer Wellenlänge zwischen 400 und 600 nm liegt.

Die Bildverbeitung, die im Sehzentrum des Gehirns geschieht, ist ein äußerst komplizierter Vorgang. Die Informationen erhält das Gehirn über die Sehnerven, die die Signale aus den Lichtsinneszellen (Zapfen und Stäbchen) dorthin leiten. Ein Teil des Sehzentrums befindet sich bereits in der Retina, und zwar als 3 Schichten von Neuronen, welche als „herausgestülpter Gehirnteil" betrachtet werden können. Die Aktionspotenziale der Sinneszellen werden von Lage zu Lage der Neuronen übermittelt. Direkt nach den Sinneszellen stehen die Bipolarzellen. Diese aktivieren die Nervenstränge, bei denen man zwischen einem „On-Kanal" und einem „Off-Kanal" unterscheiden kann. Im „On-Kanal" wird durch die Belichtung die Rate der Spontanentladungen erhöht, im Off-Kanal werden sie unterdrückt. Die meisten Signale zum Gehirn verwenden sowohl On-, wie auch Off-Kanäle. Dies hat insbesondere den Vorteil, dass bei mittlerer Beleuchtung nicht alle Neuronen mit halber Leistung arbeiten müssen. Die Horizontalzellen modulieren die Weiterleitung der Signale. Die weitere Verarbeitung geschieht im Gehirn selbst. Dabei laufen die Nervenfasern aus unterschiedlichen Teilen der Retina zu entgegengesetzten Teilen des Gehirns. Die Nerven aus der rechten Seite beider Augen laufen über den Kreuzungspunkt (chiasma opticum) zur rechten Hirnhälfte und umgekehrt. Das Sehzentrum liegt im hinteren Bereich des Gehirns. Das Gehirn steuert auch die Ausrichtung des Auges und sorgt dafür, dass der zentrale Teil des Bildes auf den gelben Fleck abgebildet wird.

Die Tatsache, dass der Mensch Gegenstände farbig sieht, beruht einerseits auf der Wellenlängenabhängigkeit bei Absorption, Streuung und Reflexion von Licht durch Materie, sowie auf der Fähigkeit des Auges, unterschiedliche Wellenlängen des Lichtes in den Zapfen selektiv zu detektieren. Je nach relativer Erregung verschiedener Zapfentypen entsteht im Gehirn ein Farbeindruck. Neben der Farb- und Ortskodierung gibt es auch Neuronen, welche speziell auf Bewegungsprozesse, d. h. auf Änderungen der Information reagieren. Solche Signale dienen z. B. dazu, das Auge in die Richtung einer Bewegung zu drehen.

Da sich die Prozesse zur Informationsverarbeitung nur in der frühen Kindheit ausbilden, muss ein Schielen unbedingt auch in diesem Alter behandelt werden, sonst kann es zu einer Degeneration von Sehnerven kommen. Inzwischen ist es auch möglich geworden, die Sehzellen teilweise zu ersetzen. Ein als „künstliche Retina" bezeichnetes System besteht aus einer Kamera und einem elektronischen Bauteil, der ins Auge eingepflanzt wird und anhand der Videoaufnahmen direkt die Sehnerven stimuliert.

Die akustische Wahrnehmung erfolgt über Schallwellen, die über die Ohren an die Gehörnerven geleitet werden. Das Ohr besteht aus den drei Teilen Außenohr, Mittelohr und Innenohr. Die Ohren bilden zwei Hohlräume, die am Schläfenbein beginnend tief in den Schädel führen. Hier befinden sich die Nervenstränge, welche die Signale ins Gehirn übermitteln. Bei Schallwellen handelt es sich um Luftdruckschwankungen. Die Amplitude dieser Schwingungen wird als Schalldruck bezeichnet. Der Frequenzbereich des menschlichen Gehörs reicht von $\nu = 16\,\mathrm{Hz}$ bis $20\,\mathrm{kHz}$. Von dem leisesten noch wahrnehmbaren $2\,\mathrm{kHz}$-Ton bis zur Schmerzgrenze erstreckt sich der Bereich $\triangle\mathrm{p_{eff}} = 20\,\mu\mathrm{Pa}$ bis $20\,\mathrm{Pa}$. An der Hörschwelle ($20\,\mu\mathrm{Pa}$) beträgt die Intensität $I_0 \approx 10^{-12}\,\mathrm{W/m^2}$, an der Schmerzschwelle etwa $I_{max} \approx 1\,\mathrm{W/m^2}$. Das Gehör nimmt den Schalldruck in etwa logarithmisch wahr. Darum bietet sich hier die Nutzung einer logarithmische Schalldruckskala an. Unter Verwendung des Referenzdrucks $\triangle p_0$ lautet die Definition des Schallpegels $L = 20 \cdot \log(\frac{\triangle p}{\triangle p_0}) = 10 \cdot \log(\frac{I}{I_0})$. Wenn man als Bezugsgröße die Wahrnehmungsgrenze des menschlichen Gehörs annimmt, dann gilt für $\triangle p_0 = 20\,\sqrt{2}\,\mu\mathrm{Pa} = 28{,}3\,\mu\mathrm{Pa}$. Die so berechneten Schallwerte werden in Dezibel (dB) gemessen. Neben dieser Messgröße existiert noch ein weiteres Maß, das den physiologischen Lautstärkeeindruck berücksichtigt, das Phon. Zwischen beiden Größen besteht kein linearer Zusammenhang.

Zum äußeren Ohr gehört die Ohrmuschel und der äußere Gehörgang mit dem Trommelfell als Abschluss. Dieses trennt das Außenohr vom Mittelohr. Der Schalltransport erfolgt über das Trommelfell und die drei daran anschließenden Gehörknöchelchen Hammer, Amboss und Steigbügel. Der Steigbügel ist mit dem ovalen Fenster verbunden, hinter dem das Innenohr beginnt. Dieses besteht aus einem knöchernen Gangsystem, dessen Hohlräume mit einer Flüssigkeit, der Perilymphe, gefüllt sind. Zwischen den einzelnen Kammern dieses Systems befinden sich die Sinneszellen, welche Bewegungen der Membranen in Nervenimpulse umwandeln. Außerdem enthält das Innenohr drei Bogengänge, in denen sich das Gleichgewichtsorgan befindet. Das äußere Ohr dient der Schallverstärkung und der richtungsabhängigen Filterung einlaufender Schallwellen. Im Mittelohr findet eine Impedanzanpassung von Luft zur Perilymphe statt. Ohne die Impedanzanpassung würde das Mittelohr nur etwa 1% der vom Außenohr empfangenen Energie auf das Innenohr übertragen können. Das Innenohr nimmt schließlich eine Frequenz- und Amplitudenanalyse der Schallwellen vor. In der Hirnrinde, dem Cortex, findet dann die Signalverarbeitung statt. Ein relativ enger Kanal verbindet das Mittelohr mit dem Rachenraum, die Eustachische Röhre. Ihre Aufgabe besteht im Ausgleich des Luftdrucks vor und hinter dem Trommelfell.

Die Detektion von Tonhöhe und Lautstärke wird von unterschiedlichen Sinneszellen im Ohr geleistet, wobei den Übertragungsmechanismen der Wellenfortpflanzung eine entscheidende Bedeutung zukommt. Die akustischen Schwingungen der Luft werden mehrfach umgewandelt, bevor sie als Nervenimpulse verarbeitet werden. Auf dem Trommelfell entsteht zunächst eine Membranschwingung, die von dort über mechanische Verbindungen der Gehörknöchelchen an die Membran des ovalen Fensters übertragen wird. Diese regt die Perilymphe zu Flüssigkeitswellen in der Cochlea an und über das häutige Labyrinth auch die Endolymphe. Diese führt zu Schwingungen von weiteren Membranen in der Schnecke, den Basilar- und Tektorialmembranen. Die Relativbewegung dieser beiden Membranen erzeugt schließlich eine Scherung von Haarzellen. Die Größe der Scherung wird als Nervenimpuls an das Gehirn gemeldet. Die mechanischen Eigenschaften der Übertragungsmedien, wie Membranelastizität und Membranmasse, Viskosität der Flüssigkeiten, Dämpfungsverhalten sowie Reflexionserscheinungen bestimmen die Höhe und die Ausbreitungsweite der Schwingungen. So gelangen hochfrequente Wellen tiefer in die Schnecke hinein als niedrigfrequente. Die von den hinteren Nervenzellen ausgehenden Signale werden vom Gehirn als hohe Töne interpretiert. Die Richtungsortung gewinnt das Gehirn über die Intensitätsdifferenz der Schallwellen zwischen beiden Ohren sowie aus den Phasendifferenzen.

Neben diesem Übertragungsweg der Schallwellen gibt es auch die direkte Übertragung der Schallwellen über die Schädelknochen. Dieser als Knochenleitung bezeichnete Schalltransport, der unter Umgehung von Außen- und Mittelohr die Schallwellen durch Schwingungen des Schädelknochens transportiert, spielt normalerweise für das Hören keine wesentliche Rolle, da der Knochenschall weit unter dem Luftschall liegt.

Mit zunehmenden Alter leiden viele Menschen in mehr oder weniger hohem Maße unter Schwerhörigkeit. Hierfür gibt es viele Ursachen. Beheben lässt sich Schwerhörigkeit oftmals nur über Höhrgeräte, die die an der Ohrmuschel ankommende Schallwellen in ihrer Amplitude verstärken. Da die meisten Geräte das gesamte Eingangsspektrum der Schallwellen linear verstärken, wird dadurch die dem gesunden Ohr mögliche Differenzierbarkeit und Wichtung von Signalen stark reduziert.

4.1 Informationsverarbeitung

Für das Lesen einer Aufgabe der „Medizinphysik" benötigt ein Student 15 min. Die Aufgabe besteht aus insgesamt 3.000 Wörtern [Wt] mit durchschnittlich 7 Schriftzeichen [Sz].

(a) Wie groß war der Informationsfluss, wenn der Informationsgehalt eines Schriftzeichen mit $1,5$ bit berücksichtigt wird?

(b) In welcher Zeit t_{theo} hätte dem Studenten der Sinn des Textes bewusst werden können, wenn er bei der Bearbeitung der Information den Maximalwert der Informationskapazität des Auges $C = 3 \cdot 10^6$ bit/s erreichet hätte?

(a) Wenn zum Lesen von $N = 3.000$ Wt mit $s = 7$ Sz/Wt eine Zeit von $t = 15$ min benötigt wird, dann gilt unter der Annahme, dass der Infomationsgehalt $i = 1,5$ bit/Sz beträgt, für den Informationsfluss

$$I^* = \frac{N\,s\,i}{t} = \frac{(3.000\,\text{Wt})\,(7\,\text{Sz/Wt})\,(1,5\,\text{bit/Sz})}{15\,\text{min}} = 2.100\,\text{bit/min} = 35\,\text{bit/s}.$$

(b) Mit der maximalen Informationskapazität des Auges von $C = 3 \cdot 10^6$ bit/s, gilt für die theoretische Zeitspanne

$$t_{theo} = \frac{I}{C}.$$

Mit

$$I = 3.000 \cdot 7 \cdot 1.5 = 31.500\,\text{bit}$$

ergibt sich

$$t_{theo} = \frac{31.500\,\text{bit}}{3 \cdot 10^6\,\text{bit/s}} = 10,5\,\text{ms}.$$

4.2 Die Brille

In einem einfachen Modell des Auges soll die Sammellinse L die Kombination aus Hornhaut und Linse im Auge darstellen. In einer Entfernung von $l = 2$ cm befindet sich die Retina R. Diese soll als flacher Schirm angenommen werden. Die Linse L soll einen Gegenstand G in einer Entfernung von $d = 30$ cm auf die Retina abbilden, aber ihre Brechkraft ist zu hoch. Um diesen Gegenstand scharf abzubilden, müsste sich die Retina $\delta = 5$ mm näher an der Augenlinse befinden. Um dennoch ein scharfes Bild zu erhalten, soll die Brechkraft durch das Tragen einer Brille Z, also einer weiteren Linse im Abstand von $s = 1,2$ cm von L, reduziert werden.

(a) Wie groß muss die Brennweite f_Z der Linse Z sein, um auf der Retina ein scharfes Bild zu erzeugen?

(b) Um ohne Brille ein scharfes Bild zu sehen, kann man auch bei gleichbleibender Bildweite (Abstand $LR = l$) die Gegenstandsweite $GL = d$ auf d' ändern. Auf welcher Gegenstandsweite d' müsste man den Gegenstand positionieren, damit L ein scharfes Bild auf R erzeugt?

L (a) Da es sich bei der Augenlinse um eine Konvexlinse handelt, gilt für die Brechkraft

$$\frac{1}{f_L} = \frac{1}{d} + \frac{1}{l-\delta}.$$

Daraus folgt für die Brennweite

$$f_L = \frac{d\,(l-\delta)}{d+l-\delta}.$$

Der numerische Wert ist $f_L = \frac{30(2-0,5)}{30+2-0,5}$ cm $= 1,43$ cm. Bei der Brille muss es sich um eine Konkavlinse handeln, da nur diese die Brechkraft reduzieren kann. Für die Linsenkombination (Augenlinse + Brille) gilt für die fiktive Brechkraft $\frac{1}{f_{ZL}}$ bzw. für die Brennweite f_{ZL}

$$\frac{1}{f_{ZL}} = \frac{1}{g} + \frac{1}{b} \qquad \text{und} \qquad f_{ZL} = \frac{g\,b}{b+g}.$$

Die Geometrie des Strahlengangs ergibt

$$g+b = d+l, \qquad\qquad\qquad \text{sodass} \qquad b = d+l-g$$

$$\frac{B}{G} = \frac{b}{g} \quad \text{und} \quad \frac{B}{G} = \frac{l-\delta}{d} \qquad \text{somit} \qquad b = g\left(\frac{l-\delta}{d}\right)$$

mit B als Bild- und G als Gegenstandsgröße und b und g als Bild- und Gegenstandsweite. Daraus folgt

$$d+l-g = g\left(\frac{l-\delta}{d}\right) \qquad \text{bzw.} \qquad d+l = \left(1+\frac{l-\delta}{d}\right)g$$

und somit

$$g = \frac{d+l}{1+\frac{l-\delta}{d}} \qquad \text{und} \qquad b = \frac{d+l}{1+\left(\frac{d}{l-\delta}\right)}.$$

Numerisch ergibt sich mit $l = 2$ cm; $d = 30$ cm; $\delta = 0,5$ cm $\to g = \frac{32}{1+\frac{1,5}{30}}$ cm $= 30,48$ cm und $b = \frac{32}{1+\frac{30}{1,5}} = 1,52$ cm und schließlich

$$f_{ZL} = \frac{30,48 \cdot 1,52}{1,52+30,48} \text{ cm} = 1,45 \text{ cm}$$

Für die Linsenkombination gilt die Linsenformel

$$\frac{1}{f_{ZL}} = \frac{1}{f_Z} + \frac{1}{f_L} - \frac{s}{f_Z f_L}$$

Aus dieser kann die Brennweite der Brille f_Z eliminiert werden

$$f_Z = \frac{(f_L - s)\,f_{ZL}}{f_L - f_{ZL}}$$

Mit $s = 1,2\,\text{cm}$ ergibt sich numerisch unter Annahme

$$f_Z = \frac{(1,43 - 1,2)\,1,43}{1,43 - 1,45}\,\text{cm} = -18,125\,\text{cm}$$

(b) Falls man die Gegenstandsweite auf d' verändert, kann auf der Retina auch ein scharfes Bild entstehen. Dann gilt

$$\frac{1}{f_L} = \frac{1}{d'} + \frac{1}{l}$$

Daraus folgt

$$\frac{1}{f_L} = \frac{1}{d'} + \frac{1}{l - \delta} = \frac{(l - \delta) + d}{d\,(l - \delta)}.$$

Und schließlich

$$d' = \left[\frac{d + l - \delta}{d\,(l - \delta)} - \frac{1}{l}\right]^{-1}.$$

Somit wird d' numerisch $\rightarrow d' = \left[\frac{31,5}{30 \cdot 1,5} - \frac{1}{2}\right]\text{cm}^{-1} = [0,7 - 0,5]^{-1}\,\text{cm} = 5\,\text{cm}.$

4.3 Geometrie der Brillengläser

Für eine Brille soll eine sphärische Linse aus einem Glas mit Brechungsindex $n = 1.4$ geschliffen werden. Die Brechkraft soll $D = 2\,\text{Dioptrien}$ betragen. Der Durchmesser der Linse soll $a = 5\,\text{cm}$ sein. Wenn die Linse Krümmungsradien r_1 und r_2 hat, sowie eine Linsendicke von d besitzt, ist ihre Brechkraft gegeben durch

$$D = (n - 1)\left(\frac{1}{r_1} + \frac{1}{r_2}\right) + \left\{\frac{(n - 1)^2}{n}\frac{d}{r_1 r_2}\right\}.$$

(a) Welche Krümmungsradien müssen die Oberflächen auf beiden Seiten bekommen, wenn sie gleich groß gewählt werden?

(b) Wie breit wird dadurch die Linse an ihrer dicksten Stelle?

(c) Wäre eine Behandlung der Linse als dünne Linse in diesem Fall sinnvoll gewesen?

(a) Sind die Krümmungsradien gleich, so gilt mit $r_1 = r_2 = r$

$$D = \frac{2\,(n - 1)}{r} + \frac{(n - 1)^2}{n}\frac{d}{r^2}. \tag{4.1}$$

Nach Pythagoras folgt

$$(r - h)^2 + \left(\frac{a}{2}\right)^2 = r^2$$

$$h = r - \sqrt{r^2 - \left(\frac{a}{2}\right)^2}$$

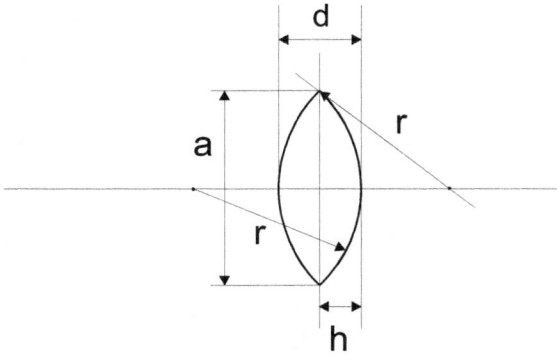

Abb. 4.1 Bi-konvexe sphärische Linse mit Kümmungsradius r.

$$d = 2h = 2r - 2\sqrt{r^2 - \left(\frac{a}{2}\right)^2}. \tag{4.2}$$

(4.2) in (4.1) ergibt

$$D = \frac{2(n-1)}{r} + \frac{(n-1)^2}{n}\left[2r - 2\frac{\sqrt{r^2 - \left(\frac{a}{2}\right)^2}}{r^2}\right]$$

$$= \frac{2(n-1)}{r} + 2r\frac{(n-1)^2}{nr}\left[1 - r^2\sqrt{1 - \left(\frac{a}{2r}\right)^2}\right].$$

Die Lösung kann iterativ erfolgen: $D = 2$ Dioptrien ergeben sich für $r = 0,4$ m.

(b) Für die dickste Stelle d der Linse gilt (4.2)

$$d = 2r - 2\sqrt{r^2 - \left(\frac{a}{2}\right)^2}.$$

Numerisch

$$d = 0,8\,\mathrm{m} - 2\sqrt{(0,4)\,\mathrm{m}^2 - \left(\frac{0,05\,\mathrm{m}}{2}\right)^2} = 0,001564\,\mathrm{m} = 1,564\,\mathrm{mm}.$$

(c) Bei einer sogannenten dünnen Linse, ist die Dicke der Linse gegenüber dem Krümmungsradius zu vernachlässigen. Ausserdem ist der Krümmungsradius hinreichend groß, dass der zweite Term der Gleichung, welcher quadratisch zum Kehrwert des Krümmungsradius' skaliert insignifikant wird. In diesem Fall reduziert sich der Ausdruck für die Brechkraft zu

$$D = (n-1)\frac{2}{r_D}.$$

Wird diese Gleichung zur Bestimmung des Krümmungsradius verwendet, so ergibt sich

$$r_D = \frac{D}{2\,(n-1)} = 0.25\,\text{m} = 0.6\,\text{r},$$

also eine Abweichung von 40%. Die Gleichung für dünne Linsen ist in diesem Fall keine gute Näherung.

4.4 Optische Täuschung

Ein Angler steht am Ufer. Im Wasser schwimmt ein Fisch in einer Tiefe von $t = 1\,\text{m}$ unter der Wasseroberfläche von ihm weg. Seine Schwanzflosse ist befindet sich in $s = 8\,\text{m}$ horizontaler Entfernung vom Angler. Der Angler glaubt, der Fisch habe eine Länge von $l = 2\,\text{m}$. Die Augenhöhe des Anglers ist $h = 2\,\text{m}$ über der Wasseroberfläche. Wie groß ist der Fisch in Wirklichkeit?
[Brechungsindex von Wasser $n_W = \frac{4}{3}$]

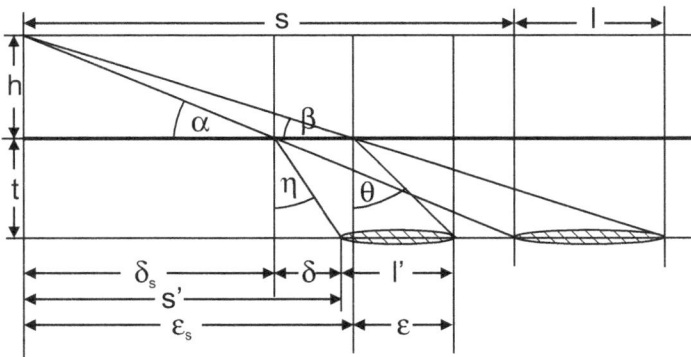

Abb. 4.2 Strahlengang an der Wasser-Luft-Trennschicht. Die schraffierten Ellipsen stellen den Fisch dar, an der wirklichen und scheinbaren Position.

Wir berechnen die Winkel als

$$\tan\beta = \frac{h+t}{l+s} \quad \text{und damit} \quad \beta = \arctan\left(\frac{h+t}{l+s}\right) = \arctan\left(\frac{3\,\text{m}}{10\,\text{m}}\right) = 16{,}7\,^\circ$$

$$\tan\alpha = \frac{h+t}{s} \quad \text{und damit} \quad \alpha = \arctan\left(\frac{h+t}{s}\right) = \arctan\left(\frac{3\,\text{m}}{8\,\text{m}}\right) = 20{,}6\,^\circ$$

und nach Snellius

$$\frac{\sin\gamma}{\sin\gamma'} = \frac{n_W}{n_L}$$

mit n_W als Brechungsindex von Wasser und n_L als Brechnungsindex von Luft, γ ist der Einfallswinkel und γ' der Ausfallswinkel zur Senkrechten. Daraus folgt

$$\frac{\sin(90° - \alpha)}{\sin \eta} = \frac{4}{3}$$

und damit

$$\eta = \arcsin\left[\frac{3\sin(90° - 20{,}6°)}{4}\right] = 44{,}6°.$$

Für den Strahl zum Kopf gilt

$$\frac{\sin(90° - \beta)}{\sin \theta} = \frac{4}{3}$$

und

$$\theta = \arcsin\left[\frac{3\sin(90° - 16{,}7°)}{4}\right] = 45{,}9°$$

$$\tan \eta = \frac{\delta}{t} \quad \text{und} \quad \tan \alpha = \frac{h}{\delta_s}$$

$$s' = \delta_s + \delta \quad \text{und} \quad s' + l' = \varepsilon_s + \varepsilon.$$

Es gilt außerdem

$$s' = \frac{h}{\tan \alpha} + t \tan \eta = 6{,}32\,\text{m} \quad \text{und} \quad s' + l' = \frac{h}{\tan \beta} + t \tan \theta = 7{,}70\,\text{m}.$$

Somit ist die wahre Länge

$$l' = (s' + l') - s' = 7{,}7\,\text{m} - 6{,}32\,\text{m} = 1{,}38\,\text{m}.$$

4.5 Retina Implantation

A

Die Retina eines menschlichen Auges soll mit einem quadratischen CCD-Sensor verglichen werden, dessen Kantenlänge $d_{CCD} = 1\,\text{cm}$ misst und der 5 Megapixel besitzt.

(a) Wie groß ist der Abstand d_{CCD} zwischen den Zentren der CCD-Zellen im Vergleich zum mittleren Abstand d_N der Zapfen in der Netzhaut?

(b) Wie groß sind die minimal detektierbaren Einfallswinkel θ_{CCD} und d_N, wenn die Netzhaut bzw. die CCD-Zellen 2 cm von der Iris entfernt sind?

(c) Ein vertikaler Kamm aus gleich breiten hellen und dunklen Linien trifft auf die Netzhaut. Wie groß muss die Breite D dieser Linien minimal sein, um von der Netzhaut und der CCD aufgelöst zu werden?

L

(a) Die Seitenlänge der CCD ist d_{CCD} und entlang einer Seite befinden sich $\sqrt{5} \cdot 10^3$ Pixel mit einem Abstand der Sensor-Zellen von $d_{CCD} = \frac{1\,\text{cm}}{\sqrt{5} \cdot 10^3} = 4{,}5\,\mu\text{m}$. Der mittlere

Abstand $\bar{d}_N$ der Rezeptoren der Netzhaut betrÃ¤gt $\bar{d}_N = 6{,}6\,\mu$m. Somit ist

$$\frac{d_{CCD}}{d_N} = \frac{4{,}5}{6{,}6} = 0{,}68.$$

(b) Der Einfallswinkel für die CCD ist $\theta_{CCD} = \frac{4{,}4\,\mu m}{2\,cm} = 220\,\mu$rad und der Netzhaut: $\theta_N = \frac{6{,}6\,\mu m}{2\,cm} = 330\,\mu$rad.

(c) Für die Breite der Streifen gilt $D \geq 2d$. Dies bedeutet, dass D_N für die Netzthaut mindestens $D_N = 13{,}2\,\mu$m bzw. für die CCD $D_{CCD} = 8{,}8\,\mu$m sein muss.

4.6 Sehschwelle des menschlichen Auges

Die absolute Energieschwelle E_S des menschlichen Auges (Energie des applizierten Lichtblitzes, der gerade eine Sehempfindung auszulösen vermag) liegt nach Messungen für eine Lichtwelle von $\lambda = 510$ nm bei $4{,}0 \cdot 10^{-17}$ J.

(a) Wie viele Lichtquanten sind erforderlich, um eine Sehempfindung auszulösen?

(b) Man korrigiere die erhaltene Anzahl unter Berücksichtigung der folgenden Schwächungen: Reflexion an der Kornea 4%, Streuung in den optischen Medien des Auges 50%, Absorption im Rhodopsin 20%.

(a) Die Energie eines Photons der Wellenlänge $\lambda = 510$ nm beträgt

$$E = h\nu = \frac{hc}{\lambda} = \frac{6{,}626 \cdot 10^{-34}\text{J s} \cdot 3 \cdot 10^{8}\text{m/s}}{510 \cdot 10^{-9}\text{m}} = 3{,}898 \cdot 10^{-19}\text{J}.$$

Die Energieschwelle entspricht somit

$$N = \frac{E_S}{E} = \frac{4{,}0 \cdot 10^{-17}\text{J}}{3{,}898 \cdot 10^{-19}\text{J}} = 103$$

Photonen.

(b) Das erscheint schon sehr wenig, ist aber nur die Anzahl der Photonen, die auf der Oberfläche des Auges eintreffen. Nach der Reflexion an der Kornea sind davon nur noch 99 Lichtquanten übrig, durch Absorption und Streuung im Auge treffen noch 49 Lichtquanten auf der Retina ein. Davon absorbiert das Rhodopsin 10 Lichtquanten. Diese reichen aus, um eine Lichtempfindung auszulösen!

4.7 Sehwinkel und Auflösungsvermögen

A Aufgrund von Beugungserscheinungen besitzt das Auge ein begrenztes physikalisches Auflösungsvermögen. Zwei Punkte eines Gegenstands werden nur als getrennte Punkte wahrgenommen, wenn der Sehwinkel eine Mindestgröße nicht unterschreitet. Der Sehwinkel kann dadurch vergrößert werden, dass man den Gegenstand näher an das Auge heranbringt. Die Möglichkeit, die Entfernung zwischen Auge und Gegenstand zu verringern, wird begrenzt durch die Akkommodation des Auges. Um scharf sehen zu können, muss ein minimaler Abstand zwischen Objekt und Auge eingehalten werden, der nur unter Zuhilfenahme einer Sammellinse unterschritten werden kann.

(a) Welcher Kardinalpunkt des optischen Systems des Auges muss mit dem bildseitigen Brennpunkt einer dünnen Sammellinse zusammenfallen, damit der Sehwinkel des bewaffneten Auges nicht von der Lage des Gegenstandes abhängt? Der Gegenstand mit der Gegenstandsgröße G soll sich innerhalb der einfachen Brennweite f der Linse befinden.

(b) Wie weit muss der Gegenstand an das Auge (den gegenstandsseitigen Knotenpunkt M des optischen Systems des Auges) gebracht werden, wenn bei Akkommodation auf ∞ ein scharfes Bild entstehen soll? Die Brennweite der Sammellinse soll 5 cm betragen.

(c) Wie groß ist die Angularvergrößerung $V = \frac{\tan\alpha'}{\tan\alpha}$ (Winkelvergrößerung) bezogen auf die konventionelle Sehweite von 250 mm? α' ist der Sehwinkel des bewaffneten Auges und α des unbewaffneten.

(d) Wie groß wäre der Betrag des Abbildungsmaßstabes $M = \frac{G'}{G}$ für die Sammellinse, wenn sich der Gegenstand bei $\frac{f}{2}$ befände? Man benutze die Beziehung für dünne Linsen.

L (a) Der gegenstandsseitige Knotenpunkt M des optischen Systems des Auges muss mit dem bildseitigen Brennpunkt der dünnen Sammellinse zusammenfallen. Wenn $g \leq f$ ist, dann hängt der Sehwinkel σ' des bewaffneten Auges nicht von der Lage des Gegenstandes ab (siehe Abbildung 4.3).

(b) Ein auf unendlich akkomodiertes Auge sieht scharf, wenn die Strahlen parallel in das Auge eintreten. Das entspricht $b = \infty$, und so ergibt sich aus der Linsengleichung

$$\frac{1}{f} = \frac{1}{g} + \frac{1}{b}.$$

dass dies der Fall ist, wenn sich der Gegenstand bei $g = f$, also im Brennpunkt, befindet. M befindet sich laut Lösungsteil a bei dem bildseitigen Brennpunkt der Sammellinse, also nach Aufgabenstellung 5 cm entfernt. Gemäß der Abbildung 4.3 kann der Gegenstand also bis auf $2 \cdot f = 10$ cm an den gegenstandsseitigen Knotenpunkt des Auges herangebracht werden.

(c) Für die Sehwinkel mit Linse gilt

$$\tan\alpha' = \frac{G}{f}$$

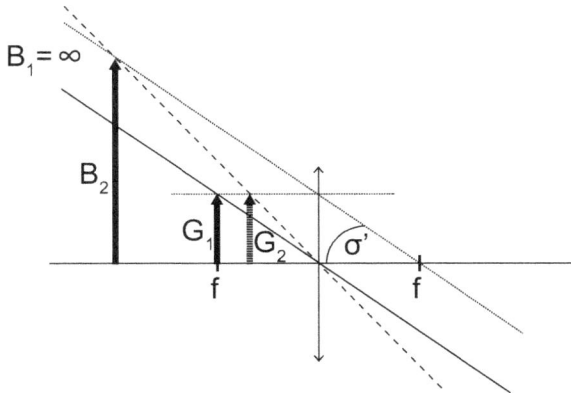

Abb. 4.3 Konstruktion der Bilder zweier Gegenstände gleicher Größe $G_{1,2}$. B_i ist die Bildgröße des Gegenstandes i und f sind die Brennweiten der Linse (dargestellt durch die Linie mit dem Doppelpfeil). Im Fall des Gegenstandes 1, der sich genau im Brennpunkt der Linse befindet, liegt das Bild im Unendlichen. σ' ist der Sehwinkel des Auges.

und für den Sehwinkel des unbewaffneten Auges

$$\tan\alpha = \frac{G}{250\,\text{mm}}.$$

Somit ist die Angularvergrößerung

$$V = \frac{\tan\alpha'}{\tan\alpha} = \frac{\frac{G}{f}}{\frac{G}{250\,\text{mm}}} = \frac{250\,\text{mm}}{50\,\text{mm}} = 5.$$

(d) Um den Abbildungsmaßstab zu berechnen, kann man die Linsengleichung (siehe Aufgabenteil b) und den Strahlensatz

$$\frac{G}{B} = \frac{g}{b}$$

benutzen. Wegen $g = \frac{f}{2}$ ist

$$\frac{1}{b} = \frac{1}{f} - \frac{1}{\frac{f}{2}} = -\frac{1}{f}$$

und der Abbildungsmaßstab

$$|M| = \left|\frac{B}{G}\right| = \left|\frac{b}{g}\right| = \frac{\frac{1}{f}}{\frac{f}{2}} = 2.$$

4.8 Aphakes Auge

A

(a) Um die Brechwerte der Kornea und der Linse zu berechnen, sollen Werte für die Brechungsindizes und Krümmungsradien des schematischen Auges nach Gullstrand verwendet werden (siehe Abbildung 4.4).

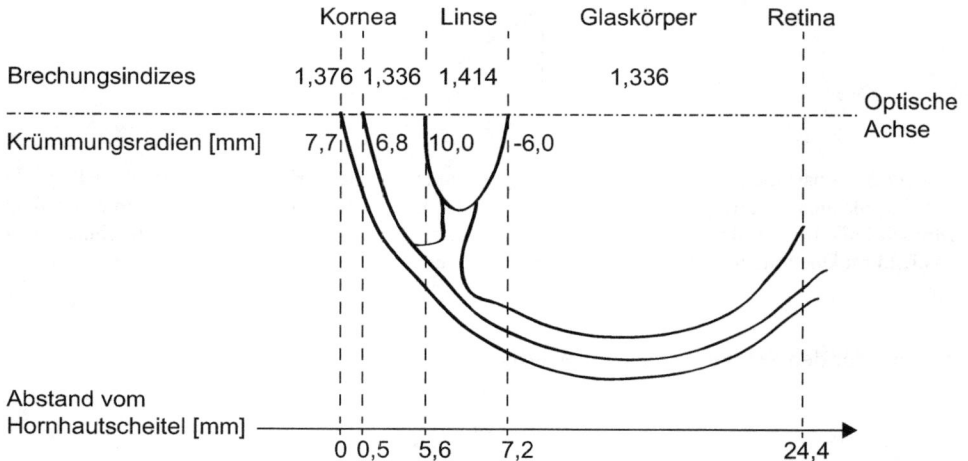

Abb. 4.4 Schematisches Auge nach Gullstrand.

(b) Bei manchen Augenleiden muss die Linse entfernt werden, es bleibt das *aphake Auge* zurück. Liegt das Bild eines unendlich fernen Gegenstandes auf der Netzhaut oder wo sonst (Angabe des Abstandes von der Netzhaut)? Wo entsteht das Bild eines Gegenstandes, das sich näher am Auge befindet

[Brechungindex für Luft $n_0 = 1$; Brechungsindex für Kornea $n_K = 1,376$; Brechungsindex für Glaskörper $n_W = 1,336$; Brechungsindex für Linse $n_L = 1,414$; Krümmungsradius des Hornhautscheitels $r_1 = 7,7$ mm; Krümmungsradius der Kornea $r_2 = 6,8$ mm]

L

(a) Mit den gegebenen Werten

$$n_0 = 1$$
$$n_K = 1,376$$
$$n_W = 1,336$$
$$r_1 = 7,7\,\text{mm}$$
$$r_2 = 6,8\,\text{mm}$$

gilt für den Brechwert nach Gullstrand

$$D_K = \frac{n_K}{f_K} = -\frac{n_0}{g} + \frac{n_W}{b}$$

$$D_K = \frac{n_K - n_0}{r_1} + \frac{n_W - n_K}{r_2}$$

$$D_K = \frac{1,3776 - 1}{7,7\,\text{mm}} + \frac{1,336 - 1,376}{6,8\,\text{mm}} = 0,04295\,1/\text{mm} = 42,95\,\text{dpt.}$$

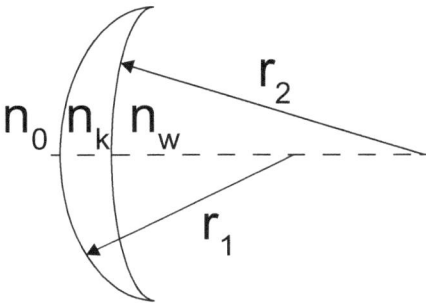

Abbildung 4.5 Modell der Kornea. n_i sind die jeweiligen Brechungindizes, r_i die Krümmungsradien der Linsenoberfläche.

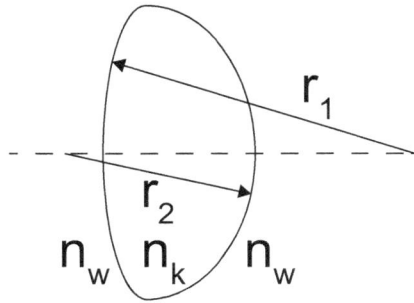

Abbildung 4.6 Modell der Linse. n_i sind die jeweiligen Brechungindizes, r_i die Krümmungsradien der Linsenoberfläche.

(b) Nun muss beachtet werden, dass der Krümmungsradius r_2 negativ gezählt werden muss. Der Brechwert für die Linse beträgt

$$D_L = \frac{n_L}{f_L} = \frac{n_L - n_W}{r_1} + \frac{n_W - n_L}{r_2}$$

$$D_L = \frac{1,414 - 1,336}{10\,\text{mm}} + \frac{1,336 - 1,414}{-6\,\text{mm}} = 0,0208\,1/\text{mm} = 20,8\,\text{dpt.}$$

Insgesamt ergibt sich

$$D = D_K + D_L = 42,95\,\text{dpt} + 20,8\,\text{dpt} = 63,75\,\text{dpt.}$$

Bei einem unendlich weit entferntem Gegenstand ($g = \infty$) ist

$$b = f = f_K = \frac{n_K}{D_K} = \frac{1,376}{42,95\,\text{dpt}} = 32\,\text{mm.}$$

Das Bild liegt also $32\,\text{mm} - 24,4\,\text{mm}$, also etwa $8\,\text{mm}$ hinter der Retina (wenn dahinter Wasser wäre). Nähere Gegenstände werden noch weiter hinten abgebildet.

4.9 Hörschwelle und Brown'sche Bewegung im Vergleich

A

Man vergleiche die Intensität einer Schallwelle an der Hörschwelle bei $\nu = 1\,\text{kHz}$ mit der Intensität der Schallwelle, die auf Grund der Brown'schen Bewegung des Trommelfells bei $T = 20\,°\text{C}$ und gleicher Frequenz entsteht. Die Schallwelle an der Hörschwelle entspricht einer Auslenkundsamplitude $\chi_0 = 0,11\,\text{Å}$. Die mittlere Energie der Brown'schen Bewegung beträgt $E \propto k_B T$, die Fläche des Trommelfells beträgt $A = 0,5\,\text{cm}^2$. Die Schallgeschwindigkeit ist $c = 330\,\text{m/s}$, die Dichte der Luft $\rho = 1,3\,\text{kg/m}^3$. Wenn die Schmerzgrenze bei $120\,\text{dB}$ liegt, wieviel höher ist die Intensität im Verhältnis zur Hörschwelle? Um welchen Faktor variiert die Auslenkung χ und die Druckamplitude Δp?
[Hinweis: Die Energiedichte der Schallwelle ist $W = \frac{1}{2}\rho\omega^2\chi_0^2$]

L

Für die Intensität I gilt: $I = \frac{P}{A} = \frac{\nu k_B T}{A}$. An der Hörschwelle $\nu = 1\,\text{kHz}$ mit den gegebenen Werten für $A = 0,5\,\text{cm}^2$ und $T = 293\,\text{K}$ wird die Intensität

$$I = 9,09 \cdot 10^{-14}\,\text{W/m}^2.$$

Die Intensität aufgrund der Brown'schen Bewegung lautet

$$I_0 = Wc = \frac{1}{2}\rho_L c\,(2\pi\nu\chi_0)^2 = 10^{-12}\,\text{W/m}^2.$$

Das Verhältnis an der Hörschwelle $(I/I_0)_H$ wird damit

$$(I/I_0)_H = 9,09 \cdot 10^{-2}.$$

Es gilt

$$I \propto \chi^2 \quad \text{und} \quad \chi \propto p$$
$$\rightarrow I \propto p^2 \quad \text{bzw.} \quad I \propto \Delta p^2$$

$$L = 10\log{(I/I_0)}$$
$$= 20\log{(\Delta p/\Delta p_0)}$$
$$= 20\log{(\chi/\chi_0)}.$$

Damit wird

$$I/I_0 = 10^{L/10}$$
$$\Delta p/\Delta p_0 = \chi/\chi_0 = 10^{L/20}.$$

Da L an der Schmerzgrenze den Wert $L = L_S = 120\,\text{dB}$ hat, ergeben sich folgende Verhältnisse

$$(I/I_0)_S = 10^{L_S/10} \qquad = 10^{12}$$
$$(\chi/\chi_0)_S = (\Delta p/\Delta p_0)_S = 10^{L_S/20} = 10^6.$$

4.10 Schallausbreitung

Ein Bergführer beobachtet in einiger Entfernung einen Felssturz. Nacheinander werden von ihm zwei Geräusche wahrgenommen. Das eine breitet sich in der Luft aus, das andere im Boden. Zwischen den beiden Geräuschen liegen 2 Sekunden. Wie weit entfernt fand der Aufschlag statt, wenn die Schallgeschwindigkeiten in Luft $c = 330\,\text{m/s}$ und im Boden $c_B = 4.000\,\text{m/s}$ betragen.

Es gilt

$$c_B = \frac{s}{t} \qquad \text{und} \qquad c = \frac{s}{t + \triangle t}$$

mit s als Schallweg und t als Zeitspanne zwischen dem Aufschlag und dem Eintreffen des ersten Knalls und $\triangle t$ als Zeitspanne zwischen dem ersten und zweiten Knall. Für s erhält man aus der zweiten Gleichung

$$s = ct + c\triangle t.$$

Führt man hier t aus der ersten Gleichung ein, so ergibt sich

$$s = \frac{c}{c_B}s + c\triangle t = \frac{cc_B}{c_B - c}\triangle t = \frac{330\,\text{m/s} \cdot 4.000\,\text{m/s}}{(4.000 - 330)\,\text{m/s}}2\,\text{s} = 719\,\text{m}.$$

4.11 Lautsprecher

Ein Lautsprecher erzeugt bei voller Lautstärke Frequenzen von $30\,\text{Hz}$ bis $18\,\text{kHz}$ mit gleichförmiger Intensität, die maximale Abweichung vom Durchschnittswert des Schallpegels in diesem Bereich beträgt $3\,\text{dB}$. Um welchen Faktor ändert sich die Intensität gegenüber dem Durchschnittswert bei maximaler Abweichung?

Die durchschnittliche Intensität I_1 bringt den Durchschnittspegel L_{I_1}. Für I_2 gilt

$$L_{I_2} = L_{I_1} + 3\,\text{dB},$$

bzw.

$$L_{I_2} - L_{I_1} = 10\log\frac{I_2}{I_0} - 10\log\frac{I_1}{I_0} = 10\log\frac{I_2}{I_1} = 3\ \text{dB}.$$

Daraus folgt

$$\log\frac{I_2}{I_1} = 0{,}3,$$

bzw.

$$\frac{I_2}{I_1} = 10^{0{,}3} \approx 2.$$

$\pm 3\,\text{dB}$ entspricht somit einer Verdopplung bzw. Halbierung der Intensität.

4.12 Hörschwelle

A Man bestimme die maximale Auslenkung von Luftmolekülen in einer Schallwelle der Frequenz 1 kHz an der Hörschwelle.
[Hörschwelle bei 1 kHz : 10^{-12} W/m^2]

L Bei einer sinusförmigen Welle der Frequenz f können wir die Auslenkung der Schallwelle schreiben als

$$\chi(x,t) = \chi_0 \sin(\omega t - kx),$$

mit χ_0 als Amplitude der Welle und damit als maximaler Auslenkung, und $\omega = 2\pi f$. Die Geschwindigkeit $v(x,t)$ der Teilchen erhält man als zeitliche Ableitung:

$$v(x,t) = \frac{\partial}{\partial t}\chi(x,t) = \chi_0 \omega \cos(\omega t - kx).$$

Die entsprechend kinetische Energiedichte ist

$$w_{kin} = \frac{1}{2}\rho v^2 = \rho \chi_0^2 \omega^2 \cos^2(\omega t - kx),$$

mit ρ als Dichte des Mediums. Es wird angenommen, dass sich die mittlere Dichte durch die Welle nicht wesentlich ändert. An der Hörschwelle ist die Amplitude so gering, dass das eine sehr gute Annahme ist. Die mittlere Dichte der kinetischen Energie ist gegeben durch den Mittelwert von $\langle \cos^2 \rangle = \frac{1}{2}$. Berücksichtigen wir zusätzlich die elastische Energie, welche im Mittel den gleichen Beitrag liefert, wird die gesamte Energiedichte

$$w = \rho \chi_0^2 \omega^2.$$

Die Intensität einer Welle ist allgemein gleich dem Produkt aus Energiedichte und Ausbreitungsgeschwindigkeit,

$$I = wc = w\rho \chi_0^2 \omega^2.$$

Auflösen nach der Amplitude ergibt

$$\chi_0 = \frac{1}{\omega}\sqrt{\frac{2I}{\rho_0 c}} = \frac{1}{2\pi 10^3 \mathrm{s}^{-1}}\sqrt{\frac{2 \cdot 10^{-12}}{1{,}3343}\frac{\mathrm{Wm^3 s}}{\mathrm{m^2 kg\,m}}} = 1{,}1 \cdot 10^{-11}\mathrm{m}.$$

4.13 Schallinterferenz bei punktförmigen Quellen

A Bei einem Open-Air Konzert befinden sich zur Basswiedergabe zwei Tieftöner in sich in einem Abstand zueinander von $d = 10\,\mathrm{m}$ neben der Bühne. Wo sollte man sich aufhalten, wenn man den Bass als störend empfindet? Wo halten sich diejenigen auf, die einen lauten Bass bevorzugen? Man leite einen Ausdruck her, der alle Intensitätsmaxima bzw. Intensitätsminima im Zuschauerfeld (in kartesischen Koordinaten) beschreibt. Die bevorzugten Aufenthaltspunkte beider Parteien des Publikums sind auf bestimmten Kurvenscharen zu finden. Um welche Kurvenform handelt es sich dabei?
[Schallgeschwindigkeit in Luft $c = 330\,\mathrm{m/s}$; Frequenz des Basses $f = 68\,\mathrm{Hz}$]

Für die Wellenlänge λ gilt

$$\lambda = \frac{c}{f} = \frac{330\,\text{m/s}}{68\,\text{Hz}} = 4.85\,\text{m}.$$

Die Gangunterschied Δl der beiden Schallwellen legt fest, ob diese zu einem Maximum oder Minimum interferieren. Ist Δl ein Vielfaches der Schallwellenlänge, so handelt es sich um ein Maximum, es gilt $\Delta l = n\lambda$ (mit $n = 0, 1, 2, \ldots$). Minima treten bei $\Delta l = (n + \frac{1}{2})\lambda$ auf. Diejenigen Zuhörer, die den Bass bevorzugen, sollten sich auf den Linien der Maxima aufhalten, die anderen auf den Linien der Minima. Da alle Punkte dieser Kurvenscharen dieselbe Differenz im Abstand von zwei festen Punkten haben, muss es sich hierbei um Hyperbeln handeln. Zum Beweis betrachte man ein Dreieck, welches seine Eckpunkte auf den beiden Lautsprechern bei $(-\frac{d}{2}, 0)$, $(\frac{d}{2}, 0)$ und im Bereich des Publikums bei (x, y) hat. Die beiden nicht auf der Bühne verlaufenden Kanten haben die Länge l_1 von $(-\frac{d}{2}, 0)$ nach (x, y) und l_2 von $(\frac{d}{2}, 0)$ nach (x, y). Daraus ergibt sich für die Schallwellen-Amplituden bei (x, y) jeweils

$$l_1 = \sqrt{(d/2 + x)^2 + y^2} \quad \text{und} \quad l_2 = \sqrt{(d/2 - x)^2 + y^2}.$$

Die Weglängendifferenz ist somit

$$\triangle l = \sqrt{(x - d/2)^2 + y^2} - \sqrt{(x + d/2)^2 + y^2}.$$

Für die Maxima ist

$$\triangle l = \frac{2\pi}{k} n = \lambda n.$$

Diese Gleichung kann auf die Normalform

$$\frac{x^2}{a^2} - \frac{y^2}{b^2} = 1$$

einer Hyperbel umgeschrieben werden.

4.14 Echoortung

Die Echoortung ist eine Wahrnehmungsform von bestimmten Tieren, wie z. B. den Fledermäusen. Diese senden Schallwellen aus, welche von Hindernissen reflektiert werden. Das reflektierte Signal wird von den Tieren erkannt. Die von einer Fledermaus ausgesandte Welle zur Echoortung habe eine Frequenz von 50 kHz. Wie groß ist deren Wellenlänge λ, und wie lange dauert es, bis die Fledermaus das reflektierte Signal eines Hindernisses, das sich in 20 m Entfernung von ihr befindet, erkennt?
[Kompressionsmodul von Luft $k = 1{,}41 \cdot 10^5$ Pa; Dichte von Luft $\rho = 1{,}3\,\text{kg/m}^3$]

L

Für Longitudinalwellen gilt für die Schallgeschwindigkeit $c = \sqrt{\frac{k}{\rho}}$. Damit wird c in der Luft zu

$$c = \sqrt{\frac{1{,}41 \cdot 10^5\,\text{N/m}^2}{1{,}3\,\text{kg/m}^3}} = 329\,\text{m/s}\,.$$

Da für die Wellenlänge $\lambda = \frac{c}{f}$ gilt, wird

$$\lambda = \frac{329\,\text{m/s}}{5 \cdot 10^4\,\text{Hz}} = 6{,}6\,\text{mm}.$$

Das Signal legt die Entfernung s vom Sender zum Hindernis zweimal zurück. Es benötigt dafür eine Zeit

$$T = \frac{2s}{c} = \frac{2 \cdot 20\,\text{m}}{329\,\text{m/s}} = 0{,}12\,\text{s}.$$

4.15 Impedanzanpassung

A

Damit die in das Ohr einfallenden Schallwellen nicht zu stark gedämpft im Innenohr ankommen findet eine Impedanzanpassung am Trommelfell statt. Der Schalldruck am ovalen Fenster wird durch die Hebelwirkung von Hammer und Amboss um einen Faktor α gegenüber dem am Trommelfell ankommenden Schalldruck erhöht. Man berechne die Verbesserung der Transmission durch diesen Mechanismus gegenüber der Situation ohne Impedanzanpassung.

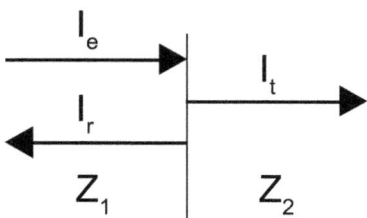

Abb. 4.7 Im Bereich der einfallenden (e) und reflektierten (r) Welle ist die Impedanz Z_1, und im Bereich der transmittierten (t) Welle hat sie den Wert Z_2.

(a) Ausgehend von der Energieerhaltung, ausgedrückt durch $I_e = I_r + I_t$ sowie der Stetigkeitsbedingung für die Auslenkung, $\chi_e + \chi_r = \chi_t$ (siehe Abb. 4.7) leite man die Formel für die Transmission $T := \frac{I_t}{I_e} = \frac{4Z_1 Z_2}{(Z_1 + Z_2)^2}$ her.

(b) Man zeige, dass der Schalldruck, der vom ovalen Fenster ausgeht, gegenüber dem Schalldruck am Trommelfell um den Faktor $\alpha := \frac{F_1}{F_2} \cdot \frac{l_1}{l_2}$ erhöht ist. $F_1 = 55\,\text{mm}^2$ ist die Fläche des Trommelfells, die mit dem Hammerstiel verbunden ist, $F_2 = 2{,}8\,\text{mm}^2$ ist die Fläche des ovalen Fensters und $\frac{l_1}{l_2} = 1{,}3$ ist das Verhältnis der Hebelarme von Ambossfortsatz und Hammergriff.

(c) Man korrigiere die Formel aus Punkt 1, indem man den Verstärkungsfaktor α berücksichtigt. Hinweis: Der Verstärkungsfaktor ändert die Stetigkeitsbedingung für die Auslenkung zu $\chi_e + \chi_r = \alpha \cdot \chi_t$.

(d) Wieviel Prozent der Intensität des einfallenden Schalls würden ohne Impedanzanpassung transmittiert werden? Um wieviel Prozent ändert sich der Transmissionskoeffizient T durch die Impedanzanpassung? Für die Wellenimpedanz von Luft gilt $Z_1 = 414\,\mathrm{kg/m^2 s}$, und für die der Lymphflüssigkeit im Innenohr $Z_2 = 10^5\,\mathrm{kg/m^2 s}$.

(a) Stetigkeitsbedingung für die Intensitäten

$$I_e = I_t + I_r.$$

Mit $Z = \rho_0 c$ und

$$I = \frac{1}{2}\rho_0 v_0^2 c = \frac{1}{2}Z\omega^2 \chi_0^2$$

erhält man

$$\frac{1}{2}Z_e \omega^2 \chi_e^2 = \frac{1}{2}Z_r \omega^2 \chi_r^2 + \frac{1}{2}Z_t \omega^2 \chi_t^2.$$

Mit $Z_e = Z_r =: Z_1$ und $Z_t =: Z_2$ bekommt man nach Umformung

$$Z_1\left(\chi_e^2 - \chi_r^2\right) = Z_2 \chi_t^2. \tag{4.3}$$

Zusammen mit der Stetigkeitsbedingung für die Auslenkungen

$$\chi_e + \chi_r = \chi_t$$

ergibt sich

$$Z_1\left(\chi_e^2 - \chi_r^2\right) = Z_2\left(\chi_e + \chi_r\right)^2$$
$$Z_1\left(\chi_e - \chi_r\right)\left(\chi_e + \chi_r\right) = Z_2\left(\chi_e + \chi_r\right)^2$$
$$Z_1\left(\chi_e - \left(\chi_t - \chi_e\right)\right) = Z_2 \chi_t$$
$$2Z_1 \chi_e = \left(Z_1 + Z_2\right)\chi_t$$
$$\chi_t = \frac{1}{Z_1 + Z_2} \cdot 2Z_1 \cdot \chi_e.$$

Für die transmittierte Intensität folgt daher

$$I_t = \frac{1}{2}Z_2 \omega^2 \chi_t^2 = \frac{1}{2}Z_2 \omega^2 \frac{4Z_1^2 \chi_e^2}{\left(Z_1 + Z_2\right)^2}$$
$$= \frac{1}{2}Z_1 \omega^2 \chi_e^2 \cdot \frac{4Z_1 Z_2}{\left(Z_1 + Z_2\right)^2} = I_e \cdot \frac{4Z_1 Z_2}{\left(Z_1 + Z_2\right)^2}.$$

(b) Die Kraft auf das Trommelfell beträgt

$$F_1 = \Delta p_e \cdot A_1$$

und auf das ovale Fenster im Mittelohr

$$F_2 = \Delta p_i \cdot A_2,$$

wobei Δp_e und Δp_i die entsprechenden Druckamplituden bezeichnen. Die Gehörknöchelchen setzen die Kräfte in Drehmomente um. Mit den Hebelarmen l_1 und l_2

betragen diese

$$F_1 l_1 = F_2 l_2$$
$$\Delta p_e A_1 l_1 = \Delta p_i A_2 l_2.$$

Auflösen nach Δp_i ergibt den Druck am ovalen Fenster:

$$\Delta p_i = \Delta p_e \frac{A_1}{A_2} \frac{l_1}{l_2} = \alpha \cdot \Delta p_e.$$

Der Verstärkungsfaktor α, um den der Schalldruck erhöht ist, beträgt

$$\alpha = \frac{55}{2,8} \cdot 1,3 = 25,5.$$

(c) Der Lösungsverlauf ist wie in (a), nur wird diesmal der Verstärkungsfaktor α bei der Auslenkung berücksichtigt. Deren Stetigkeitsbedingung lautet nun

$$\chi_e + \chi_r = \alpha \cdot \chi_t.$$

Einsetzen in (4.3) ergibt

$$Z_1 (\chi_e - \chi_r)(\chi_e + \chi_r) = Z_2 \frac{1}{\alpha^2}(\chi_e + \chi_r)^2$$
$$Z_1 (2\chi_e - \alpha \cdot \chi_t) = Z_2 \frac{1}{\alpha^2} \cdot \alpha \chi_t$$
$$2Z_1 \chi_e = \chi_t \left\{ \frac{Z_2}{\alpha} + \alpha Z_1 \right\}$$

und damit

$$\chi_t = \frac{2Z_1 \alpha}{\{Z_2 + \alpha^2 Z_1\}} \cdot \chi_e.$$

Wieder eingesetzt in die Gleichung für die transmittierte Intensität erhält man

$$I_t = \frac{1}{2} Z_2 \omega^2 \chi_t^2 = \frac{1}{2} Z_2 \omega^2 \chi_e^2 \frac{4Z_1^2 \alpha^2}{(Z_2 + \alpha^2 Z_1)^2}$$
$$= I_e \frac{4Z_1 Z_2 \cdot \alpha^2}{(Z_2 + \alpha^2 Z_1)^2}.$$

(d) Ohne Impedanzanpassung würde nur

$$\frac{I_t}{I_e} = \frac{4 \cdot 414 \cdot 10^5}{(414 + 10^5)^2} = 0,016 = 1,6\%$$

der Intensität transmittiert werden. Durch die Impedanzanpassung erhöht sich dieser Wert auf

$$\frac{I_t}{I_e} = \frac{4 \cdot 414 \cdot 10^5 \cdot (25,5)^2}{(414 \cdot (25,5)^2 + 10^5)^2} = 0,79 = 79\%.$$

In der Realität beträgt dieser Wert zwischen 40% und 60%.

4.16 Akustische Schmerzschwelle

Wenn ein Düsenjet in 30 m Entfernung startet, dann misst der Schallpegel $L = 140$ dB SPL, er liegt also jenseits der Schmerzschwelle. Ist dieser Schmerz der gleiche, den man empfinden würde, wenn man ohne einen Druckausgleich (durch Schlucken oder ähnlichem taucht)? Zur Beantwortung dieser Frage soll die Tiefe berechnet werden, bei der der Druckzuwachs im Wassers dem Effektivwert des Schalldrucks des startenden Düsenjets entspricht.

Der Schallpegel L ist ein logarithmisches Maß für den Schalldruck relativ zu $p_0 = 20 \cdot 10^{-6}$ Pa

$$L := 20 \cdot \log_{10} \left(\frac{\Delta p_{\text{eff}}}{20 \cdot 10^{-6}\,\text{Pa}} \right).$$

Der Effektivwert des Schalldrucks bei einem Schallpegel von 140 dB beträgt daher

$$\Delta p_{\text{eff}} = p_0 \cdot 10^{\frac{L}{20}} = 20 \cdot 10^{-6}\,\text{Pa} \cdot 10^7 = 200\,\text{Pa}.$$

Bei einer Wassertiefe h herrscht der Druck $p_w = \rho g h$. Der genannte Druck wird damit erreicht in einer Tiefe

$$h = \frac{p_w}{\rho g} = \frac{\Delta p_{\text{eff}}}{\rho g} = \frac{200\,\text{Pa}}{10^3\,\text{kg/m}^3 \cdot 9{,}81\,\text{m/s}^2} = 20{,}4\,\text{mm}.$$

Der Schalldruck an der Schmerzschwelle entspricht also dem Druck in einer Wassertiefe von 2 cm. Da man in dieser Wassertiefe keine Schmerzen verspürt, ist dies nicht die Ursache für den Schmerz jenseits der Schmerzschwelle.

5 Elektrische Ströme, Felder und Spannungen

Der Ursprung von bioelektrischen Signalen sind Potenzialdifferenzen zwischen dem Inneren und dem Äußeren von biologischen Zellen. Diese kommen durch unterschiedliche Ionenkonzentrationen zustande. Die Doppellipidschicht einer Zelle ist elektrisch isolierend und einige Nanometer dünn. Daher ist die Kapazität sehr hoch, typischerweise in der Größenordnung von $1\frac{\mu F}{cm^2}$. Insbesondere die Membranen von Muskel- und Nervenzellen enthalten Proteine, die zwischen ihren Ketten und Kreuzungspunkten Ionenkanäle freilassen. Die Durchlässigkeit dieser Kanäle für Ionen wie K^+, Na^+, Ca^{2+} und Cl^- kann gesteuert werden. Darüberhinaus gibt es selektive Kanäle für bestimmte Ionentypen. Der Transport durch diese Kanäle erfolgt entweder durch elektrostatische Kräfte oder durch Diffusion auf Grund von Konzentrationsgradienten. Es gibt aber auch Proteinstrukturen, so genannte Ionenpumpen, die Ionen auch gegen diese passive Transportrichtung von Innen nach Außen oder umgekehrt pumpen können. Dafür muss Energie aufgebracht werden, während der passive Transport von alleine stattfindet. Es gibt auch Proteine, die als Pförtner fungieren und den passiven Transport zulassen oder unterbinden. Die wichtigsten Ionenpumpen sind die Na^+/K^+-Pumpen, die beständig Kaliumionen in das Innere der Zelle transportieren und Natriumionen nach Außen befördern. Die Konzentration von Kaliumionen ist im Innern der Zelle deutlich höher, während die Situation bei den Natriumionen genau umgekehrt ist. Letztendlich entsteht als Summe all dieser Prozesse das Ruhemembranpotenzial, das den Ruhezustand einer Zelle charakterisiert. Für das Ruhemembranpotenzial sind vor allem Na^+, K^+ und Cl^- zuständig, deren Konzentrationsdifferenzen sich um einen Faktor von 10 bis 30 unterscheiden. Die Potenzialdifferenz ΔU kann mit Hilfe der Goldmann-Gleichung berechnet werden:

$$\Delta U = \frac{k_B T}{e} \cdot \ln\left(\frac{P_K c_K^a + P_{Na} c_{Na}^a + P_{Cl} c_{Cl}^i}{P_K c_K^i + P_{Na} c_{Na}^i + P_{Cl} c_{Cl}^a}\right).$$

Die Gewichtungsfaktoren P_i werden als Beweglichkeit oder Permeabilität bezeichnet. Der hochgestellte Index a bzw. i gibt an, ob der jeweilige Wert für das äußere oder innere der Zelle gilt. Da die Beweglichkeit der Kaliumionen etwa 30 mal so groß ist wie die der Natriumionen, dominiert in der Regel der Einfluss der K^+-Ionen.

Die Permeabilität der Zelle kann durch äußere Einflüsse wie elektrische Felder (konduktile Erregung) oder das Vorhandensein bestimmter chemischer Botenstoffe (nichtkonduktile Erregung) beinflußt werden. Wenn sich die Ionenkanäle öffnen, dann erhöht sich die Ionenbeweglichkeit durch die Kanäle dermaßen, dass die passiven Transportmechanismen gegenüber den aktiven Pumpmechanismen überwiegen. Als Folge baut sich das negative Ruhepotenzial rasch ab. Die Na^+-Kanäle öffnen sich im Allgemeinen schneller als die K^+-Kanäle, weswegen es sogar zu einem kurzzeitigen Überschießen (*overshoot*) des Membranpotenzials in den positiven Bereich kommt. Nach dieser schnellen Depolarisation der Zelle wird der Gleichgewichtszustand durch die Ionenpumpen wieder hergestellt.

Die Erregung einer Zelle kann entlang von Nervenfasern weitergeleitet werden. Es gibt zwei Typen der Erregungsleitung: die kontinuierliche und die saltatorische Erregungsleitung. Wenn die Nervenfasern keine Myelinscheide aufweisen, dann erfolgt der Stromfluß immer in der unmittelbaren Nachbarschaft. Bei myelinisierten Nervenfasern sind diese von einer isolierenden Lipidschicht, der Myelinscheide, umhüllt. In Abständen von einigen Milimetern wird diese von den so genannten Ranivier'schen Schnürringen unterbrochen, dadurch springt die Potenzialänderung von einem Schnürring zum nächsten und ist daher wesentlich schneller als bei der kontinuierlichen Erregungsleitung.

Eine auf die Erregungsweiterleitung spezialisierte Zelle nennt man Nervenzelle (Neuron). Sie kann in drei Abschnitte gegliedert werden: den Dendriten als rezeptorische Strukturen, dem Neurit (Axon, Nervenfaser) mit effektorischen Strukturen und das Perikaryon (Soma), das als Zellleib das Stoffwechselzentrum darstellt. Im zentralen Nervensystem sind die Axone in der Regel zu Faserbündeln zusammengefasst, und im Bereich des peripheren Nervensystems zu Nervensträngen und Nerven. Das Nervensystem hat die Aufgabe, Informationen als Sequenzen von Aktionspotenzialen weiterzuleiten. Damit diese weiterverarbeitet werden können, muss diese Information auf andere Neurone übertragen werden. Dies erfolgt an Strukturen, die unter dem Oberbegriff Synapsen zusammengefasst sind. Bei elektrischen Synapsen erfolgt die Erregungsübertragung durch tunnelartige Verbindungen zwischen Synapsen, während bei chemischen Synapsen diese mit Hilfe von Neurotransmittern über einen Spalt hinweg transportiert wird. Die auf den Axonen entstehenden elektromagnetischen Feldquellen können als Strom-Quadrupol modelliert werden. Die elektrischen Vorgänge hinter den Synapsen können als Strom-Dipole beschrieben werden. Da diese Art von Quellen sehr schnell mit dem Abstand von der Quelle abfallen, und im Allgemeinen stochastisch verteilt sind, können Signale dieser Quellen nur dann gemessen werden, wenn sie sich auf Grund der anatomischen Gegebenheiten addieren. Wenn zum Beispiel 10^5 Nervenzellen in einem Quadratmillimeter Hirnrinde gleichzeitig feuern, dann entstehen auf der Kopfhaut elektrische Spannungen von nur einigen $10\ \mu$V, die in einem EEG (Elektroenzephalogramm) sichtbar gemacht werden können, oder zu magnetischen Flussdichten von einigen 100 fT. Verglichen dazu führt die elektrische Depolarisation des Herzens zu hundertfach größeren Signalen beim EKG (Elektrokardiogramm).

Damit die vier Hohlräume des Herzens (Vorhof und Herzkammer, jeweils rechts und links) in koodinierter Weise arbeiten, gibt es neben den sich verkürzenden Arbeitszellen, dem Myokard, ein nervliches Reizleitungssystem im Herzen. Der Sinusknoten arbeitet weitgehend autonom und ist sowohl Steuerzentrale als auch Ausgangspunkt der Erregung. Die Reizauslösung kann vom zentralen Nervensystem über den Sympathikus und Parasympathikus beeinflusst werden. Die Erregung breitet sich vom Sinusknoten über die benachbarten Myokardzellen der Vorhöfe aus, und nach etwa 40 Millisekunden wird der atrioventrikuläre (AV) Knoten im Zentrum des Herzens erreicht. Dieser leitet die Erregung über das His-Bündel, die beiden Schenkel bis zu den Purkinje-Fäden relativ schnell weiter an die beiden Herzkammern. Dort ist die Erregungsleitung wegen des Fehlens spezialisierter Zellen wieder langsamer.

Im Elektrokardiogramm (EKG) kann man diese Erregungsleitung beobachten. Dazu werden die elektrischen Potenziale abgeschwächt über die Extrazellularflüssigkeit an der Körperoberfläche gemessen. Sie liegen dort im Bereich von einigen Millivolt. Es gibt dazu standarisierte Ableitungen. Die von der Form her bekanntesten EKG-Signale erhält man wenn die Ableitungselektroden am rechten Unterarm (−) und am linken Fuß (+) angebracht werden. Am rechten Fuß wird eine Erdelektrode angebracht, um externe Störeinflüsse zu unterdrücken. Neben diesem normalen EKG kann man auch ein Vektorkardiogramm aufnehmen. Jede erregte Zelle wirkt als elektrischer Dipol, und die Vektorsumme aller zu einem Zeitpunkt erregten Zellen ergibt den resultierenden elektrischen Dipol, der auch Integralvektor oder Herzvektor genannt wird. Wenn man mehrere normale EKGs geeignet kombiniert, dann kann man die Lage dieses Herzvektors zeitlich verfolgen. Die Richtung des größten Herzvektors (R-Zacke im EKG) definiert die elektrische Herzachse. In der Regel stimmt diese mit der anatomischen Lage des Herzens überein. Damit kann die Herzlage bestimmt werden, die bei einigen Krankheiten charakteristisch verändert ist.

5.1 Nervenleitung bei Riesenaxonen von Tintenfischen

Der Mechanismus der Nervenerregung und -weiterleitung ist an Riesenaxonen von Tinten-
fischen untersucht worden. Der Durchmesser dieser zylindrischen Riesenaxone ist $d = 0,5\,\text{mm}$. Das Innere eines Axons, das Axoplasma, kann als passiver elektrischer Leiter
und als Ionenreservoir aufgefasst werden. Die Konzentrationen an Natrium- und Kalium-
ionen betragen im Axoplasma $c_{\text{Na}}^i = 50\,\text{mol/dm}^3$ Na$^+$ und $c_{\text{K}}^i = 400\,\text{mol/dm}^3$ K$^+$ und
im extrazellulären Medium $c_{\text{Na}}^a = 460\,\text{mol/dm}^3$ Na$^+$ und $c_{\text{K}}^a = 10\,\text{mol/dm}^3$ K$^+$. Der Er-
regungsvorgang spielt sich hauptsächlich an der Nervenmembran ab.

Zur Lösung soll die Goldmann-Gleichung genutzt werden

$$\Delta U = \frac{kT}{e} \ln \left(\frac{p_{\text{K}} c_{\text{K}}^a + p_{\text{Na}} c_{\text{Na}}^a}{p_{\text{K}} c_{\text{K}}^i + p_{\text{Na}} c_{\text{Na}}^i} \right).$$

(a) Isotopendurchflußmessungen ergaben für das Permeabilitätsverhältnis (relative Be-
weglichkeiten) $\frac{p_{\text{K}}}{p_{\text{Na}}} = 15$. Wie groß ist das Ruhepotenzial? ($T = 300\,\text{K}$)

(b) Für ein passives Kabel gilt, dass eine an dem einen Ende angelegte Spannung U_0 exponentiell mit der Länge abnimmt, $U = U_0 e^{-x/l}$, wobei die Abklingdistanz $l = \sqrt{\frac{rR_m}{2R_i}}$
ist. Wieviel Prozent einer anliegenden Spannung U_0 sind am Ende eines $l = 1\,\text{cm}$ langen Riesenaxons noch messbar, wenn es sich wie ein passives Kabel verhalten würde?
Der spezifische Widerstand des Axoplasma beträgt $R_i = 30\,\Omega\text{m}$, und der spezifische
Hüllenwiderstand $R_m = 700\,\Omega\text{cm}^2$.

(a) Die Goldmann-Gleichung lautet hier

$$\begin{aligned}
\Delta U &= \frac{kT}{e} \ln \left(\frac{p_{\text{K}} c_{\text{K}}^a + p_{\text{Na}} c_{\text{Na}}^a}{p_{\text{K}} c_{\text{K}}^i + p_{\text{Na}} c_{\text{Na}}^i} \right) = \frac{kT}{e} \ln \left(\frac{c_{\text{Na}}^a + \frac{p_{\text{K}}}{p_{\text{Na}}} c_{\text{K}}^a}{c_{\text{Na}}^i + \frac{p_{\text{K}}}{p_{\text{Na}}} c_{\text{K}}^i} \right) \\
&= \frac{1,38 \cdot 10^{-23}\,\text{J/K}\,300\,\text{K}}{1,6 \cdot 10^{-19}\,\text{C}} \cdot \ln \left(\frac{460\,\text{mol/dm}^3 + 15 \cdot 10\,\text{mol/dm}^3}{50\,\text{mol/dm}^3 + 15 \cdot 400\,\text{mol/dm}^3} \right) \\
&= -59,4\,\text{mV}.
\end{aligned}$$

(b) Die Abklingdistanz ist

$$l = \sqrt{\frac{rR_m}{2R_i}} = \sqrt{\frac{0,25 \cdot 10^{-3}\,\text{m} \cdot 700 \cdot 10^{-4}\,\Omega\text{m}^2}{2 \cdot 30\,\Omega\text{m}}} = 5,4 \cdot 10^{-4}\,\text{m}.$$

Damit wird

$$\frac{U(x = 0,01\,\text{m})}{U_0} = e^{-\frac{0,01\,\text{m}}{5,4 \cdot 10^{-4}\,\text{m}}} = 9 \cdot 10^{-9} = 9 \cdot 10^{-7}\%.$$

5.2 Nervenerregung

Bei der Nervenerregung ändert sich die Potenzialdifferenz über der Nervenbahn um $\Delta U = 100\,\text{mV}$, was hauptsächlich auf einen Einstrom von Na^+ Ionen in die Nervenfaser zurückzuführen ist. Wie viele Na^+-Ionen N_{Na^+} pro Flächeneinheit der Zellmembran sind nötig, um die Membran mit der Kapazität $C = 1\,\mu\text{F/cm}^2$ um den Betrag ΔU umzuladen?

Die Ladung, die dafür nötig ist, beträgt

$$Q^+ = C \cdot \Delta U = 10^{-6}\,\text{F/cm}^2 \cdot 0,1\,\text{V} = 10^{-7}\,\text{C/cm}^2.$$

Das entspricht

$$N_{\text{Na}^+} = \frac{Q^+}{e} = 6,25 \cdot 10^{11}\,\text{Ionen/cm}^2.$$

5.3 Elektrisches Modell einer Zellmembran

Aus einer Zelle denke man sich ein Stück der Zellmembran herausgeschnitten. Randeffekte sollen vernachlässigt werden. Die Zellmembran besitzt eine spezifische Leitfähigkeit von $\sigma_M = 10^{-10}\,(\Omega\,\text{cm})^{-1}$, eine Dielektrizitätskonstante $\varepsilon_M = 8$ und eine Dicke von $d_M = 7,5\,\text{nm}$. Auf beiden Seiten der Membran sollen außerdem zwei Grenzschichten betrachtet werden, welche die gleiche spezifische Leifähigkeit $\sigma_P = \sigma_I = 10^{-2}\,(\Omega\,\text{cm})^{-1}$ besitzen. Die Dicke dieser Schichten sei $d_P = 50\,\text{nm}$ bzw. $d_I = 100\,\text{nm}$ und ihre Kapazität sei vernachlässigbar.

(a) Wie sieht ein möglichst einfaches elektrisches Ersatzschaltbild aus, das die passiven elektrischen Eigenschaften beinhaltet?

(b) Wie groß sind die in diesem Ersatzschaltbild auftretenden Ohm'schen Widerstände und die Kapazität, wenn die betrachtete Membranfläche $A = 1\,\mu\text{m}^2$ beträgt?

(a) Elektrisches Ersatzschaltbild:

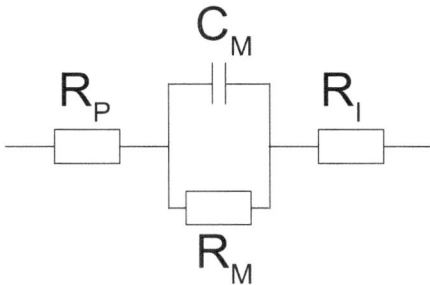

Abb. 5.1 R_P ist in Serie mit $(C_M \| R_M)$ und R_I.

(b) Allgemein ist

$$R = \frac{\rho l}{A} = \frac{l}{\sigma A}.$$

Für die einzelnen Widerstände ergibt sich mit $\frac{1}{\Omega\text{cm}} = 10^2 \frac{1}{\Omega\text{m}}$ und $A = 1\,\mu\text{m}^2 = 10^{-12}\,\text{m}^2$:

$$R_P = \frac{d_P}{A\sigma_F} = \frac{50 \cdot 10^{-9}\,\text{m}}{10^{-12}\,\text{m}^2 \cdot 1/\Omega\text{m}} = 5 \cdot 10^4\,\Omega$$

$$R_I = \frac{d_I}{A\sigma_I} = \frac{100 \cdot 10^{-9}\,\text{m}}{10^{-12}\,\text{m}^2 \cdot 1/\Omega\text{m}} = 1 \cdot 10^5\,\Omega$$

$$R_M = \frac{d_M}{A\sigma_M} = \frac{7,5 \cdot 10^{-9}\,\text{m}}{10^{-12}\,\text{m}^2 \cdot 10^{-8}\,1/\Omega\text{m}} = 7,5 \cdot 10^{11}\,\Omega.$$

Für die Kapazität erhält man unter der Annahmen, dass es sich um einen Plattenkondensator handelt

$$C_M = \varepsilon_0 \varepsilon_r \frac{A}{d_M} = 8,854 \cdot 10^{-12}\,\text{F/m} \cdot 8 \cdot \frac{10^{-12}\,\text{m}^2}{7,5 \cdot 10^{-9}\,\text{m}} = 9,44 \cdot 10^{-15}\,\text{F}.$$

5.4 Messung von Zellmembranspannungen

An einer Nervenzelle soll die Membranspannung U_M einer Zellmembran im Ruhezustand gemessen werden (siehe Abbildung 5.2).

(a) Wie groß ist das Verhältnis von gemessener Spannung U_x zur Membranspannung U_M, wenn $R_i = 20\,\text{k}\Omega$, $R_E = 50\,\text{k}\Omega$ und $R_{i,V} = 1\,\text{M}\Omega$ betragen?

(b) Wie groß wird $\frac{U_x}{U_M}$, wenn $R_E \gg R_{i,V}$ gilt?

(c) Wie groß ist im Fall a. U_M, wenn man am Messinstrument $40\,\text{mV}$ abliest?

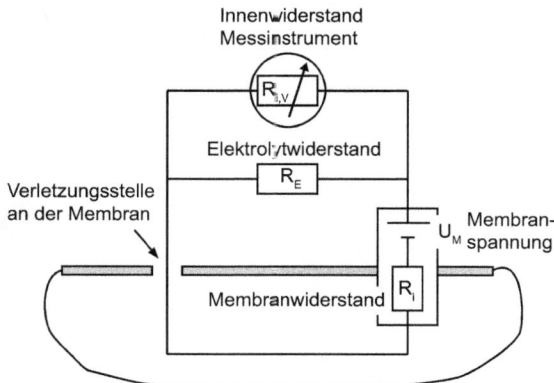

Abb. 5.2 Messung von Zellmembranspannungen.

(a) Aus dem Ersatzschaltbild ergibt sich

L

$$R_x = R_E || R_{i,V} = \frac{1}{\frac{1}{R_E} + \frac{1}{R_{i,V}}} = \frac{R_E R_{i,V}}{R_E + R_{i,V}} = \frac{50\,\text{k}\Omega \cdot 1.000\,\text{k}\Omega}{50\,\text{k}\Omega + 1.000\,\text{k}\Omega} = 47{,}6\,\text{k}\Omega.$$

Für die Spannungen erhält man

$$\frac{U_x}{U_M} = \frac{U_x}{U_i + U_x} = \frac{R_x I}{(R_i + R_x) I} = \frac{47{,}6\,\text{k}\Omega}{20\,\text{k}\Omega + 47{,}6\,\text{k}\Omega} = 0{,}704.$$

(b) Wenn $R_E \gg R_{i,V}$ ist, dann folgt daraus $R_x \approx R_{i,V}$ und somit ergibt sich

$$\frac{U_x}{U_M} \approx \frac{R_{i,V}}{R_i + R_{i,V}} = \frac{10^3\,\text{k}\Omega}{20\,\text{k}\Omega + 10^3\,\text{k}\Omega} = 0{,}98.$$

(c) Die Membranspannung U_M bei gemessener Spannung $U_x = 40\,\text{mV}$ lautet

$$U_M = \frac{U_x}{0{,}704} = \frac{40\,\text{mV}}{0{,}704} = 56{,}82\,\text{mV}.$$

5.5 EKG und Herzdipol

In der Abbildung ist das (gleichseitige) Einthovensche Dreieck und die zugehörigen Standardableitungen I, II, III für das EKG zu sehen. $\vec{M}$ ist die Dipolkomponente des Herzvektors in der Ebene des gleichseitigen Dreiecks, das durch die Ableitungspunkte R, L, F gebildet wird. Gegeben sei ein ebenes Koordinatensystem (r, θ) mit dem Ursprung im Zentrum des Dreiecks, wobei die Richtung $\theta = 0$ mit der Richtung des Herzdipols übereinstimmt (diese Situation ist in der Abbildung 5.3 gezeigt). Für das Dipolpotenzial gilt dann

$$\varphi_D = \frac{|\vec{M}| \cos\theta}{4\pi\varepsilon_r\varepsilon_0 r^2} = K\cos\theta.$$

(a) Man berechne die drei Spannungen U_I, U_{II}, U_{III} als Funktion von Ψ (siehe Abbildung).

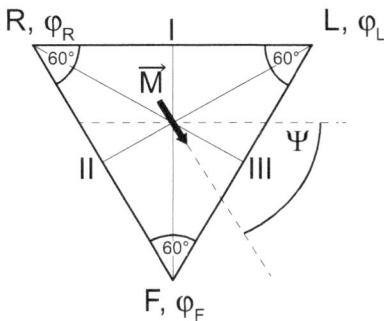

Abb. 5.3 EKG und Herzdipol. I ist die Ableitung zwischen rechtem Arm und linken Arm, II die zwischen rechtem Arm und linkem Bein, und III die zwischen linkem Arm und linkem Bein. Die Richtung $\theta = 0$ ist in dieser Abbildung gleich der des Herzdipols $\vec{M}$.

(b) Wie verhalten sich bei den Standardableitungen die Spannungen $|U_I| : |U_{II}|$ für einen Normaltyp mit $\Psi = 60°$ und einen Linkstyp mit $\Psi = -45°$?

(a) Für die in der Lösung verwendeten Winkel betrachte man Abbildung 5.4.

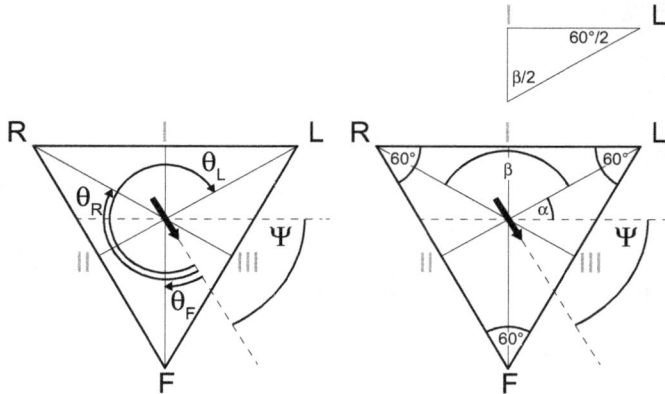

Abb. 5.4 Rechts sind die in der Lösung verwendeten Winkel α und β eingezeichnet, und links die für die Berechnung der Dipolpotenziale benötigten Winkel θ_F, θ_R und θ_L.

Aus dieser erhält man:

$$\varphi_D(\theta) = K\cos\theta.$$
$$\cos(\theta_L) = \cos(360° - \Psi - \alpha) = \cos(-\Psi - \alpha) = \cos(\Psi + \alpha)$$
$$2\alpha + \beta = 180° \; ; \; \beta/2 = 60° \; ; \; \Rightarrow \alpha = 30°$$
$$\theta_R = 360° - \Psi - (\alpha + \beta) = 360° - \Psi - 150°.$$

Für die Spannung U_I gilt

$$U_I = \varphi_L - \varphi_R$$
$$U_I = K\cos\theta_L - K\cos\theta_R$$
$$U_I = K\cos(\Psi + 30°) - K\cos(\Psi + 150°)$$
$$U_I = K\left\{\cos\Psi\cos 30° - \sin\Psi\sin 30° - \cos\Psi\cos 150° + \sin\Psi\sin 150°\right\}$$
$$U_I = K\left\{\frac{\sqrt{3}}{2}\cos\Psi - \frac{1}{2}\sin\Psi - \left(-\frac{\sqrt{3}}{2}\right)\cos\Psi + \frac{1}{2}\sin\Psi\right\}$$
$$U_I = K\sqrt{3}\cos\Psi.$$

Analog ergibt sich

$$U_{II} = K\left\{\cos(\Psi + 150°) - \cos(\Psi + 270°)\right\}$$
$$U_{II} = -K\left\{\frac{\sqrt{3}}{2}\cos\Psi + \frac{3}{2}\sin\Psi\right\}$$

und

$$U_{III} = K\{\cos(\Psi + 270°) - \cos(\Psi + 30°)\}$$

$$U_{III} = K\left\{\frac{3}{2}\sin\Psi - \frac{\sqrt{3}}{2}\cos\Psi\right\}.$$

Die Summe aller drei Teile ist daher

$$U_I + U_{II} + U_{III} = K\left\{K\sqrt{3}\cos\Psi - \frac{\sqrt{3}}{2}\cos\Psi - \frac{3}{2}\sin\Psi + \frac{3}{2}\sin\Psi - \frac{\sqrt{3}}{2}\cos\Psi\right\}$$

$$= 0.$$

(b) Aus dem Vorhergehenden ergibt sich

$$\frac{|U_I|}{|U_{II}|} = \frac{|K\sqrt{3}\cos\Psi|}{|-K\left(\frac{\sqrt{3}}{2}\cos\Psi + \frac{3}{2}\sin\Psi\right)|}.$$

Normaltyp

$$\frac{|U_I|}{|U_{II}|} = \frac{\sqrt{3}\cos 60°}{\frac{\sqrt{3}}{2}\cos 60° + \frac{3}{2}\sin 60°} = \frac{1}{2}.$$

Linkstyp

$$\frac{|U_I|}{|U_{II}|} = \frac{\sqrt{3}\cos(-45°)}{\frac{\sqrt{3}}{2}\cos(-45°) + \frac{3}{2}\sin(-45°)} = \frac{2\sqrt{3}}{|\sqrt{3}\cdot -3|} = 2{,}73.$$

Cabrera Kreis: Lage der elektrischen Herzachse entspricht in etwa der anatomischen Herzachse, daher kann durch ein Vektorkardiogramm die Herzlage bestimmt werden. Einige Krankheiten sind mit einer untypischen Herzlage verknüpft.

5.6 Stromschlag

Wenn mehr als 100 mA durch den Brustraum eines Menschen fließen, dann ist meist der Herztod die Folge (Herzflimmern).

(a) Man schätze den Widerstand des menschlichen Körpers von Hand zu Hand, indem man die Leitfähigkeit einer ‚physiologischen Lösung' aus 9 g NaCl in einem Liter Wasser berechnet. (Ionenbeweglichkeiten in wässriger Lösung bei 18°C: $\mu^+(Na) = 4{,}6\cdot 10^{-8}\,\text{m}^2/\text{Vs}$; $\mu^-(Cl) = 6{,}85\cdot 10^{-8}\,\text{m}^2/\text{V}s$.) Die Länge von Hand zu Hand sei $l = 1{,}5\,\text{m}$, der Querschnitt an den Engstellen $A = 10\,\text{cm}^2$.

(b) Was für Spannungen können für einen Menschen gefährlich werden?

(c) Warum wird häufig der Tipp gegeben, man solle eine Hand in der Tasche (oder auf dem Rücken) lassen, wenn man an offenen elektrischen Geräten arbeitet?

L

(a) Die Leitfähigkeit σ ist das Verhältnis von Stromdichte j und elektrischer Feldstärke E. Die Stromdichte ergibt sich als Produkt aus der Raumladungsdichte ρ und der mittleren Geschwindigkeit $\bar{v}$ der Ladungsträger:

$$\sigma = \frac{j}{E} = \frac{\rho \bar{v}}{E}.$$

Die mittlere Geschwindigkeit ist wiederum das Produkt der gesamten Ionenbeweglichkeit μ_{ges} und der Feldstärke. Die gesamte Ionenbeweglichkeit ergibt sich als Summe über die Beiträge der einzelnen Ionen und diese jeweils als Produkt von Ladung Z, Teilchendichte n und Beweglichkeit μ:

$$\sigma = \frac{\rho \cdot \mu_{\text{ges}} E}{E} = \rho \mu_{\text{ges}} = (Z_+ n_+ \mu_+ + Z_- n_- \mu_-).$$

Bei der Auflösung von NaCl in Wasser sind die Anzahl und Ladung beider Ionenarten zahlenmäßig gleich

$$n_+ = n_- =: n; \quad Z_+ = Z_- =: e.$$

Daraus folgt für die Leitfähigkeit:

$$\sigma = ne(\mu_+ + \mu_-)$$

Um die Anzahldichte der Ladungsträger aus der gegebenen Masse m und dem Volumen der Lösung V zu bestimmen, benutzt man die relativen Molmassen m_{mol} von Natrium und Chlor und rechnet mit Hilfe der Avogadro-Konstante N_A um:

$$m = N_{\text{mol}} \cdot m_{\text{mol}} = N_{\text{mol}} \cdot (m_{\text{mol}}(\text{Na}) + m_{\text{mol}}(\text{Cl}))$$

$$N_{\text{mol}}(\text{NaCl}) = \frac{9\,\text{g}}{22{,}990\,\text{g/mol} + 35{,}453\,\text{g/mol}} = 0{,}154\,\text{mol}$$

$$n = \frac{N}{V} = \frac{N_A N_{\text{mol}}}{V} = \frac{6{,}022 \cdot 10^{23}\,1/\text{mol} \cdot 0{,}154\,\text{mol}}{10^{-3}\text{m}^3} = 9{,}27 \cdot 10^{25}\text{m}^{-3}$$

$$\sigma = 9{,}27 \cdot 10^{25}\text{m}^{-3} \cdot 1{,}6 \cdot 10^{-19}\text{C} \cdot (4{,}6 + 6{,}85) \cdot 10^{-8}\text{m}^2/\text{Vs} = 1{,}698\,1/\Omega\text{m}.$$

Der Widerstand beträgt daher

$$R = \frac{\rho l}{A} = \frac{l}{\sigma A} = \frac{1{,}5\,\text{m}}{1{,}698\,1/\Omega\text{m} \cdot 10^{-3}\text{m}^2} = 883\,\Omega.$$

(b) Bei nassen Händen kann man den Übergangswiderstand vernachlässigen. Die für den Menschen gefährlichen Spannungen sind dann relativ niedrig:

$$U_{\text{krit}} = R I_{\text{krit}} = 883\,\Omega \cdot 0{,}1\,\text{A} = 88{,}3\,\text{V}.$$

(c) Wenn man mit beiden Händen an offenen elektrischen Geräten arbeitet, dann kann im Falle eines Stromschlags der Strom über das Herz geleitet werden. Das kann zu gefährlichem Kammerflimmern führen. Berührt man das Gerät nur mit einer Hand, ist die Gefahr geringer.

6 Wärme

Die Biothermie befasst sich mit den thermodynamischen Prozessen lebender Organismen in Wechselwirkung mit ihrer Umgebung. Von einem gesunden Menschen wird eine nahezu konstante Wämemenge pro Zeiteinheit erzeugt, die kontinuierlich abgeführt werden muss, damit die Körpertemperatur konstant bleibt. Bei einem gesunden Menschen liegt die normale innere Körpertemperatur bei $T_i = 37{,}2\ °C$ mit einer Schwankung $\triangle T_i$ in engen Grenzen ($\triangle T_i = \pm 0{,}5\ °C$). Entzündungen im Körper können erhöhte Temperaturen auslösen. Die obere Grenze des Überlebens liegt bei 42,8 °C, da dann die Proteine denaturieren. Die untere Grenze liegt bei 27 °C. Der Körper versucht, die Solltemperatur im Körperkern so lange wie möglich aufrechtzuerhalten, zum Beispiel indem die Wärmeabgabe im Falle von Fieber oder sportlicher Leistung durch verstärkte Durchblutung und Schwitzen erhöht oder.im Falle der Unterkühlung durch geringere Durchblutung der Haut reduziert wird. Unter normalen Umständen ist die Umgebungstemperatur T_a des Menschen kleiner als die Körperinnentemperatur T_i. Dadurch ist ein natürlicher Wärmefluss aus dem Körperinneren nach außen vorgegeben. Zusätzliche Wärmequellen im Körper können aber auch durch Strahlen- oder Lasertherapie entstehen. Auch die aus diesen Quellen erzeugte Wärmemenge pro Zeiteinheit muss abgeführt werden. Die hier vorliegenden Transportmechanismen sind Wärmeleitung und Wärmekonvektion. Beide Transportphänomene, Wärmeleitung und -konvektion, sind an das Vorhandensein von Materie gebunden. Während die Wärmeleitung einen molekularer Prozess darstellt bei der die Materie nach außen ruht, ist die Wärmekonvektion ein makroskopischer Prozess bei der die Bewegung der Materie die Aufgabe des Transports übernimmt.

Bei der Wärmeleitung wird die Wärmemenge dQ, die pro Zeiteinheit dt durch eine Wärmeübertragungsfläche A übertragen wird, als Wärmestromdichte $\dot{q} = \frac{dQ}{A\,dt}$ bezeichnet. Diese ist über den Wärmeleitungskoeffizient λ mit dem Temperaturgradienten $\vec{\nabla} T$ verknüpft $\dot{q} = -\lambda \vec{\nabla} T$ (Ansatz nach Fourier). Dies führt auf die allgemeine Wärmeleitungsgleichung

$$\frac{\partial T}{\partial t} = \frac{\lambda}{\rho\, c_W} \nabla^2 T.$$

Hierin ist ρ die Dichte des wärmeleitenden Körpergewebes und c_W deren spez. Wärme. Bei der Körperthermie kann im Normalfall von stationären Verhältnissen ausgegangen werden, sodass die Wärmeleitungsgleichung als Randwertproblem gelöst werden kann. Für den Fall n-nebeneinanderliegender Gewebeschichten von der Körpermitte bis zur Haut mit den Wärmeleitkoeffizienten λ_j und den Schichtdicken δ_j ergibt sich mit der Hauttemperatur T_H für den Wärmestromdichte $\dot{q}$ die Beziehung

$$\dot{q} = \frac{T_i - T_H}{\sum\limits_{n} \dfrac{\delta_j}{\lambda_j}}\ .$$

Die Wärmekonvektion erfolgt nur in bewegten Fluiden, das sind im Organismus vornehmlich Blut und Luft. Die einzelnen Fluidballen transportieren nicht nur Masse, sondern auch die in der Masse beinhaltete Enthalpie. An Phasengrenzflächen, wie an der Hautoberfläche treten beide Transportmechanismen, Leitung und Konvektion gemeinsam auf. Man spricht hier von Wärmeübergang. Dieser Vorgang ist sehr komplex und wird beschrieben über den Ansatz $\dot{q} = \alpha \triangle T$ mit dem Wärmeübergangskoeffizient α und der Temperaturdifferenz $\triangle T = T_H - T_a$. In dem Wärmeübergangskoeffizient α wird das ganze Phänomen dieses Stofftransportes zusammengefasst. α ist darum keine reine Stoffgröße wie λ, sondern eine Funktion der Stoffeigenschaften des Fluids, der Geometrie der Phasengrenzfläche und der Strömungs- und thermischen Verhältnissen. So wird beispielsweise auch das Temperaturempfinden auf der Haut, das von den Metherologen als fühlbare Wärme bezeichnet wird, von dem $\alpha-$Wert bestimmt. Bekanntermaßen empfindet man bei konstanten Minustemperaturen die gefühlte Wärme bei Wind kälter als bei Windstille. Auf Grund der großen Anzahl an Einflussgrößen, von denen α abhängt, empfiehlt sich hier eine dimensionslose Darstellung nach den Gesetzen der Ähnlichkeitstheorie. Es entsteht dann eine Abhängigkeit in der Form $Nu = f\left(Re,Pr,Gr\right)$ mit der Nusseltzahl $Nu = \frac{\alpha l}{\lambda}$, der Reynoldzahl $Re = \frac{wl\rho}{\eta}$, der Prandtlzahl $Pr = \frac{c_W \eta}{\lambda}$ und der Grashofzahl $Gr = \frac{g\beta\rho^2 d^3 \triangle T}{\eta^2}$. Die Größe l ist die charakteristische geometrische Länge; λ die Wärmeleitfähigkeit, ρ die Dichte, η die dynamische Viskosität, c_W die spez. Wärme und β der Volumenausdehnungskoeffizient; λ, ρ, η, c_W und β beziehen sich alle auf das Fluid und repräsentieren so dessen Stoffeigenschaften. Die Strömungsgeschwindigkeit w bestimmt den Strömungszustand und die Temperaturdifferenz $\triangle T = T_H - T_a$ die thermischen Verhältnisse. In der Literatur existieren für diese Funktionen für diverse Anwendungen eine Reihe numerischer Kriteriengleichungen. Neben den genannten Übertragungsmechanismen kann auch über Wärmestrahlung ein Wärmetransport stattfinden.Wämestrahlung bedarf keines Übertragungsmediums. und folgt dem Stefan-Bolzmann-Gesetz $\dot{q} = C T^4$ mit der Strahlungskonstanten C und der absoluten Temperatur T der Strahlungsfläche. Die körpereigene Wärmestrahlung spielt für die Wärmeableitung aus dem Inneren keine wesentliche Rolle, Allerdings ist die von der Sonne kommende Wärmestrahlung, insbesondere die Infrarotstrahlung, von großer Wirkung. Schließlich bestimmt sie wesentlich die Umgebungstemperatur, von der die Größe des Wärmeverlustes abhängig ist.

6.1 Skikleidung

Zum Schutz vor Kälte trägt ein Skiläufer einen $s = 4\,\mathrm{cm}$ dicken Daunenanorak. Der Anorak hat eine innere und äußere Oberfläche von $A_D = 2\,\mathrm{m}^2$; die Oberflächentemperatur beträgt $T_D = -15\,°\mathrm{C}$. Wie groß ist in diesem Fall der Wärmestrom Φ? Wie ändert sich Φ, wenn der Anorak durch Eisregen so nass wird, dass die Dicke der Dauenfüllung auf 1/4 des Ausgangswertes sinkt und die Wärmeleitfähigkeit der Daunen um das 20fache steigt? Wie groß ist die Hauttemperatur T_H in beiden Fällen, wenn die Körperinnentemperatur konstant $T_i = 37{,}4\,°\mathrm{C}$ ist?
[Wärmeleitfähigkeitskoeffizienten: Daunenfedern $\lambda_D = 0{,}025\,\mathrm{W/K\,m}$; Humangewebe und Haut $\lambda_G = 0{,}2\,\mathrm{W/K\,m}$; Temperaturgrenzschichtdicke in Haut und Gewebe $d = 4{,}5\,\mathrm{cm}$ (geschätzt)]

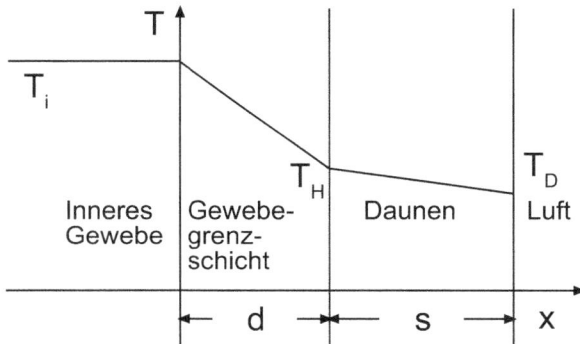

Abb. 6.1 Temperaturverlauf in Haut und Kleidung.

Man geht davon aus, dass Haut und Kleidung zwei Schichten ohne Zwischenraum bilden, wie in Abb. 6.1 gezeigt. Im stationären Fall gilt für den

- Wärmestrom im Körper

$$\Phi_K = \frac{\lambda_G A_H}{d}\,(T_i - T_H) \tag{6.1}$$

- Wärmestrom in der Dauenkleidung

$$\Phi_D = \frac{\lambda_D A_D}{s}\,(T_H - T_D). \tag{6.2}$$

Der Wärmestrom ist in jeder Schicht gleich groß

$$\Phi_K = \Phi_D = \Phi,$$

sodass mit (6.1) und (6.2) zwei Gleichungen zur Verfügung stehen, um die gesuchten Größen Φ und T_H zu bestimmen. Es ergibt sich

$$\Phi = \frac{T_i - T_D}{\frac{d}{\lambda_G A_H} + \frac{s}{\lambda_D A_D}} \quad \text{und} \quad T_H = T_i - \frac{T_i - T_D}{1 + \frac{s}{d}\frac{\lambda_G A_H}{\lambda_D A_D}}.$$

Die numerische Auswertung erbringt

- im trockenen Fall

$$\Phi_t = \frac{37,4 - (-15)}{\frac{0,045}{0,2 \cdot 2} + \frac{0,04}{0,025 \cdot 2}} \, \text{W} = 57 \, \text{W}.$$

$$T_{H_t} = (37,4 - 6,5) \, ^\circ\text{C} = 30,9 \, ^\circ\text{C}.$$

- bei Eisregen

$$\Phi_n = 428 \, \text{W}.$$

$$T_{H_n} = -10,7 \, ^\circ\text{C}.$$

Durch die um das 7,5fach größere Wärmeleitung wird die Isolierwirkung entsprechend schlechter. Kritisch ist bei Regen zum einen die Hauttemperatur von $-10,7 \, ^\circ\text{C}$, da es hier zu Erfrierungen kommen kann, zum anderen wird der Körper nach einer bestimmten Zeit die Körperinnentemperatur von $37,4 \, ^\circ\text{C}$ nicht mehr halten können. Ermüdungserscheinungen und Erschöpfungszustände sind die Folge.

6.2 Wärmeverlust

A

Dem menschlichen Körper geht durch Wärmeleitung kontinuierlich Wärme verloren, da die Körpertemperatur im Allgemeinen höher ist, als die Umgebungstemperatur.

(a) Man bestimme die Größe des Wärmestroms bei einem unbekleidetem Menschen unter folgenden Annahmen: Die Körperoberfläche sei $A = 1,60 \, \text{m}^2$; die Hauttemperatur $T_H = 30 \, ^\circ\text{C}$; die innere Körpertemperatur $T_i = 37,4 \, ^\circ\text{C}$; das an die Haut angrenzende Gewebe, in dem ein Temperaturgradient besteht, sei $\delta = 4,5 \, \text{cm}$ dick; die Wärmeleitfähigkeit des menschlichen Gewebes betrage $\lambda_G = 0,2 \, \text{W/m} \cdot \text{K}$.

(b) Bei sportlicher Betätigung ist eine höhere Wärmeabfuhr notwendig als im Ruhezustand, da mit der Leistungssteigerung auch die Wärmeerzeugung im Körper zunimmt. Messungen bei einem Sportler ergaben, dass nach dem Training ein Wärmestrom von $250 \, \text{W}$ vom Körper abgeführt werden muss. Wie reagiert der Körper auf diese Situation?

L

(a) Die allgemeine Wärmetransportgleichung

$$\frac{\partial T}{\partial t} = a \nabla^2 T$$

reduziert sich für ein stationäres eindimensionales Problem auf

$$0 = \frac{d^2 T}{dx^2}$$

mit x in Richtung des Wärmestroms Φ. Die Integrationen liefern

$$dT = C_1 \qquad \text{und} \qquad T = C_1 x + C_2.$$

Unter Berücksichtigung der Randbedingungen $T = T_i$ für $x = 0$ und $T = T_H$ für $x = \delta$ ergeben sich für die Konstanten C_1 und C_2 folgende Bestimmungsgleichungen

$$T_i = C_2 \qquad \text{und} \qquad T_H = C_1 \delta + T_i,$$

was zu $C_1 = \frac{T_H - T_i}{\delta}$ führt. Damit lautet die Tempaturverteiling $T(x)$

$$T(x) = \frac{T_H - T_i}{\delta} x + T_i.$$

Der Wärmestrom lautet nach Fourier

$$\Phi = -\lambda_G A \frac{dT}{dx}.$$

Setzt man das Temperaturfeld ein, ergibt sich

$$\Phi = \frac{\lambda_G A}{\delta} (T_i - T_H).$$

Mit $\lambda_G = 0{,}2\,\text{W/m} \cdot \text{K}$; $A = 1{,}6\,\text{m}^2$; $\delta = 0{,}045\,\text{m}$; $T_i = 37{,}4\,°\text{C}$ und $T_H = 30\,°\text{C}$ wird

$$\Phi = \frac{1{,}6\,\text{m}^2 0{,}2\,\text{W/m} \cdot \text{K}}{0{,}045\,\text{m}} (7{,}4\,\text{K}) = 52{,}62\,\text{W}.$$

(b) Bei sportlicher Betätigung reicht die in Aufgabenteil (a) errechnete Wärmeableitung über die Haut offensichtlich nicht aus, um den Körper zu kühlen. Der Körper reagiert durch Schwitzen (Wärmeentzug durch Verdunstung des Schweißes) und verstärkte Atmung (Ausnutzung der zusätzlicher Oberfläche in der Lunge). Reicht das nicht aus, muss der Körper durch zusätzliche Maßnahmen gekühlt werden, damit die Körpertemperatur nicht zu stark ansteigt.

Teil II
Physik in der Diagnostik und Therapie

7 Röntgendiagnostik und Computer Tomographie

Schon kurz nach der Entdeckung der Röntgenstrahlen durch Wilhelm Conrad Röntgen am 8. November 1895 wurde ihre Bedeutung für die medizinische Diagnostik erkannt. Bei diesem Projektionsröntgen wird das zu untersuchende Körperteil mit Röntgenstrahlen durchstrahlt und dahinter die abgeschwächte Strahlung detektiert. Da diese Abschwächung im Wesentlichen durch die Elektronendichte bestimmt ist, wird sie vor allem durch schwere Atome beeinflusst. Dadurch unterscheiden sich zum Beispiel Knochen deutlich von dem umgebenden Weichteilgewebe. Letztere können genauer untersucht werden, indem Kontrastmittel eingesetzt werden (Bsp.: Koronarangiographie). Das erste digitale System der Projektionsradiographie war die Digitale Subtraktions-Angiographie (DSA), mit der ein reines Gefäßbild erhalten werden kann. Bei der Computertomographie (CT) werden durch die Drehung von Röntgenquelle und Detektor um das zu untersuchende Objekt viele Projektionsröntgenaufnahmen gemessen. Daraus wird ein dreidimensionales Bild berechnet, das die Elektronendichte repräsentiert.

Eine Röntgenröhre besteht aus einer Hochvakuumröhre, in der sich eine beheizbare Kathode und eine Anode befinden. Zwischen Kathode und Anode liegt typischerweise eine Spannung U von 10–150 kV an, und es fließt ein Strom von 1–2.000 mA. Aus der geheizten Kathode treten durch den thermoelektrischen Effekt Elektronen aus. Diese werden durch die Hochspannung beschleunigt. Beim Auftreffen des Elektronenstrahls auf die Anode wird Röntgenstrahlung erzeugt. Der überwiegende Teil der eintreffenden Elektronen überträgt die Energie durch die Wechselwirkung mit den Elektronenhüllen auf das Anodenmaterial, das sich infolge dessen erwärmt. Ein kleiner Teil der Elektronen wird im Feld der Atomkerne des Anodenmaterials abgebremst. Die dabei erzeugte größtmögliche Frequenz dieser Bremsstrahlung erhält man, wenn die gesamte kinetische Energie der Elektronen, $E_{\text{kin}} = eU$, vollständig in die Energie eines Photons umgewandelt wird: $f_{\text{max}} = \frac{E_{\text{Photon}}}{h} \overset{!}{=} \frac{E_{\text{kin}}}{h} = \frac{eU}{h}$. Das Bremsstrahlungsspektrum einer Röntgenröhre ist kontinuierlich bis zu dieser Grenzfrequenz. Wenn durch das einfallende Elektron ein Atom ionisiert wird, so kann die entstandene Lücke durch energetisch höher liegende Elektronen gefüllt werden. Dabei entsteht die sogenannte charakteristische Strahlung durch Übergänge der äußeren Hüllenelektronen auf einen vakanten Platz. Die dabei freiwerdende Energie wird in Form von Röntgenstrahlung mit diskreter Energie abgestrahlt, der sogenannten charakteristischen Strahlung.

Für die Untersuchung von menschlichem Gewebe sind nicht alle Anteile des Röntgenspektrums geeignet. So wird der langwellige Teil bereits in den ersten Gewebeschichten absorbiert. Er trägt damit zur Strahlenbelastung bei, aber nicht zum Bild auf dem Detektor. Man verwendet deshalb Filter, welche diese „weiche" Röntgenstrahlung absorbieren.

Die klassische Methode für die Detektion von Röntgenstrahlen sind Röntgenfilme. Sie bestehen aus einer Trägerfolie mit Emulsionsschichten, die Silberbromid-Kristalle enthalten. Beim Auftreffen von Röntgenquanten werden die Bromionen oxidiert und es entstehen freie Elektronen. Diese Elektronen werden an Keimen gefangen und benachbarte Silberionen werden reduziert. Diese Silberkeime werden entwickelt und fixiert. Der Vorteil von Röntgenfilmen ist ihre sehr gute Ortsauflösung, der Nachteil die relativ hohe benötigte Strahlendosis. In einem Film-Folien-System wird daher die Emulsion von einer Verstärkerfolie mit Leuchtstoffschicht umgeben. Hier belichtet das dort entstehende Lumineszenzlicht den Film. Der Vorteil ist eine Dosisverstärkung mit einem Faktor von 10 bis 20, gleichzeitig nimmt aber auch die Bildschärfe etwas ab. Weitere Möglichkeiten sind der Einsatz von Speicherfolien, Selen-Filmen oder Festkörperdetektoren (Szintillatoren).

Die Absorption eines Röntgenstrahls in einem dünnen Objekt kann man durch mikroskopische Absorber beschreiben, von denen jeder eine gedachten Fläche σ, de Wirkungsquerschnitt, vollständig abdecken. Durch Integration über viele solche dünne Schichten erhält man das Lambert-Beer'sche Gesetz, dass die gesamte Schwächung der Intensität I der Röntgenstrahlung durch das Objekt mit der Dicke d beschreibt:

$$I = I_0 e^{-\mu d}.$$

Dabei ist μ der (lineare) Abschwächungskoeffizient. Dieser ist das Inverse der mittleren Eindringtiefe $\bar{x} = 1/\mu$. Da die Wechselwirkung der Röntgenstrahlung mit dem Gewebe über die Elektronendichte erfolgt, ist der Abschwächungskoeffizient in erster Näherung proportional zur Dichte ρ des Gewebes:

$$\mu = n\sigma = \frac{N_A \rho}{m_{\mathrm{mol}}} \sigma$$

(N_A: Avogadro-Konstante, m_{mol}: Molmasse des Materials). Daher wird häufig der Massenschwächungskoeffizient μ/ρ bei der Diskussion der Abschwächung von Röntgenstrahlen verwendet. Die von der ionisierenden Strahlung pro Masseneinheit deponierte Energie wird als Dosis D bezeichnet.

Die Abbildungsgüte ist der Beitrag des Abbildungssystems zur Güte eines Röntgenbildes. Sie kann physikalisch durch die Bildschärfe, den Kontrast, das Rauschen und möglicherweise auftretende Artefakte beschrieben werden.

Die Schärfe eines Bildes ist durch verschiedene Effekte beschränkt: die geometrische Unschärfe durch die endliche Größe des Röntgenfokus, die Bildwandlerunschärfe durch Lichtstreueffekte, die Bewegungsunschärfe sowie die Absorptionsunschärfe weil sich die Strahlungsschwächung nicht sprunghaft ändern kann. Die räumliche Auflösung kann durch die Einführung einer Modulationsübertragungsfunktion (MÜF) präzisiert werden. Ganz allgemein kann ein lineares Übertragungssystem durch die Impulsantwort $h(x,y)$ des Systems charakterisiert werden. Dessen zweidimensionale Fourier-Transformierte nennt man die (komplexe) Übertragungsfunktion $H(k_x, k_y)$. Die MÜF ist der Betrag der normierten Übertragungsfunktion:

$$\text{MÜF} = \frac{|H(k_x, k_y)|}{|H(0,0)|}.$$

Stellt man die (gemessene) MÜF graphisch dar, dann ergibt sich das Auflösungsvermögen als der Schnittpunkt mit einer Geraden, die einen gerade noch wahrnehmbaren Kontrast darstellt. Praktisch sehr wichtig ist die Tatsache, dass sich die Gesamt-MÜF eines Systems in das Produkt der einzelnen MÜFs der Teilsysteme aufteilen läßt. So können komplizierte Systeme wie Röntgenbildverstärker einfacher analysiert werden.

Bei der Wechselwirkung von Röntenstrahlung mit dem Gewebe wird diese nicht nur abgeschwächt, sondern es entsteht zusätzlich zur transmittierten Nutzstrahlung auch eine diffuse Streustrahlung, hauptsächlich auf Grund der Comptonstreuung (bei den in der Röntgendiagnostik verwendeten Energien). Die Streustrahlung trägt nicht zu der Abbildung bei und reduziert daher den Kontrast des Bildes. Wenn D_1 und D_2 zwei benachbarte Dosiswerte im gemessenen Dosisprofil sind, dann ist der Kontrast gegeben durch $K = \frac{|D_1 - D_2|}{D_1 + D_2}$. Durch die Nutzstrahlung (Dosis D_N) und die Streustrahlung (Dosis D_S) kann man den Gesamtstrahlungskontrast ausrechnen: $K_G = \frac{1}{1+\alpha} \cdot K_N$. Dabei hat $\alpha := \frac{2D_S}{D_{1,N} + D_{2,N}}$ im Thoraxbereich typischerweise den Wert $\alpha(\text{Thorax}) \approx 2$, und im Abdomen etwa $\alpha(\text{Abdomen}) \approx 7$. Um die Streustrahlung zu reduzieren, werden Raster eingesetzt, die alternierend aus einem Schachtmedium (durchlässig für Röntgenstrahlen) und einer Bleilamelle (absorbiert Röntgenstrahlen) bestehen. Das Streustrahlenraster wird durch die geometrischen Kenngrößen wie z. B. die Höhe und Dicke der Bleilamellen und des Schachtmediums, die Zahl der Bleilinien pro Milimeter, charakterisiert. Die wichtigste physikalische Kenngröße ist die Selektivität $S := \frac{T_N}{T_S}$, die die Nutzstrahlungstransparenz $T_N := D_{N,\text{ein}}/D_{N,\text{aus}}$ und die Streustrahlungstransparenz $T_S := D_{S,\text{ein}}/D_{S,\text{aus}}$ in Beziehung setzt und daher ein Maß für die Qualität des Rasters ist. Die Selektivität kann Werte im Bereich von 5 bis 15 annehmen, je nach verwendeter Strahlungsenergie. Durch den Einsatz des Streustrahlenrasters kann der Parameter α um den Faktor $1/S$ reduziert und so der Gesamtstrahlungskontrast erhöht werden.

Das Bildrauschen hat mehrere Ursachen, aber den größten Beitrag liefert das Quantenrauschen. Es resultiert aus der statistischen Natur der Röntgenstrahlung. Die Wahrscheinlichkeitsverteilung dafür, x Quanten zu messen, gehorcht einer Poisson-Verteilung $p(x) = \frac{\mu^x e^{-\mu}}{x!}$. Dies führt dazu, dass bei gleicher Belichtung die Zahl x der am Detektor ankommenden Photonen um den Mittelwert μ schwankt, mit einer Varianz von $\sigma^2 = \mu$. Da das Quantenrauschen von der Natur vorgegeben ist, kann es durch keinen noch so guten Röntgenbildverstärker verbessert werden. Wichtig für die Beurteilung der Qualität eines bildgebenden Systems ist daher die Angabe, um welchen Faktor das Rauschen dadurch verschlechtert wird. Dazu wird die *Detective Quantum Efficiency* (DQE) als das Verhältnis des Quadrats der Signal-zu-Rausch-Verhältnisse (SNR) am Ausgang relativ zu dem am Eingang definiert und ist daher immer kleiner als 1. Für Poissonverteilte Größen gilt $\text{SNR} = \frac{\mu}{\sqrt{\mu}} = \sqrt{\mu}$, und daher folgt für

$$\text{DQE} := \frac{\text{SNR}^2_{\text{Ausgang}}}{\text{SNR}^2_{\text{Eingang}}} = \frac{\mu_{\text{Ausgang}}}{\mu_{\text{Eingang}}}.$$

Genau wie die MÜF setzt sich auch die DQE eines Gesamtsystems aus dem Produkt der Teilsysteme zusammen.

Die Computer Tomographie (CT) verwendet das gleiche physikalische Prinzip wie das Projektionsröntgen. Es werden jedoch viele einzelne Projektionsbilder aufgenommen, aus denen mit Hilfe eines Computers durch Rückprojektion ein dreidimensionales Bild der Elektronendichte berechnet wird. Die iterative Rekonstruktion wurde in den Anfängen der CT verwendet. Heutzutage wird sie nur noch in der Nukleardiagnostik verwendet.

Stattdessen wird gefilterte Rückprojektion angewendet. Die Idee ist hier, eine beliebige integrierbare Funktion $g(x,y)$ durch alle geraden Linienintegrale über das Definitionsgebiet von g zu beschreiben. Wegen der redundanten Information benötigt man nicht alle Linienintegrale, was die Anwendung in der CT möglich macht. Die Gesamtheit aller Projektionen

$$p(\xi,\Theta) := \int\limits_{-\infty}^{+\infty} d\eta \; g(x,y)$$

wird als Radontransformierte bezeichnet. ξ, η bezeichnen hier die Koordinaten des um Θ gedrehten Koordinatensystems relativ zu dem des Objekts. Die gesuchte Bildfunktion $g(x,y)$ erhält man durch

$$g(x,y) = \frac{1}{2\pi} \int\limits_{0}^{\pi} d\Theta \; \left\{ p(\xi,\Theta) \star FT^{-1}\left\{ |k| \right\} \right\}.$$

Im Integranden steht die Faltung von $p(\xi,\Theta)$ mit dem Faltungskern, der inversen Fouriertransformierten der Funktion $f(k) = |k|$. Diese Filterfunktion lässt sich im Allgemeinen nicht realisieren, lediglich bei einer Bandbreitenbegrenzung des Signals ergeben sich realisierbare Filter. Der Faltungskern ist jedoch unabhängig vom Projektionswinkel, daher werden alle gemessenen Projektionen mit dem gleichen Kern gefaltet. Das eröffnet die Möglichkeit, den Kern durch eine modifizierte Filterfunktion zu ersetzen. Damit können z. B. glättende und hochauflösende Filter in der Rückprojektion und damit Bildgewinnung verwendet werden.

7.1 Bouguer-Lambert'sches Gesetz

(a) Man leite einen Ausdruck für die Linienwahrscheinlichkeitsdichte der Absorption eines Photons (Wahrscheinlichkeit der Absoption pro Eindringtiefe $\omega = \frac{w}{\Delta x}$) her, das in einen Block mit der Stirnfläche A rechtwinklig eindringt. Der Block setzt sich aus einem Gemisch von Stoffsorten i, mit einer jeweiligen Dichte ρ_i; Molmasse M_i und einem effektiven Wirkungsquerschnitt σ_i, zusammen.

(b) Man bestimme die Ortsabhängigkeit der Intensität $I(x)$ der einfallenden Strahlung bei der Propagation durch den Block. Die Intensität der einfallenden Strahlung sei I_0. Man zeige auch, dass der effektive Absorptionskoeffizient μ gleich der Summe der Absorptionskoeffizienten der Einzelstoffe ist.

(c) Man betrachte eine Kugel vom Radius $R = 2\,\text{cm}$, die bestrahlt wird. Hinter der Kugel befinde sich ein Schirm rechtwinklig zur Bestrahlungsrichtung. Der Absorptionskoeffizient des Kugelmaterials sei $\mu = 0,2\,\text{cm}^{-1}$. Wie sieht das relative Intensitätsprofil $i(r) = \frac{I(r)}{I_{max}}$ auf dem Schirm aus.

(a) Für die Absorptionswahrscheinlichkeit gilt

$$w = \frac{\text{Fläche der Absorber}}{\text{Gesamtfläche}} = \frac{A_{Abs}}{A}.$$

Die Gesamtfläche, in der das Photon absobiert werden kann, wird bestimmt durch die Liniendichte $\frac{N_i}{V}A$, gewichtet mit dem effektivem Wirkungsquerschnitt und der Eindringtiefe Δx für alle Stoffe des Blocks.

$$A_{Abs} = \sum_i \frac{N_i}{V}A\Delta x \sigma_i$$

mit N_i als Anzahl der Teilchen des Stoffes i. Daher ergibt sich für N_i für die Wahrscheinlichkeit der Absorption

$$w = \sum \frac{N_i}{V}\Delta x \sigma_i,$$

bzw. in Bezug auf die Eindringtiefe

$$\omega = \frac{w}{\Delta x} = \sum \frac{N_i}{V}\sigma_i.$$

Aus der Definition der molaren Masse

$$M_i = \frac{N_A}{N_i}m_i$$

erhält man für die Teilchendichte

$$n_i = \frac{N_i}{V} = \frac{\rho_i N_i}{m_i} = \frac{\rho_i N_A}{M_i}.$$

Die Wahrscheinlichkeit der Absorption pro Eindringtiefe ist somit

$$\omega = \frac{w}{\Delta x} = \sum \frac{\rho_i N_A}{M_i} \sigma_i.$$

Für ω ist in der Strahlenphysik auch die Bezeichnung Absorptionskoeffizient μ_i gebräuchlich.

(b) Die Intensität I eines Photonenstrahls mit der Photonenenergie E_γ und mit einem Photonenflux Φ (Anzahl Photonen pro Fläche und Zeit) lautet

$$I = E_\gamma \Phi.$$

Für Photonen mit einer Frequenz ν und dem Flux $\Phi = \frac{d^2}{dt dA} N_\gamma$ erhält man durch Einsetzen

$$I = h\nu \frac{d^2}{dt dA} N_\gamma.$$

Propagiert der Photonenstrahl durch den Block, so ändert sich die Intensität nach einer Strecke dx (die x-Achse sei die Ausbreitungsachse der Photonen) um

$$dI = I(x+dx) - I(x),$$

und die Anzahl der Photonen entsprechend um dN_γ

$$dN_\gamma = N(x+dx) - N_\gamma(x).$$

Da sich die Anzahl der Photonen nur durch Interaktion mit der Materie des Blocks ändern kann, muss dN_γ alleine duch die Absoptionswahrscheinlichkeit

$$w = \frac{\text{wechselwirkende Photonen}}{\text{gesamt einfallende Photonen}}$$

(bzw. ω) auszudrücken sein

$$dN_\gamma = -dx\,\omega N_\gamma(x)$$

und

$$N_\gamma(x + \delta x) = N_\gamma(x) - dx\omega N_\gamma(x).$$

Daraus ergibt sich die Differenzialgleichung 1. Ordnung

$$\frac{dN_\gamma}{dx} = -\omega N_\gamma(x) = -\mu N_\gamma(x)$$

mit dem effektiven Absorptionskoeffizient $\mu = \sum \mu_i = \sum \omega_i = \sum \frac{\rho_i N_A}{M_i} \sigma_i$.

Durch Anwendung des „Intensitätsoperators": $\hat{I} = h\nu \frac{d^2}{dt dA}$ erhält man die Differntialgleichung

$$\frac{dI}{dx} = -\mu I$$

mit der bekannten Exponentialfunktion als Lösung

$$I = I_0 e^{-\mu x}.$$

(c) Die Strecke, die der Strahl zwischen Quelle und Detektion zurücklegt, kann in drei Abschnitt unterteilt werden; die Strecke L_1 von der Quelle bis zur Kugeloberfläche, die Strecke innerhalb der Kugel d und die Entfernung L_2 vom Austritt aus der Kugel bis zum Schirm. Man betrachte zunächst die Strecke d. Diese ist für einen Strahl, der parallel zur Äquatorialebene im Abstand r verläuft

$$d\left(r\right) = \begin{cases} 2\sqrt{R^2 - r^2} & r \leq R \\ 0 & r > R \end{cases}$$

mit R als Kugelradius. Die gesamte Strecke, die der Strahl zurücklegt, ist damit

$$D = L_1\left(r\right) + d\left(r\right) + L_2\left(r\right)$$

dabei trifft er auf Materie mit Absoptionswahrscheinlichkeiten μ_0 auf den Strecken L_1 und L_2 und μ auf der Strecke d (Gesamtstrecke L). Dadurch ergibt sich für die Intensität des Strahls am Detektor

$$I\left(r\right) = I_0 e^{-\mu_0 L_1} e^{-\mu d} e^{-\mu_0 L_1}$$
$$= I_0 e^{-\mu_0 (L-d)} e^{-\mu d}.$$

Dabei hat ein Strahl, der die Kugel verfehlt hat, die höchste Intensität (wenn $\mu > \mu_0$)

$$I_{\max} = I_0 e^{-\mu_0 L}.$$

Das relative Intensitätsprofil wird demnach beschrieben durch

$$\frac{I\left(r\right)}{I_{\max}} = \frac{I_0 e^{-\mu_0 (L-d)} e^{-\mu d}}{I_0 e^{-\mu_0 L}}$$
$$= e^{\mu_0 d} e^{-\mu d}.$$

Da eine Absorption in den Strecken außerhalb der Kugel vernachlässigbar sein soll, kann $\mu_0 = 0$ gesetzt werden. Damit wird

$$i\left(r\right) = \frac{I\left(r\right)}{I_{\max}} = e^{-\mu d} = \exp\left(-2\mu\sqrt{R^2 - r^2}\right).$$

Die minimale relative Intensität wird ein Strahl auf der x-Achse haben, da hier der Strahlenweg $d = 2R$ wird

$$i_{\min}\left(r\right) = \frac{I_{\min}}{I_{\max}} = 0{,}45.$$

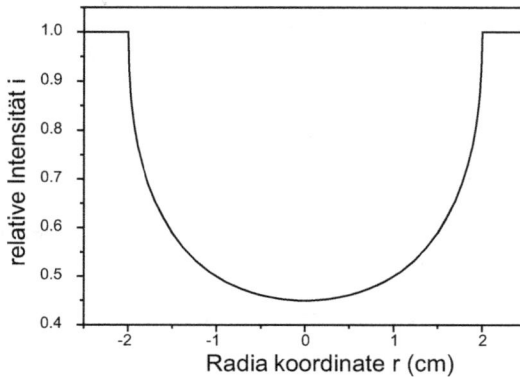

Abb. 7.1 Die relative Intensität in Abhängigkeit der Radialkoordinate r auf dem Schirm.

7.2 Röntgenröhre

A

Eine Röntgenröhre besteht aus einem evakuierten Kolben, in dem sich eine Kathode als thermische Elektronenquelle und eine Anode aus Wolfram befinden. Im Betrieb besteht zwischen Kathode und Anode ein Potentialunterschied von 100 kV und es fließt ein elektrischer Strom von 100 mA. Dabei wird 1 % der elektrischen Leistung für die Erzeugung der Röntgenstrahlen aufgebracht. Wie viele Elektronen pro Sekunde treffen die Anode? Wie hoch ist die Leistung die als Röntgenstrahlen emittiert wird? Wie lange kann die Röntgenröhre arbeiten, ohne dass die Anode aufschmilzt? Durch welchen Maßnahmen kann diese Zeitspanne verlängert werden?
[Masse der Anode $m = 74$ g; Wolfram: spez. Wärme $c_p = 0{,}33$ J/kgK; Schmelztemperatur $T_S = 3.000$ K]

L

Für die ektrische Ladung gilt $|Q| = Ne$ mit N als Anzahl der Elektronen, die die Anode treffen. Damit wird

$$|I| = \frac{d|Q|}{dt} = \frac{dNe}{dt} = e\frac{dN}{dt}$$

und damit

$$\frac{dN}{dt} = \frac{|I|}{e} = \frac{0{,}1\,\text{A}}{1{,}6 \cdot 10^{-19}\,\text{C}} = 6{,}25 \cdot 10^{17}\,\text{s}^{-1}.$$

Die thermische Leistung P_{th} ergibt sich zu

$$P_{th} = P_{el} - P_R$$

mit P_{el} als Leistung der eintreffenden Elektronen und P_R als Verlustleistung durch Röntgenstrahlung. Es gilt $P_{el} = UI$ und $P_R = \eta P_{el}$ mit $\eta = 0{,}01$. Somit wird

$$P_R = 0{,}01\,UI = 0{,}1\,\text{kW},$$
$$P_{th} = UI\,(1 - 0{,}01) = 9{,}9\,\text{kW}.$$

Die Wärmemenge Q_S, die von der Umgebungstemperatur T_0 bis zur Schmelztemperatur T_S führt, ist

$$Q_S = mc_p\,(T_S - T_0) \approx 0{,}074\,\text{kg}\,0{,}33\,\text{J/kgK}\,(3.000\,\text{K} - 293\,\text{K}) = 66{,}1\,\text{J}.$$

Die Zeit τ bis zum Schmelzen ist gegeben durch das Verhältnis

$$\tau = \frac{Q_S}{P_{th}} = \frac{66{,}1\,\text{Ws}}{9{,}9\,\text{kW}} = 6{,}67\,\text{ms}.$$

Die Röntgenröhre kann somit nur gepuls betrieben werden. Eine längere Betriebszeit kann erreicht werden durch eine größere Anodenmasse (1 bis 2 kg) oder durch eine Wasserkühlung.

7.3 Spektrum einer Röntgenstrahlröhre

(a) Man beschreibe die Funktion einer Röntgenröhre.

(b) Das Spektrum einer Röntgenröhre besteht aus einem kontinuierlichem Spektrum, welches bei einer bestimmten Wellenlänge ($\lambda_{\min}$) abgeschnitten wird. Zusätzlich treten in der Regel mehrere charakteristische Spitzen auf. Man erkläre die Herkunft dieser Phänomene. Wie lässt sich diese Grenzwellenlänge ($\lambda_{\min}$) einfach bestimmen?

(a) Eine Röntgenröhre besteht aus einem evakuierten Kolben, in dem eine Spannung über eine Glühkathode und eine Anode angelegt wird. Die Glühkathode emittiert Elektronen, die von dieser Spannung beschleunigt werden und in die Anode einschlagen. Die Elektronen werden in der Anode abgebremst und emittieren Röntgenstrahlen.

(b) Der kontinuierliche Teil ist auf die Bremsstrahlung zurückzuführen. Die Elektronen werden durch die Atomkerne in der Anode abgebremst (kinetische Energie der Elektronen wird in Strahlung umgesetzt). Die maximale Strahlungsenergie (also die Energie eines γ) ist festgelegt durch das angelegte Potential: Wird ein Elektron mit maximaler kinetischer Energie Ve^- auf einmal abgebremst, entsteht ein Photon mit $\lambda_{\min} = \frac{hc}{Ve^-}$. Die Bremsstrahlung leistet einen signifikanten Beitrag zum Röntgenspektrum und kann Änderung der Beschleunigungsspannung beeinflusst werden. Eine höhere Beschleunigungsspannung bedeutet eine kleineres $\lambda_{\min}$.

7.4 Intensitätsabschwächung

Bei einer Röntgenaufnahme eines Oberschenkels durchläuft der Röntgenstrahl nach Verlassen der Röntenröhre mit der Anfangsintensität $I_0 = 4\,\text{W/m}^2$ der Reihe nach folgende Schichten

- Luftschicht der Länge $x_L = 30\,\text{cm}$; Schwächungskoeffizient $\mu_L = 0{,}001\,\text{cm}^{-1}$;
- Weichteilgewebe der Dicke $x_{W_1} = 7\,\text{cm}$; Schwächungskoeffizient $\mu_W = 0{,}18\,\text{cm}^{-1}$;

- Knochen mit einem Durchmesser $x_K = 2\,\mathrm{cm}$; Schwächungskoeffizient $\mu_K = 1{,}6\,\mathrm{cm}^{-1}$;
- Weichteilgewebe der Dicke $x_{W_2} = 6\,\mathrm{cm}$.

Wie groß ist die Intensität des Röntgenstrahls beim Auftreffen auf die Photoplatte?
[Anmerkung: Der Knochen soll kompakt (nicht hohl) betrachtet werden]

Intensität I_{LW} hinter der Luft, also an der Grenzschicht (Luft | Weichteilgewebe)

$$I_{LW} = I_0 \exp\left(-\mu_L x_L\right)$$
$$= 4{,}0\,\mathrm{W/m^2} \exp\left(-0{,}001\,\mathrm{cm}^{-1} \cdot 30\,\mathrm{cm}\right) = 3{,}88\,\mathrm{W/m^2}.$$

Intensität I_{WK} hinter dem ersten Weichteilgewebe, also an der Grenzschicht (Weichteilgewebe | Knochen)

$$I_{WK} == I_{LW} \exp\left(-\mu_W x_{W_1}\right) = 3{,}88\,\mathrm{W/m^2}\, e^{-1{,}26} = 1{,}1\,\mathrm{W/m^2}.$$

Intensität I_{KW} hinter dem Knochen an der Grenzschicht (Knochen | Weichteilgewebe)

$$I_{KW} == I_{WK} \exp\left(-\mu_K x_K\right) = 1{,}1\,\mathrm{W/m^2} e^{-3{,}2} = 0{,}045\,\mathrm{W/m^2}.$$

Intensität I_P hinter dem zweiten Gewebe, also vor der Aufnahmeplatte

$$I_P = I_{KW} \exp\left(-\mu_W x_{W_2}\right) = 0{,}045\,\mathrm{W/m^2} e^{-1{,}08} = 0{,}015\,\mathrm{W/m^2}.$$

Oder, zusammengefasst,

$$I_p = I_0 \exp\left\{-\left[\mu_L x_L + \mu_W\left(x_{W1} + x_{W2}\right) + \mu_K x_K\right]\right\}$$
$$= 4{,}0\,\mathrm{W/m^2} \exp\left\{-\left[0{,}03 + 0{,}18\left(7 + 6\right) + 3{,}2\right]\right\} =$$
$$= 4{,}0\,\mathrm{W/m^2} \exp\left(-5{,}57\right) = 0{,}015\,\mathrm{W/m^2}.$$

7.5 Kontrast

(a) Man ermittele einen einfachen Ausdruck für den Kontrast C zwischen den zwei Bildregionen A und B (siehe Abbildung).

(b) Man kann die Intensitäten der transmittierten Strahlen I_a, I_b durch Summen von primären und gestreuten Komponenten ansehen ($I = P + S$). Wie ändert sich der Kontrast, wenn man annimmt, dass die gestreute Strahlung in beiden Fällen die gleiche Intensität hat?

(c) Um zwei Regionen in einem Röntgenbild klar unterscheiden zu können, ist ein Kontrast $C \geq 0{,}3$ notwendig. Ist das nicht der Fall, kann dies durch Zugabe des Kontrastmittels Jod erreicht werden. Dabei handelt es sich um das Isopotop $^{131}_{53}\mathrm{J}$. Hier soll die Mindestkonzentration von Jod $c_J = \frac{N_J}{N_B}$ abgeschätzt werden, welche durch Injektion von Jod in das Blut erzeugt werden muss, um eine Ader, die von Weichteilgewebe umgeben ist, sicher erkennen zu können.

[Blut $\mu_B = 0,17\,\mathrm{cm}^{-1}$; Weichteilgewebe $\mu_W = 0,18\,\mathrm{cm}^{-1}$; Durchmesser der Ader $d = 1\,\mathrm{mm}$; Ladungszahl von Blut $Z_B = Z_a = 7$]

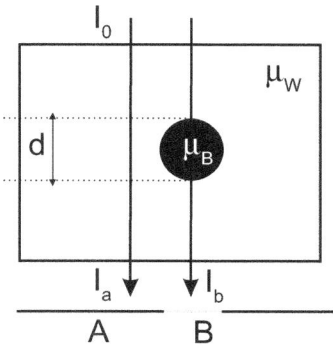

Abb. 7.2 Unterschiedliche Strahlengänge im Gewebe, einer der Strahlen trifft eine kreisförmige Region mit Absorptionskoeffizient μ_B.

(a) Der (Weber-)Kontrast[1] C ist folgendermaßen definiert

$$C = \left| \frac{I_b - I_a}{I_a} \right|. \tag{7.1}$$

Für die Bildregion A gilt dann mit I_0 als Ausgangsintensität

$$I_a = I_0 \exp\left(-\mu_B x\right). \tag{7.2}$$

Für die Bildregion b

$$\begin{aligned}
I_b &= I_0 \exp\left[-\mu_B\left(x - d\right) - \mu_W d\right] = I_0 \exp\left[-x\mu_B - d\left(\mu_W - \mu_B\right)\right] \\
&= I_0 \exp\left(-d\triangle\mu\right) \exp\left(-\mu_B x\right) = I_0 \exp\left(-d\triangle\mu\right) \exp\left(-\mu_B x\right)
\end{aligned}$$

mit $\triangle\mu = \mu_W - \mu_B$. Damit wird der Kontrast C zu

$$C = \left| \exp(-d\triangle\mu) - 1 \right|. \tag{7.3}$$

Zur Abschätzung genügt die Betrachtung für kleine $d\triangle\mu$. Der Term $\exp\left(-d\triangle\mu\right)$ kann dann in eine Reihe entwickelt werden, die nach dem 2. Glied abgebrochen wird. Es gilt dann

$$\exp\left(-d\triangle\mu\right) \cong 1 - d\triangle\mu. \tag{7.4}$$

(7.4) in (7.3) ergibt

$$C \cong \left| 1 - d\triangle\mu - 1 \right| = \left| d\triangle\mu \right|.$$

---

[1] Alternativ: Michelson-Kontrast

$$C_M = \left| \frac{I_b - I_a}{I_a + I_b} \right| = \left| \frac{\exp(-d\triangle\mu) - 1}{\exp(-d\triangle\mu) + 1} \right|.$$

Eine Reihenentwicklung für $\gamma = d\triangle\mu$ ergibt:

$$C_M = C_M\left(0\right) + \frac{dC_M}{d\gamma}\gamma + \dots \cong \left| -\frac{1}{2}\gamma \right| = \left| \frac{d\triangle\mu}{2} \right|.$$

Demnach ergibt sich für kleine d bzw. $\triangle\mu$ der halbe Weberkontrast.

(b) Unter der Kontraständerung $\triangle C$ versteht man

$$\triangle C = C_{mS} - C_{oS}, \tag{7.5}$$

wobei C_{mS} Kontrast mit Streuung und C_{oS} Kontrast ohne Streuung bedeutet. Die Gesamtintensität I lautet dann

$$I_a = P_a + S_a \qquad \text{und} \qquad I_b = P_b + S_b$$

mit P für Primärstrahlung und S für Streustrahlung. Für den Fall, dass $S_a = S_b = S$ ist, wird (7.5) unter Beachtung von (7.1) zu

$$\triangle C = \left| \frac{P_b - P_a}{P_a + S} \right| - \left| \frac{P_b - P_a}{P_a} \right| = -\frac{2P_a^2 + P_a S + P_b S}{P_a (P_b + S)}. \tag{7.6}$$

Da in (7.6) alle Größen positiv sind, ist der numerische Wert von $\triangle C$ negativ. Das bedeutet, dass der Kontrast bei Streuung kleiner ist, als ohne Streuung[2].

---

[2]Für den Michelson-Kontrast ergibt sich eine Kontraständerung

$$\triangle C_M = \left| \frac{P_b - P_a}{P_b + P_a + 2S} \right| - \left| \frac{P_b - P_a}{P_a + P_a} \right|$$

$$= \frac{\left| P_b^2 - P_a^2 \right| - \left| (P_b + P_a + 2S)(P_b - P_a) \right|}{(P_a + P_a)(P_b + P_a + 2S)}$$

$$= \frac{\left| P_b^2 - P_a^2 \right| - \left| (P_b^2 - P_a^2 + 2S(P_b - P_a)) \right|}{(P_a + P_a)(P_b + P_a + 2S)}.$$

Unter Berücksichtigung des entsprechenden Parameterraums (positiv) unterscheidet man zwei Fälle.

Fall 1. $P_b > P_a$

$$\triangle C_M = \left| \frac{P_b - P_a}{P_b + P_a + 2S} \right| - \left| \frac{P_b - P_a}{P_a + P_a} \right|$$

$$= \frac{P_b - P_a}{P_b + P_a + 2S} - \frac{P_b - P_a}{P_a + P_a}$$

$$= \frac{-2S(P_b - P_a)}{(P_a + P_a)(P_b + P_a + 2S)}$$

$$< 0.$$

Fall 2. $P_b < P_a$

$$\triangle C_M = \left| \frac{P_b - P_a}{P_b + P_a + 2S} \right| - \left| \frac{P_b - P_a}{P_a + P_a} \right|$$

$$= -\frac{P_b - P_a}{P_b + P_a + 2S} + \frac{P_b - P_a}{P_a + P_a}$$

$$= \frac{2S(P_b - P_a)}{(P_a + P_a)(P_b + P_a + 2S)}$$

$$< 0.$$

Wie man sieht, ist der zweite Term im Zähler in beiden Fällen größer als der erste, d. h. auch der Michelson-Kontrast nimmt grundsätzlich ab.

(c) Für eine sichere Unterscheidung muss der Kontrast $C > 0{,}3$ sein. Für $d = 1$ mm muss demnach $\triangle\mu$ mindestens folgenden Wert annehmen

$$\triangle\mu_{\min} = \frac{C_{\min}}{d} = \frac{0{,}3}{0{,}1\,\mathrm{cm}} = 3\,\mathrm{cm}^{-1}.$$

Für Blut ist $\mu_B = 0{,}17\,\mathrm{cm}^{-1}$ und für weiches Material ist $\mu_W = 0{,}18\,\mathrm{cm}^{-1}$. Damit wird $\triangle\mu = 0{,}01\,\mathrm{cm}^{-1}$. Das bedeutet, dass hier keine sichere Unterscheidung möglich ist. Darum wird hier das Kontrastmittel Jod 53 eingesetzt. Die Menge N_J, die ausreicht, um einen C_{min}-Wert von $0{,}3$ m^{-1} zu erreichen, ist abhängig von der Blutmenge $N_1 = N_B$. Das Verhälnis $\frac{N_J}{N_B}$ ist die gesuchte Konzentration c_J. Für den Schwächungskoeffizienten μ_i und der Ladungszahl Z_i der Komponente i gilt die Proportionalität[3]: $\mu_i \propto N_i Z_i^{4,5}$. Daraus folgt

$$\frac{\mu_J}{\mu_B} = \left(\frac{N_J}{N_B}\right)\left(\frac{Z_J}{Z_B}\right)^{4,5} = c_J \left(\frac{Z_J}{Z_B}\right)^{4,5}.$$

Mit $Z_J = 53$ und $Z_B = 7$ wird

$$c_j = \frac{1}{9{,}0 \cdot 10^4} \left(\frac{\mu_J}{\mu_B}\right).$$

Da $\mu_J - \mu_W = \triangle\mu_{min} = 3\,\mathrm{cm}^{-1}$ werden muss, folgt $\mu_J = 3\,\mathrm{cm}^{-1} + \mu_W = 3{,}0\,\mathrm{cm}^{-1} + 0{,}18\,\mathrm{cm}^{-1} = 3{,}18\,\mathrm{cm}^{-1}$.
Damit ergibt sich[4] für c_J

$$c_j = \frac{1}{9{,}0 \cdot 10^4} \left(\frac{3{,}18}{0{,}17}\right) = 2{,}1\,\text{‰}.$$

7.6 Streustrahlung

Der Streustrahlungsanteil bei einer Röntgenbildaufnahme betrage etwa 80%. Hier sei angenommen, die Nutzstrahlen-Dosisunterschiede wären über das gesamte Feld nur sehr klein. Der Konstrast soll deshalb durch den Einsatz eines Rasters verbessert werden.

(a) Wie groß ist dort der Gesamtstrahlungskontrast ohne Raster (relativ zum Kontrast ohne Streustrahlung K_N)?

---

[3] Laut „Effekte der Physik und ihre Anwendungen" von Ardenne, Musoil und Klemrad variiert die Abhängigkeit zwichen $Z^{4,6}$ für leichte Atome und Z^4 für schwere, hier soll zur Vereinfachung die Potenz 4,5 angenommen werden.

[4] Im Falle Michelson Kontrast, ergibt sich

$$\triangle\mu_{\min} = \frac{2}{d} C_{\mathrm{Min}} = 6\,\mathrm{cm}^{-1}$$

und daher

$$c_j = \frac{1}{9{,}0 \cdot 10^4} \left(\frac{6{,}18}{0{,}17}\right) = 4{,}0\,\text{‰}.$$

(b) Wenn das benutzte Raster eine Nutzstrahltransparenz von $T_N = 60\%$ hat und eine Streustrahltransparenz von $T_S = 5\%$ besitzt, wie groß ist dann die Kontrastverbesserung?

L

(a) S: Streustrahlung, N: Nutzstrahlung, G: Gesamtstrahlung. Für den Gesamtstrahlungskontrast K_G gilt

$$K_G = K_N \frac{1}{1+\alpha}$$

mit

$$\alpha = \frac{2D_S}{D_{1N} + D_{2N}}.$$

D_{1N} und D_{2N} sind zwei benachbarte Nutzstrahlen-Dosen, und D_S ist die Streustrahlen-Dosis. Wenn der Streustrahlungsanteil laut Aufgabenstellung 80% der gesamten Strahlung beträgt, dann bleibt für den Nutzstrahlungsanteil 20% übrig. Unter Beachtung der angegebenen Näherung, dass die Nutzstrahlen-Dosisunterschiede nur sehr gering sind, d. h. $D_{1N} \approx D_{2N}$, ergibt sich

$$\alpha \approx \frac{2D_S}{2D_N} = \frac{D_S}{D_N} = \frac{D_S/D_G}{D_N/D_G} = \frac{80\%}{20\%} = 4.$$

$$\Rightarrow K_G = K_N/5 = 0{,}2 \cdot K_N.$$

(b) Die Selektivität des Rasters ist

$$S = \frac{T_N}{T_S} = \frac{60\%}{5\%} = 12.$$

Damit ergibt sich für den Gesamtstrahlungskontrast

$$K_G = K_N \frac{1}{1+\alpha/S} = K_N \frac{1}{1+4/12} = 0{,}75 \cdot K_N.$$

7.7 Quantenrauschen eines Röntgenbildverstärkers

A

Man berechne das Quantenrauschen eines Röntgenbildverstärkers bei einer Dosisleistung (Dosis pro Zeit) von $0{,}1\,\frac{\mu Gy}{s}$, einer Pixelgröße von $0{,}2\,\text{mm} \times 0{,}2\,\text{mm}$ und einer Belichtungszeit von $0{,}45\,\text{s}$ pro Bild. Aus einer Kalibriermessung sei der Umrechnungsfaktor γ der Energiedosis (in [Gy]) in die Anzahl der Quanten pro mm bekannt:

$$\gamma = 2 \cdot 10^4 \frac{\text{Quanten}}{\text{mm}^2 \mu Gy}$$

Man nehme eine Poisson-Verteilung an und berechne das Quantenrauschen und die relativen Fehler

(a) für die ankommenden Quanten

(b) für die Anzahl der tatsächlich nachgewiesenen Quanten, wenn die Absorption am Eingangsfenster 10% beträgt und der effektive Absorptionsgrad von CsJ bei der verwendeten Energie 70% ist

(c) für die Photonen des sichtbaren Lichts nach der Umwandlung unter der Annahme, es entstünden 3.000 ± 100 Photonen/Röntgenquant.

(a) Es gilt

L

$$\frac{\#\text{Quanten}}{\text{Pixel s}} = 2 \cdot 10^4 \frac{\#}{\text{mm}^2 \mu\text{Gy}} \cdot (0,2\,\text{mm})^2 \cdot 0,1\,\frac{\mu\text{Gy}}{\text{s}} = 80\,\frac{\#}{\text{Pixel} \cdot \text{s}}.$$

Bei der Belichtungszeit ergibt sich also für die Anzahl der Quanten pro Pixel

$$N = 80\,\frac{\#}{\text{Pixel} \cdot \text{s}} \cdot 0,45\,\text{s} = 36\,\frac{\#}{\text{Pixel}}.$$

Bei einer Poisson-Verteilung gilt

$$\sigma_N = \sqrt{N}$$

und damit ist

$$N = 36 \pm 6$$

und

$$\sigma_{N,rel} = \frac{6}{36} = 0,167 = 16,7\%.$$

(b) Nach dem Fenster bei 10% Absorption beträgt die Anzahl der Quanten

$$N_{\text{n.F.}} = 0,9\,N = 32,4.$$

Nachgewiesen werden davon

$$N_{\text{nachgew.}} = 0,7 \cdot N_{\text{n.F.}} = 22,7.$$

Damit ist

$$N_{\text{nachgew.}} = 22,7 \pm \sqrt{22,7} = 22,7 \pm 4,8$$

und

$$\sigma_{N_{\text{nachgew.}},rel} = \frac{4,8}{22,7} = 0,211 = 21,1\%.$$

(c) Bei einer Quantenausbeute von

$$A = (3.000 \pm 100)\,\frac{\#\text{Photonen}}{\text{Röntgenquanten}}$$

werden

$$N_{\text{Ph}} = A \cdot N_{\text{nachgew.}} = 3.000 \cdot 22,7 = 68.100$$

Photonen erzeugt. Mit Hilfe der Gauß'schen Fehlerfortpflanzung bekommt man

$$\sigma_{N_{Ph}} = \sqrt{N_{\text{nachgew.}}^2\,\sigma_A^2 + A^2\sigma_{N_{\text{nachgew.}}}^2} = \sqrt{22{,}7^2 \cdot 100^2 + 3.000^2 \cdot 4{,}8^2} = 14.578.$$

$$N_{Ph} = 68.100 \pm 14.578.$$

$$\sigma_{N_{Ph},rel} = \frac{14.578}{68.100} = 0{,}214 = 21{,}4\,\%.$$

7.8 Fourier-Rekonstruktion eines Bildes

A Man betrachte die Rekonstruktion eines Bildes aus den gemessenen Projektionen. Die 2-dimensionale Fouriertransformierte des Bildes $g(x,y)$ sei $G(k_x,k_y)$. Sie kann rekonstruiert werden aus den 1-dimensionalen Fouriertransformierten $P(k,\Theta)$ der gemessenen Projektionen $p(\xi,\Theta)$,

$$P(k,\Theta) = \int\limits_{-\infty}^{+\infty} d\xi\, p(\xi,\Theta)\, e^{-i2\pi k\xi},$$

denn für einen Schnitt durch die 2-dimensionale Fouriertransformierte $G(k_x,k_y)$ unter dem Winkel Θ gilt: $G(k,\Theta) = P(k,\Theta)$. Man zeige, dass die inverse 2-dimensionale Fouriertransformation

$$g(x,y) = \frac{1}{(2\pi)^2} \iint\limits_{-\infty}^{+\infty} dk_x dk_y\, G(k_x,k_y)\, e^{+i2\pi(xk_x+yk_y)}$$

durch

$$g(x,y) = \frac{1}{2\pi} \int\limits_{0}^{\pi} d\Theta \left\{ p(\xi,\Theta) * FT^{-1}\{|k|\} \right\}$$

gegeben ist. Dabei ist $FT^{-1}\{|k|\}$ die inverse Fouriertransformierte der Funktion $f(k) = |k|$, und $*$ steht für die Faltung der beiden Funktionen. (Anleitung: Die kartesischen Koordinaten k_x,k_y müssen in Polarkoordinaten umgerechnet werden)

$$g(x,y) = \frac{1}{(2\pi)^2} \int\limits_{-\infty}^{\infty} dk_x \int\limits_{-\infty}^{\infty} dk_y\, G(k_x,k_y)\, e^{i2\pi(xk_x+yk_y)}.$$

L Mit Polarkoordinaten

$$k_x = k\cos\theta; \qquad k_y = k\sin\theta$$

und der Jakobi-Determinante

$$|J| = \det \begin{pmatrix} \dfrac{\partial k_x}{\partial k} & \dfrac{\partial k_y}{\partial k} \\[2mm] \dfrac{\partial k_x}{\partial \theta} & \dfrac{\partial k_y}{\partial \theta} \end{pmatrix} = |k|(\cos^2\theta + \sin^2\theta) = |k|$$

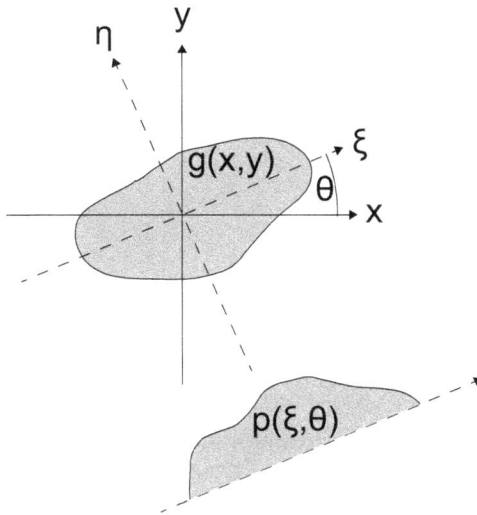

Abb. 7.3 Beispiel für eine Projektionsmessung $p(\xi,\theta)$.

ergibt sich

$$g(x,y) = \frac{1}{(2\pi)^2} \int\limits_{-\pi}^{\pi} d\theta \int\limits_{0}^{\infty} dk\,|k|\,G(k\cos\theta, k\sin\theta)e^{i2\pi k(x\cos\theta + y\sin\theta)}$$

$$= \frac{1}{(2\pi)^2} \int\limits_{-\pi}^{\pi} d\theta \int\limits_{0}^{\infty} dk\,|k|\,G(k,\theta)e^{i2\pi k(x\cos\theta + y\sin\theta)}$$

$$= \frac{1}{(2\pi)^2} \int\limits_{-\pi}^{\pi} d\theta \int\limits_{0}^{\infty} dk\,|k|\,P(k,\theta)e^{i2\pi k(x\cos\theta + y\sin\theta)}.$$

Mit

$$x = \xi\cos\theta - \eta\sin\theta,$$
$$y = \xi\sin\theta + \eta\cos\theta$$

wird

$$g(x,y) = \frac{1}{(2\pi)^2} \int\limits_{-\pi}^{\pi} d\theta \int\limits_{0}^{\infty} dk\,|k|\,P(k,\theta)e^{i2\pi k\xi}$$

$$= \frac{1}{(2\pi)^2} \int\limits_{0}^{\pi} d\theta \int\limits_{-\infty}^{\infty} dk\,|k|\,P(k,\theta)e^{i2\pi k\xi}$$

$$= \frac{1}{2\pi} \int\limits_{0}^{\pi} d\theta \left\{ \frac{1}{2\pi} \int\limits_{-\infty}^{\infty} dk\,|k|\,P(k,\theta)e^{i2\pi k\xi} \right\}$$

$$= \frac{1}{2\pi} \int\limits_0^\pi d\theta \left\{ FT^{-1}(P(k,\theta) \cdot |k|) \right\}$$

$$= \frac{1}{2\pi} \int\limits_0^\pi d\theta \left\{ FT^{-1}(P(k,\theta)) \star FT^{-1}(|k|) \right\}$$

$$= \frac{1}{2\pi} \int\limits_0^\pi d\theta \left\{ p(\xi,\theta) \star FT^{-1}(|k|) \right\} \quad \text{q.e.d.}$$

7.9 Radon-Transformation eines kreisförmigen Objekts

A Gesucht ist die Radontransformierte $p(\Theta,s)$ eines kreisförmigen Objekts zum Winkel $\Theta = 0$ (also die Projektion in dieser Richtung). Innerhalb des Kreises mit dem Radius R soll die zugehörige Funktion den Wert $f(x,y) = a$ besitzen und außerhalb Null sein. Welche Form hat die Radon-Transformierte für $a = \frac{1}{2}$ und welche für beliebige andere Werte $a > 0$?

L Für die Funktion gilt:

$$f(x,y) = a \qquad \text{für} \quad x^2 + y^2 \leq R^2$$
$$f(x,y) = 0 \qquad \text{außerhalb}$$

Damit ergibt sich für die Projektionen zum Winkel $\Theta = 0$:

$$p(0,x) = \int\limits_{-\sqrt{R^2-x^2}}^{+\sqrt{R^2-x^2}} dy\, a = a \cdot 2\sqrt{R^2 - x^2} \qquad \text{für} \quad |x| \leqslant R$$

$$p(0,x) = 0 \qquad\qquad\qquad\qquad\qquad\qquad \text{für} \quad |x| > R$$

Wenn $a = \frac{1}{2}$ ist, dann beschreibt

$$p(0,x) = \sqrt{R^2 - x^2}$$

einen Halbkreis mit dem Radius R. Ansonsten ist dies eine Ellipsenhälfte.

7.10 Strahlaufhärtungs- und Partialvolumenartefake in der CT

A (a) Man erkläre anhand der Abbildung 7.4 links die Entstehung von Strahlaufhärtungs-Artefakten bei der CT. Das Emissionsspektrum der Röntgenröhre ist dort mit 1 bezeichnet, der zugehörige senkrechte Pfeil soll den Schwerpunkt der Verteilung anzeigen. Der Massenschwächungskoeffizient μ/ρ des (homogenen) durchstrahlten

Körpers ist ebenfalls eingezeichnet. Angenommen, für die erste Hälfte des Weges der Röntgenstrahlung durch den Körper gelte das Emissionsspektrum, und für die zweite Hälfte das mit 2 bezeichnete Spektrum. Warum verschiebt sich der „Schwerpunkt" der Verteilung nachdem die Röntgenstrahlung einen Teil des Körpers durchdrungen hat wie in diesem groben Modell?

(b) Wie erklärt sich die Entstehung von Partialvolumenartefakten bei der CT? Man betrachte hierzu ein Gebiet innerhalb *eines* Pixels (bzw. dessen zu Grunde liegende Voxel des Objekts), das zwei unterschiedliche Röntgenschwächungskoeffizienten besitzt. und diskutiere die in der Abbildung 7.4 rechts gezeigten beiden Fälle. Für die Lösung der Aufgabe reicht es, im oberen Fall nur eine Einstrahlrichtung zu betrachten, während im unteren Fall die Einstrahlung aus zwei Richtungen 1 und 2 diskutiert werden soll.

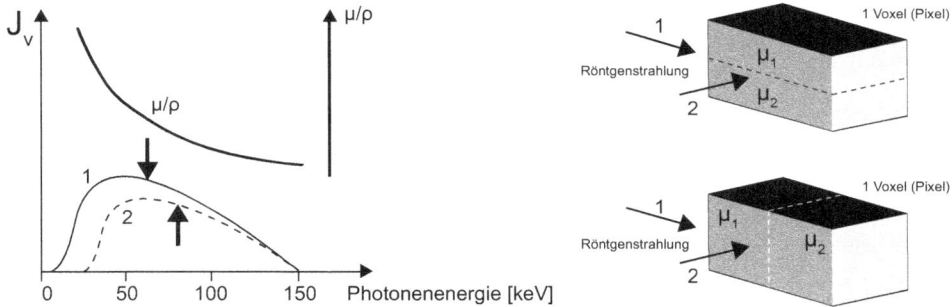

Abbildung 7.4 Links: Spektren von Röntgenröhren. Rechts: Zur Entstehung von Partialvolumen-artefakten. Dargestellt ist in beiden Fällen (oben und unten) ein Pixel mit jeweils zwei Gebieten mit unterschiedlichen Röntgenschwächungskoeffizienten μ_i. Die Pfeile zeigen Einstrahlungsrichtungen der Röntgenstrahlung an (1 und 2 kennzeichnen zwei Projektionen zu verschiedenen Zeiten).

(a) Der Schwerpunkt verschiebt sich auf Grund von Absorption der Röntgenstrahlung im Körper (hier: in der Hälfte „1"). Insbesondere weiche Röntgenstrahlung wird absorbiert. Zwei unterschiedliche Schwerpunkte (für Hälften 1 und 2) bedeuten nach der Abbildung auch unterschiedliche Werte für μ, obwohl (laut Annahme) ein homogenes Material vorliegt. Der Wert für μ/ρ für die 2. Hälfte entspricht dem Wert, den man für härtere Röntgenstrahlung bekommt. Daher kommt der Name *Aufhärtungsartefakt*.

(b) Im oberen Teil der Abbildung 7.4 ergibt sich für die eingezeichnete Einstrahlrichtung insgesamt die Röntgenleistung am Detektor

$$J_D = \frac{J_0}{2} \left(e^{-\mu_1 l} + e^{-\mu_2 l} \right). \tag{7.7}$$

Im unteren Teil der Abbildung 7.4 beträgt die Röntgenleistung am Detektor für Strahlung aus Richtung 1

$$J_D = J_0 e^{-(\mu_1 + \mu_2)l/2} = J_0 e^{-\bar{\mu} l} \tag{7.8}$$

und für Strahlung aus Richtung 2 ergibt sich wieder das Ergebnis (7.7). Die unterschiedlichen Ergebnisse (7.7) und (7.8) führen dazu, dass sich im zweiten Fall unterschiedliche Projektionen für das gleiche Pixel unterschiedliche Abschwächungen ergeben (*Partialvolumenartefakt*).

7.11 Modulationsübertragungsfunktion eines CT-Scanners

A

Die (eindimensionale) Impulsantwort (*point spread function*) eines Detektors eines CT-Scanners sei kastenförmig mit der Breite a_D:

$$h_D(x) = \Theta(x-0) - \Theta(x-a_D).$$

(a) Gesucht ist die komplexe Übertragungsfunktion $H(k)$ und die Modulationsübertragungsfunktion (MÜF) des Detektors.

(b) Die Impulsantwort der zu dem CT-Scanner gehörenden Röntgenröhre soll die gleiche Form haben wie die des Detektors, nur ist jetzt die Breite a_R. Wie lautet dann die MÜF des Gesamtsystems Detektor + Röhre?

(c) Die geometrische Bedeutung von a_D und a_R ist in der Abbildung 7.5 zu sehen. Der Abstand zwischen Röhre und Detektor sei $d = 30\,\text{cm}$, die Fokusgröße in der Röhre sei $F = 1\,\text{mm}$, die Detektorgröße sei $D = 0{,}7\,\text{mm}$, und der Abstand zwischen Röntgenröhre und Rotationszentrum (schwarzer Punkt in der Abbildung 7.5) sei $r = 10\,\text{cm}$. Wie groß sind die effektiven Fokusgrößen der Röhre (a_R) und des Detektors (a_D) in diesem Fall?

(d) In welchem Abstand r_{opt}, gemessen in Einheiten von d, bekommt man eine minimale Fokusgröße a_{min} (maximale Auflösung), unter der allgemeinen Annahme, der Fokus der Röhre sei doppelt so groß wie der Durchmesser des Detektors, also $F = 2D$?

L

(a) Die komplexe Übertragungsfunktion ist allgemein

$$H(k) := \int\limits_{-\infty}^{\infty} dx\, h(x) e^{-ikx}.$$

Für den Detketor wird dies zu

$$H_D(k) = \int\limits_{-\infty}^{\infty} dx\, \{\Theta(x-0) - \Theta(x-a_D)\}\, e^{-ikx} = \int\limits_{0}^{a_D} dx\, e^{-ikx}$$

$$= \frac{1}{-ik} \left[e^{-ikx} \right]_0^{a_D} = \frac{1}{-ik} \left(e^{-\frac{ika_D}{2}} - 1 \right)$$

$$= \frac{1}{-ik} e^{-\frac{ika_D}{2}} \left(e^{-\frac{ika_D}{2}} - e^{+\frac{ika_D}{2}} \right) = e^{-\frac{ika_D}{2}} \frac{\sin\left(\frac{ka_D}{2}\right)}{\frac{k}{2}}.$$

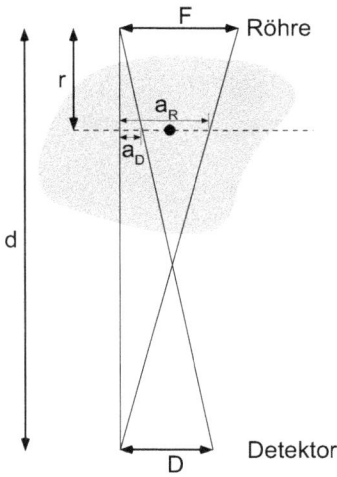

Abb. 7.5 Schematischer Darstellung des Strahlengangs bei einer CT Aufnahme.

Für die Modulationsübertragungsfunktion MÜF benötigt man den Grenzfall

$$|H_D(0)| = \left| \lim_{k \to 0} \frac{\sin\left(\frac{k a_D}{2}\right)}{\frac{k}{2}} \right| \cdot \left| e^{-\frac{i k a_D}{2}} \right| = \left| \lim_{k \to 0} \frac{\frac{d}{dk} \sin\left(\frac{k a_D}{2}\right)}{\frac{d}{dk} \frac{k}{2}} \right|$$

$$= \left| \lim_{k \to 0} \frac{a_D}{\cos\left(\frac{k a_D}{2}\right)} \right| = a_D.$$

Damit ergibt sich

$$\text{MÜF}_D(k) = \frac{|H_D(k)|}{|H_D(0)|} = \left| e^{-\frac{i k a_D}{2}} \cdot \frac{\sin\left(\frac{k a_D}{2}\right)}{\frac{k}{2}} \right| = a_D \left| \frac{\sin\left(\frac{k a_D}{2}\right)}{\frac{k a_D}{2}} \right|,$$

d. h. die Modulationsübertragungsfunktion ist eine normierte sinc-Funktion.

(b) Der große Vorteil bei der Beschreibung durch Modulationsübertragungsfunktionen ist, dass sich diese zu einer gesamten multiplizieren

$$\text{MÜF}_{\text{ges}} = \text{MÜF}_D \cdot \text{MÜF}_R = \left| \frac{\sin\left(\frac{k a_D}{2}\right)}{\frac{k a_D}{2}} \right| \cdot \left| \frac{\sin\left(\frac{k a_R}{2}\right)}{\frac{k a_R}{2}} \right|.$$

(c) Aus den Strahlensätzen für die Abbildung erhält man

$$a_D = D \frac{r}{d} = \frac{7 \cdot 10^{-4}\text{m} \cdot 0,1\,\text{m}}{0,3\,\text{m}} = 2,33 \cdot 10^{-4}\text{m} = 0,23\,\text{mm},$$

$$a_R = F \frac{(d-r)}{d} = 10^{-3}\text{m} \frac{(0,3-0,1)\,\text{m}}{0,3\,\text{m}} = 0,67\,\text{mm}.$$

(d) r_{opt} bekommt man genau dann, wenn $a_D = a_R$ ist

$$
\begin{aligned}
a_D &= a_R, \\
\frac{Dr}{d} &= \frac{F(d-r)}{d}, \\
r &= 2\,(d-r) = \frac{2}{3}d.
\end{aligned}
$$

8 Ultraschall

Als Ultraschall bezeichnet man Schallwellen mit Frequenzen oberhalb der Hörschwelle ab etwa 16 kHz. Obwohl heutzutage Schallfrequenzen von bis zu 1 GHz technisch realisierbar ist, finden für die medizinische Diagnostik vor allem Frequenzen im Bereich von einigen Megahertz Anwendung. Das liegt daran, dass unterhalb von 2 MHz die Auflösung zu gering ist, während bei Frequenzen oberhalb von etwa 10 MHz die Absorption im Gewebe zu stark ist.

Bei der Ultraschalldiagnostik werden Ultraschallwellen geringer Leistung in den menschlichen Körper eingeleitet. Im Wasser und im menschlichen Gewebe pflanzen sich diese Wellen mit einer Schallgeschwindigkeit von etwa 1.500 m/s fort, daher liegt dessen Wellenlänge bei Frequenzen von einigen MHz im Bereich von $\lambda < 1$ mm. Dadurch kann der Ultraschall analog zu einem optischen Strahl im Gewebe fokussiert, reflektiert, gestreut und absorbiert werden. Wenn sich die interessierenden Gewebebereiche in einem dieser Effekte unterscheiden, dann ist zumindest im Prinzip eine Abbildung möglich. Durch die Wechselwirkung der eingekoppelten Wellen mit der Umgebung entstehen Ultraschallsignale, die in der diagnostischen Anwendung aufgenommen und analysiert werden. Diese Signale werden zur Ultraschallbildgewinnung, zur Gewebecharakterisierung, zur Biometrie von Organen und auch zur Darstellung von Funktionsabläufen verwendet. Die Ultraschalldiagnostik hat einige vorteilhafte Eigenschaften: sie ist nichtinvasiv und schmerzlos, kann relativ schnell ohne besondere Vorbereitung des Patienten durchgeführt werden, und sie ist relativ preisgünstig. Während sie zunächst ergänzend zu anderen Untersuchungsmethoden zum Einsatz kam, liefert die Ultraschalldiagnostik in zunehmendem Maße selbstständige Befunde.

Während bei dem diagnostischem Einsatz von Ultraschall der Körper nach Möglichkeit gar nicht beeinflusst werden sollte, werden die Wirkungen des Ultraschalls auf Organe und Gewebe im therapeutischen Einsatz ausgenutzt. Die Schallwelle transportiert Energie und Impuls, die gezielt auf den zu behandelnden Bereichs des Körpers einwirken sollen. Dabei werden nicht nur mechanische Reize und thermische Wirkungen benutzt, sondern es können unter bestimmten Bedingungen auch physiko-chemische Reaktionsabläufe beeinflusst werden.

Die Ausbreitung von Schallwellen erfolgt als Druckwelle in einem Medium. Mit einer Änderung des Drucks p ist auch eine Dichteänderung verbunden:

$$\left.\frac{\partial p}{\partial \rho}\right|_{\rho_0} = \frac{1}{\kappa \rho_0}.$$

Dabei ist ρ_0 der Gleichgewichtswert der Dichte ρ ohne die Schallwelle, und κ die Kompressibilität. Anstelle der Kompressibilität wird auch der Kompressionsmodul $K = \frac{1}{\kappa}$ verwendet. Um die Schallausbreitung zu beschreiben kann man die Verschiebung $\chi(\vec{r},t)$ der Moleküle durch die Schallwelle betrachten. Für kleine Druckschwankungen kann sie durch die Wellengleichung

$$\frac{\partial^2 \chi}{\partial t^2} = c^2 \cdot \triangle \chi$$

beschrieben werden. Dabei ist $c = \frac{1}{\sqrt{\kappa \rho_0}}$ die Phasengeschwindigkeit der Schallwelle.

Im medizinischen Einsatz liegen die Wellenlängen λ von Ultraschallwellen bei etwa 1 mm bis 40 μm. Da die Wellenlänge somit häufig klein sind im Vergleich zu den untersuchten Dimensionen, kann die Schallausbreitung in x−Richtung in guter Näherung mit Hilfe von ebenen Wellen beschrieben werden: $\chi(x,t) = \chi_0 \sin(\omega t - kx)$. Die Amplitude der Geschwindigkeit $v = \frac{\partial \chi}{\partial t}$ der Luftmoleküle bezeichnet man als Schallschnelle: $v_0 = \omega \chi_0$.

Eine analoge Wellengleichung zu der der Molekülverschiebung χ findet man auch für die Dichte und den Druck. Setzt man für den Druck ebenfalls eine ebene Welle ein, dann findet man, dass die Schallschnelle v_0 proportional zum Schalldruck Δp ist:

$$\Delta p_0 = \rho_0 c \cdot v_0 = Z \cdot v_0$$

Die Schallimpedanz Z spielt beim Ultraschall eine ähnliche Rolle wie die Impedanz in der Elektrotechnik (dort entspricht Δp_0 der Spannung U und v_0 dem Strom I). Daher wird Z auch als Wellenwiderstand bezeichnet. In Flüssigkeiten und Gasen sind Schalldruck und Schallschnelle in Phase, daher ist Z eine reelle Größe. In Luft und Wasser beträgt die Impedanz $Z_{\text{Luft}} = 430$ Ns/m^3 bzw. $Z_{\text{Wasser}} = 1,46 \cdot 10^6$ Ns/m^3.

Die Energiedichte einer Schallwelle ist

$$w = \frac{1}{2} \rho_0 v_0^2 = \frac{1}{2} \frac{\Delta p_0^2}{\rho_0 c^2}.$$

Daraus ergibt sich für die Intensität

$$I = wc = \frac{1}{2Z} \Delta p_0^2.$$

Bei der Ultraschalldiagnostik werden primär Weichteile mit geringer Schersteifigkeit untersucht. Dann reicht die Betrachtung von longitudinalen Wellen aus. In Festkörpern wie Knochen können jedoch auch transversale Wellen auftreten. Diese werden hier allerdings nicht weiter betrachtet.

Einfallende Schallwellen mit der Intensität I_e werden an einer Grenzfläche zwischen zwei Gebieten mit unterschiedlicher Schallimpedanz Z_1 und Z_2 teilweise reflektiert (Intensität I_r) und teilweise transmittiert (Intensität I_t). Bei senkrechtem Einfall berechnet sich der Transmissionskoeffizient zu $T := \frac{I_t}{I_e} = \frac{4Z_1 Z_2}{(Z_1 + Z_2)^2}$, und der Reflexionskoeffizient zu $R := \frac{I_r}{I_e} = \frac{(Z_1 - Z_2)^2}{(Z_1 + Z_2)^2}$. Bei Einfall unter dem Winkel θ_1 gegen das Lot auf die Grenzfläche gilt wie bei der geometrischen Optik auch das Brechungsgesetz $\frac{\sin \theta_1}{\sin \theta_2} = \frac{c_1}{c_2}$, wobei θ_2 der Winkel der transmittierten Welle gegen das Lot ist, und c_i die jeweilige Phasengeschwindigkeit. Ebenso tritt bei der Reflexion an einem akustisch dichterem Medium ($Z_2 > Z_1$) ein Phasensprung der Welle um π auf, bei Reflexion an einem optisch dünneren Medium allerdings nicht. Außerdem gibt es auch beim Schalldurchgang Interferenzeffekte. Daher kann man auch hier eine Impedanzanpassung durchführen, um die Schallwelle auch zwischen zwei Gebieten mit sehr unterschiedlichen Schallimpedanzen verlustfrei einzukoppeln. Dazu muss die Dicke der Schicht einem Viertel der Schall-Wellenlänge entsprechen, und die Impedanz der Antireflexschicht muss $Z_{ar} = \sqrt{Z_1 Z_2}$ betragen. Weiterhin kann man wie in der Optik eine oder mehrere Grenzflächen verwenden, um Ultraschallwellen zu fokussieren. Wenn eine Ultraschallwelle auf ein Hindernis trifft, dessen Dimensionen vergleichbar mit der Wellenlänge ist, dann treten Beugungseffekte auf.

Die Schallwelle erfährt bei ihrer Ausbreitung eine Abschwächung. In einem homogenen Medium nimmt die Intensität der Welle exponentiell ab: $I(x) = I_0 e^{-\mu x}$. Der Schwächungskoeffizient μ besteht im Allgemeinen aus einem Absorptions- und einem Streuanteil: $\mu = \mu_{Abs} + \mu_{Streu}$. Bei der Schallabsorption wird Schallenergie in andere Energieformen (vor allem Wärme) umgewandelt. Bei der Streuung an Inhomogenitäten der Größe d ist die Abhängigkeit des Schwächungskoeffizienten von der Frequenz f je nach Streubereich unterschiedlich. Im *geometrischen Bereich* ($d \gg \lambda$) ist μ frequenzunabhängig (diffuse Streuung), im *stochastischen Bereich* gilt häufig $\mu \sim f^2$, und im *Rayleigh Bereich* ist $\mu \sim f^4$.

Im Ultraschallwandler (US-Transducer) wird sowohl die in den Körper einzukoppelnde Schallwelle erzeugt als auch das zurückkommende Echo detektiert. Bei der Umwandlung von akustischen Signalen in elektrische wird der piezoelektrische Effekt ausgenutzt. In geeigneten Materialen führt eine elastische Verformung zu einer Änderung der elektrischen Polarisation und daher zum Auftreten einer elektrischen Spannung. Das wird bei der Detektion von Schallwellen ausgenutzt. Umgekehrt kann man durch das Anlegen einer elektrischen Spannung an einen Piezokristall Schallwellen erzeugen. Das erzeugte Schallfeld hängt von der Geometrie des US-Wandlers ab und kann durch Linsen oder durch das Zusammenschalten von einzeln ansprechbaren Piezokristallen zu einem Array beeinflusst werden.

Bei der Ultraschalldiagnostik kann man Reflexions- oder Transmissionsmessungen durchführen. Für die Bildgebung (Echografie, Sonografie) werden meistens die Reflexionssignale verarbeitet, die nach dem Senden von kurzen, gerichteten Schallimpulsen auftreten. Beim A-Bild-Verfahren (A: *amplitude modulation*) wird eine Echolotung durchgeführt. Aus dem zeitlichen Abstand zwischen Sendeimpuls und Echo oder der Echos selbst kann die Schalllaufzeit ermittelt werden und damit der Schallweg, also die Tiefe des Ursprungs des Echosignals. Beim B-Bild-Verfahren (B: *brightness modulation*) wird die Echointensität in eine Helligkeit umgesetzt. Durch die Bewegung des Schallkopfes erhält man ein Schnittbild in Schallstrahlrichtung. Diese kann von Hand erfolgen oder durch automatische mechanische oder elektronische Systeme. Durch die Kombination von mehreren zweidimensionalen Bildern kann man, wenn die Ortsinformation mit abgespeichert wird, eine dreidimensionale Darstellung gewinnen.

Beim Doppler-Ultraschall wird der Doppler-Effekt ausgenutzt um die Geschwindigkeit einer Flüssigkeit zu messen, zum Beispiel Blut im Herzen oder in den Blutgefäßen. Die Blutkörperchen entsprechen einem sich bewegenden Sender, daher beträgt die Frequenzverschiebung der Schallwelle bei einer Fließgeschwindigkeit v und einem Winkel α zwischen der Fließrichtung und der Richtung der einfallenden Schallwelle $\frac{\Delta f}{f} = \frac{2v}{c} \cos \alpha$. Bei Doppler-Ultraschallmessungen im Dauerstrichverfahren (*continuous wave*, cw-Doppler US) werden getrennte Sender und Empfänger im Meßkopf benutzt. Soll auch die Entfernung zur Quelle des Dopplersignals bestimmt werden, kann man das Puls-Doppler-Verfahren einsetzen. Dort werden die gleichen Pulse wie bei der Sonografie verwendet, und zusätzlich die Frequenzverschiebung der reflektierten Signale detektiert.

8.1 Dopplerultraschall

A

Ein Doppler-Ultraschall-Messgerät wird zur Messung der Fließgeschwindigkeit des Blutes in einer Arterie eingesetzt. Das emittierende und zugleich empfangende Instrument (Baueinheit) wird auf der Haut über der zu untersuchenden Arterie mit einem Strömungsdurchmesser von $d = 1{,}7$ cm unter einem Winkel von $\alpha = 45°$ angebracht (siehe Abbildung). Im vorliegenden Fall wird ein Blutkörperchen beschallt, das sich genau in der Strömungsachse einer Arterie befindet. Die Frequenz der emittierten Schallwelle ist $f = 5{,}5$ MHz. Das Doppler-Gerät zeigt als Reaktion eine Frequenzverschiebung von $|\triangle f| = 920$ Hz an. Die Fließeigenschaft des Blutes soll als newtonsch betrachtet werden (die Blutdichte sei $\rho = 1.050$ kg/m^3; die Viskosität $\eta = 0{,}018$ Pa s).

(a) Wie groß ist die Geschwindigkeit v des untersuchten Blutkörperchens? Die Schallgeschwindigkeit sei $c = 1.500$ m/s.

(b) Im Normalfall gilt eine mittlere Geschwindigkeit von ca. $v_N = (0{,}8 \div 0{,}9)$ m/s in der untersuchten Arterie. Welche Folgerungen muss man aus dem Ergebnis der Untersuchung ziehen?

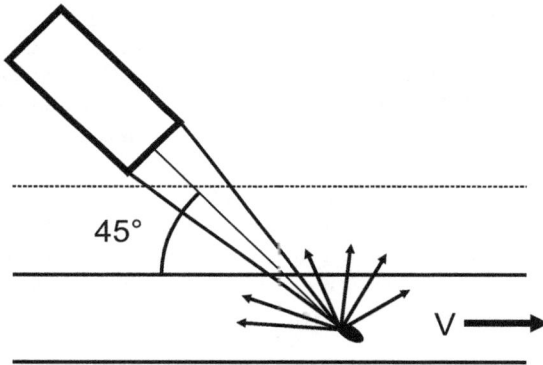

Abb. 8.1 Messanordnung zur Bestimmung der Strömungsgeschwindigkeit von Blut mit Hilfe von Doppler-Ultraschall.

L

(a) Die Frequenz der ausgestrahlten Welle ist $f = 5{,}5 \cdot 10^6$ Hz . Das Blutkörperchen, an dem die Welle reflektiert wird, strömt mit der Geschwindigkeit v in der untersuchten Arterie. Hier ist der Sender fest, der Reflektor (das Blutteilchen) beweglich. Im Ruhesystem des Teilchens beträgt dann die Frequenz

$$f' = f \left(1 - \frac{v}{c} \cos\alpha\right)$$

mit c als Schallgeschwindigkeit. Dies ist auch die Frequenz der gestreuten Welle im Ruhesystem des Teilchens. Der Empfänger registriert dann die Frequenz

$$f'' = \frac{f'}{1 - \frac{v}{c}\cos\alpha} = f\left(\frac{1 - \frac{v}{c}\cos\alpha}{1 + \frac{v}{c}\cos\alpha}\right),$$

bzw. als Frequenzverschiebung

$$\Delta f = f'' - f = f\left(\frac{1-x}{1+x} - 1\right) = f\left(\frac{1-x-1-x}{1+x}\right) = f\left(-\frac{2x}{1+x}\right),$$

mit $x = \frac{v}{c}\cos\alpha$. Auflösung nach $x = \frac{v}{c}\cos\alpha$ ergibt

$$\frac{v}{c}\cos\alpha = \frac{\frac{\Delta f}{f}}{2 - \frac{\Delta f}{f}}$$

und damit für die Geschwindigkeit

$$v = \left(\frac{c}{\cos\alpha}\right)\left(\frac{\frac{\Delta f}{f}}{2 - \frac{\Delta f}{f}}\right) = \left(\frac{1.500\,m/s}{0,71}\right)\left(\frac{\frac{920}{5,5\cdot 10^6}}{2 - \frac{920}{5,5\cdot 10^6}}\right) = 0,17\,\text{m/s}.$$

(b) Da das betrachtete Blutkörperchen sich in der Achse der Arterie befindet, ist bei laminaren Verhältnissen im Fall einer newtonschen Betrachtung des Blutes die Strömungsgeschwindigkeit des Blutkörperchens v doppelt so groß wie die mittlere Geschwindigkeit v_m. Somit ergibt sich hier $v_m = 0,085\,\text{m/s}$. Offenbar ist $v_m \approx v_N$, also im Normalbereich. Ob die Annahme der Laminarität gerechtfertigt ist, kann an Hand der Reynoldszahl überprüft werden, die im Laminarfall kleiner als $Re_G = 2.300$ sein muss. Sie lautet hier

$$Re = \frac{\rho d v_m}{\eta} = \frac{1.050 \cdot 0,017 \cdot 0,1}{0,018} = 99,2 \ll Re_G \rightarrow \text{laminar!}$$

8.2 Impedanz-Anpassung für Schallwellen

Zwischen Ultraschallgerät und Haut wird in der Regel eine spezielle Übergangsschicht angebracht, um eine möglichst hohe Energietransmission zwischen den Schichten unterschiedlicher Impedanz zu gewährleisten, die sogenannte Impedanz-Anpassung. Die Schallwellen haben folgende Form

$$p_n = p_{n_i} + p_{n_r} = A_n e^{i(wt-kx)} + B_n e^{i(wt+kx)}. \tag{8.1}$$

Unter Berücksichtigung der entsprechenden Kontinuitätsbedingungen für Druck p und Partikelgeschwindigkeit $\dot{\chi}$, an den in der Abbildung dargestellten Grenzflächen der drei Schichten mit Impedanzen Z_1, Z_2 und Z_3 soll gezeigt werden, dass für den Transmissionskoeffizienten T für Schall bei einer Schichtdicke von $l = \frac{\lambda_2}{4}$ (mit λ_2 als Wellenlänge des Schalls im Übergangsmedium 2) gilt

$$T = \frac{Z_1 A_3^2}{Z_3 A_1^2} = 1, \text{ wenn } Z_2^2 = Z_1 Z_3. \tag{8.2}$$

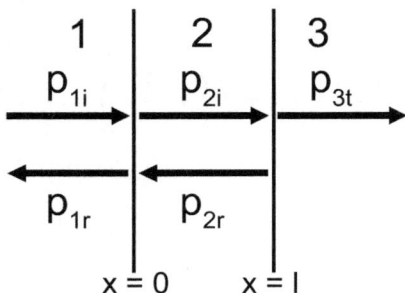

Abb. 8.2 Durch eine Trennschicht (2) soll die Effizienz der Schallübertragung von (1) nach (3) gesteigert werden. p_{ni} steht hier für die einfallenden, p_{nr} die reflektierten Schallwellen.

Für die Druckwelle $p = p_0 + p(t,x)$ gilt an einer Grenzfläche (a|b) die Kontinuitätsbedingung

$$p_a = p_b$$
$$p_{ai} + p_{ar} = p_{bi} + p_{br}.$$

Der Index i steht für eintreffend; der Index r für reflektiert und somit

$$A_a e^{i(\omega t - k_a x)} + B_a e^{i(\omega t + k_a x)} = A_b e^{i(\omega t - k_b x)} + B_b e^{i(\omega t + k_b x)}$$
$$A_a e^{-ik_a x} + B_a e^{ik_a x} = A_b e^{-ik_b x} + B_b e^{ik_b x}.$$

An der Grenzfläche (1|2) ist $x = 0$ und so gilt hier

$$A_1 + B_1 = A_2 + B_2. \tag{8.3}$$

An der Grenzfläche (2|3) ist $x = l$ und damit

$$A_2 e^{-ik_2 l} + B_2 e^{ik_2 l} = A_3 e^{-ik_3 l}. \tag{8.4}$$

$B_3 = 0$, da nach die 3. Schicht unendlich weiter läuft. Für die Partikelgeschwindigkeit $\dot\eta$ gilt an einer Grenzfläche (a|b) die Kontinuitätsbedingung

$$\dot\chi_a = \dot\chi_b.$$

Aus der Definition für die akustische Impendanz $Z_a = \frac{p_a}{\eta_a}$ folgt

$$\dot\chi_a = \frac{p_{ai} - p_{ar}}{Z_a}.$$

Damit ergibt sich

$$\frac{p_{ai} - p_{ar}}{Z_a} = \frac{p_{bi} - p_{br}}{Z_b}.$$

An der Grenzfläche (1|2) mit $x = 0$ wird

$$\frac{A_1 - B_1}{Z_1} = \frac{A_2 - B_2}{Z_2},$$

oder

$$Z_2 (A_1 - B_1) = Z_1 (A_2 - B_2). \tag{8.5}$$

An der Grenzfläche (2|3) mit $x = l$ wird

$$\frac{A_2 e^{-k_2 l} - B_2^{ik_2 l}}{Z_2} = \frac{A_3 e^{-ik_3 l}}{Z_3}$$

bzw.

$$Z_3 \left(A_2 e^{-k_2 l} - B_2 e^{ik_2 l} \right) = Z_2 A_3 e^{-ik_3 l}. \tag{8.6}$$

Aus (8.3) und (8.5) folgt nach Eleminierung von B_1 mit $\frac{Z_a}{Z_b} = \gamma_{a,b}$

$$A_1 = \frac{1}{2} \left[(1 + \gamma_{1,2}) A_2 + (1 - \gamma_{1,2}) B_2 \right]. \tag{8.7}$$

Aus (8.4) und (8.6) entsprechend

$$A_2 = \frac{1}{2} e^{ik_2 l} (1 + \gamma_{2,3}) A_3. \tag{8.8}$$

Setzt man A_2 aus (8.8) in (8.7) ein und löst diese Gleichung nach B_2 auf, ergibt sich

$$B_2 = \frac{1}{2} e^{-k_2 l} (1 - \gamma_{2,3}) A_3. \tag{8.9}$$

Eine Kombination von (8.8) und (8.9) erbringt

$$A_1 = \frac{1}{4} A_3 \left[(1 + \gamma_{1,2}) (1 + \gamma_{2,3}) e^{ik_2 l} + (1 - \gamma_{1,2}) (1 - \gamma_{2,3}) e^{-k_2 l} \right]$$

oder

$$A_1 = \frac{1}{2} A_3 \left[(1 + \gamma_{1,3}) \cos k_2 l + i (\gamma_{1,2} + \gamma_{2,3}) \sin k_2 l \right] \text{ mit } \gamma = \gamma_{1,2} \gamma_{2,3}.$$

Für $l = \frac{\lambda_2}{4}$ wird $k_2 l = \frac{\pi}{2}$, sodass folgt

$$\frac{A_1}{A_3} = \frac{1}{2} \left[i (\gamma_{1,2} + \gamma_{2,3}) \right],$$

$$\left| \frac{A_3}{A_1} \right|^2 = \frac{4}{(\gamma_{1,2} + \gamma_{2,3})^2}. \tag{8.10}$$

Erweitert man (8.8) mit $\gamma_{1,3}$ erhält man den Transmissionskoeffizienten

$$T = \frac{4 \gamma_{1,3}}{(\gamma_{1,2} + \gamma_{2,3})^2} = \frac{4 \gamma_{1,3}}{\gamma_{1,2}^2 + \gamma_{2,3}^2 + 2 \gamma_{1,3}}. \tag{8.11}$$

Dieser kann nur dann $T = 1$ sein, wenn der Nenner von [8.8] gleich $4 \gamma_{1,3}$ ist! Das bedeutet

$$\gamma_{1,2}^2 + \gamma_{2,3}^2 = 2 \gamma_{1,3}$$

oder

$$\left(\frac{Z_1}{Z_2}\right)^2 + \left(\frac{Z_2}{Z_3}\right)^2 = 2\frac{Z_1}{Z_3}.$$

Ein Umformen erbringt die Gleichung

$$Z_2^4 + Z_1^2 Z_3^2 - 2Z_2^2 Z_3 Z_1 = 0$$

bzw.

$$Z_2^2 = Z_3 Z_1 \pm \sqrt{Z_3^2 Z_1^2 - Z_1^2 Z_3^2} = Z_3 Z_1.$$

8.3 Fledermaus

A

Eine Fledermaus bewegt sich mit $v_F = 5{,}75\,\mathrm{m/s}$. Der Fledermaus kommt eine Mücke mit $v_M = 3{,}5\,\mathrm{m/s}$ entgegen. Die Fledermaus emittiert eine Schallwelle mit $f_F' = 51\,\mathrm{kHz}$. Welche Frequenz misst die Fledermaus wenn die Schallwelle von der Mücke reflektiert wird?

L

Im ‚Fledermaus-System' gilt

$$f_F' = f\left(\frac{c + v_F}{c}\right)$$

mit f als Frequenz im Laborsystem. Die Frequenz f_r' der reflektierten Welle im ‚Mücke-System' lautet

$$f_r' = f_F'\left(\frac{c + v_M'}{c}\right)$$

mit $v_M' = v_F + v_M$. Für die Frequenz f_r'' der reflektierten Welle im ‚Fledermaus-System' ergibt sich

$$f_r'' = f_r'\left(\frac{c}{c - v_M}\right) = f_F'\left(\frac{c + v_M'}{c - v_M}\right).$$

Mit $c = 330\,\mathrm{m/s}$; $f_F' = 51\,\mathrm{kHz}$; $v_F = 5{,}75\,\mathrm{m/s}$; $v_M = 3{,}5\,\mathrm{m/s}$; $v_M' = 9{,}25\,\mathrm{m/s}$ findet man den numerischen Wert

$$f_r'' = 51\,\mathrm{kHz}\left(\frac{330 + 9{,}25}{330 - 9{,}25}\right) = 53{,}94\,\mathrm{kHz}.$$

$53{,}94\,\mathrm{kHz}$ ist die Frequenz, die die Fledermaus von der Mücke empfängt.

8.4 Ultraschall Transducer-Array

A

Ein Ultraschall-Transducer soll aus $N = 5$ einzeln ansprechbaren piezoelektrischen Kristallen bestehen, die senkrecht zur Abstrahlrichtung in einem Abstand von $\Delta d = 0{,}25\,\mathrm{cm}$ voneinander angebracht sind. Diese Transducer sollen Schall mit einer Frequenz $f = 310\,\mathrm{kHz}$ erzeugen, der im Gewebe eines Patienten in einer Entfernung $d = 5\,\mathrm{cm}$ senkrecht zur Kristallanordnung fokussiert ist. Wie muss die Phase φ_n der einzelnen Wellen sein, die von den Kristallen ausgehen, bzw. wie groß muss die zeitliche Verzögerung τ_n der Treibersignale gewählt werden? Man nehme an, dass der mittlere Kristall dem Fokus am nächsten liegt. Das Gewebe habe die Eigenschaften von Wasser (d. h. $c = 1.500\,\text{m/s}$).

Jeder Kristall sei eine Punktquelle und die von ihr emittierte Schallwelle habe eine Auslenkung in Abhängigkeit von der Entfernung zur Quelle und der Phase

$$u_n \propto e^{-i(-kr_n + \varphi_n)}.$$

Die Entfernung zum gewünschten Fokus ist $r_n = \sqrt{d^2 + (n \cdot \Delta d)^2}$.
Am Fokus soll gelten

$$U = \sum_{n=-\frac{N}{2}}^{\frac{N}{2}} u_n \propto \sum_n e^{-i(-kr_n + \varphi_n)}.$$

Die Intensität ist $I \propto U^2$, sodass I maximal wird, wenn U maximal ist. Dies ist der Fall wenn φ so gewählt wird, dass $e^{-i(-kr_n + \varphi_n)} = 1$ ist, also

$$kr_n + \varphi_n = 0.$$

Dafür müssen die Phasen

$$\varphi_n = -k\sqrt{d^2 + (n \cdot \Delta d)^2}$$

gewählt werden. Berechnet man nun die Phasenverschiebung φ_n bezogen auf das mittlere Element, erhält man

$$\varphi_n = \varphi_n - \varphi_0 = -k\sqrt{d^2 + (n \cdot \Delta d)^2} - kd$$

oder $\varphi_0 = 0$, $\varphi_{\pm 1} = -0.081$ und $\varphi_{\pm 2} = -0.324$. Die Phasenverschiebung entspricht einer zeitlichen Verzögerung von

$$-\tau_n = -\frac{\varphi_n}{\omega} = -\frac{\varphi_n}{2\pi f}.$$

$$=$$

$$\tau_1 = -41\,\text{ns},$$

$$\tau_2 = -166\,\text{ns}.$$

Dies entspricht $\tau_{\pm 1} = -41$ ns und $\tau_{\pm 2} = -166$ ns. Es handelt sich also um eine negative Zeitverzögerung, die Signale müssen früher ausgesendet werden.

8.5 Material einer Ultraschalllinse

A

Eine brauchbare Ultraschallinse muss eine möglichst kleine Reflexion aufweisen und eine möglichst hohe Brechzahl n besitzen. Man nehme an, die Linse befindet sich in Wasser und der Schall fällt senkrecht ein (d. h. kleine Öffnungswinkel des Schallbündels und dünne Linse). Welches der aufgeführten Materialien sollte man nehmen? Man berechne zur Beantwortung dieser Frage sowohl die relative Brechzahl $n = \frac{\sin\alpha_1}{\sin\alpha_2}$ (Index 1: Linse, Index 2: Wasser), als auch den jeweiligen Reflexionsgrad $R = \frac{I_r}{I_e}$.

Tab. 8.1 Dichte und Schallgeschwindigkeit verschiedener Materialien.

Stoff	Dichte $\rho \cdot 10^{-3}$ [kg/m^3]	Schallgeschwindigkeit c [m/s]
Wasser	1,00	1.480
Eisen	7,90	5.000
Aluminium	2,71	5.200
Glas FK 1	2,27	4.900
Polystyrol	1,06	1.800
Plexiglas	1,18	1.840

L

Mit Index 1 (Linse) und Index 2 (Wasser) lautet die Brechzahl

$$n = \frac{\sin\alpha_1}{\sin\alpha_2} = \frac{c_1}{c_2}.$$

Bei senkrechtem Einfall gilt dann für den Reflexionsgrad

$$R = \frac{(Z_1 - Z_2)^2}{(Z_1 + Z_2)^2}.$$

Mit $Z = \rho c$ erhält man die Werte in Tabelle 8.2. Da die Brechzahl möglichst groß und der Reflexionsgrad möglichst klein sein soll, liegen die Optima bei Glas und Polystyrol.

Tab. 8.2 Brechzahlen und Reflexionsgrade der Werkstoffe.

Stoff	n	R
Eisen	3,4	0,36
Aluminium	3,5	0,56
Glas FK 1	3,3	0,59
Polystyrol	1,2	0,02
Plexiglas	1,2	0,04

8.6 Augenlinsenmessung mit Ultraschall-Impuls-Echo-Verfahren

Das Ultraschall-Impuls-Echo-Verfahren kann zur Messung der Dicke D einer Augenlinse genutzt werden. Hierbei werden in einem Oszilloskop Ultraschall-Pulse aufgenommen. Wie dick ist die Linse, wenn auf dem Oszilloskop zwei Pulse im zeitlichen Abstand von $\Delta t_1 = 2\,\mu s$ registriert werden? Auf dem Oszilloskop folgt noch ein dritter Puls mit einem Abstand von $\Delta t_2 = 17{,}26\,\mu s$ nach dem zweiten Puls folgt, der von einem Fremdkörper im Auge stammt. Wie tief liegt dieser im Auge, wenn der Abstand vom Hornhautscheitel zur Linse $d = 5{,}6\,mm$ beträgt (siehe 4.4)? Die mittlere Geschwindigkeit des Schalls in der Linse sei $\bar{c} = 1.630\,m/s$, die Schallgeschwindigkeit in Wasser $c_{H_2O} = 1.480\,m/s$.

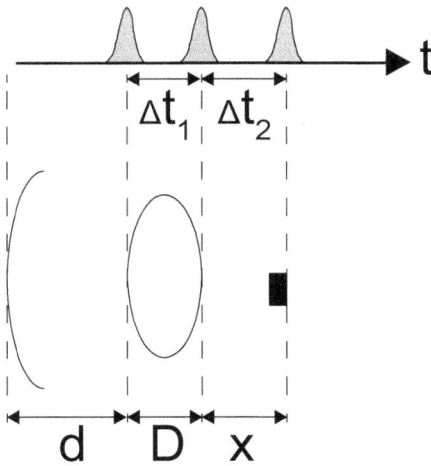

Abb. 8.3 Versuchsanordnung und zeitliche Abfolge der Pulse. Unten links ist der Hornhautscheitel, rechts daneben die Linse, und der schwarze Kasten rechts soll den Fremdkörper im Auge darstellen.

Aus der Abbildung 8.3 findet man

$$2D = \bar{c} \cdot \Delta t_1.$$

Daraus folgt

$$D = \frac{\bar{c} \cdot \Delta t_1}{2} = \frac{1.630\,m/s \cdot 2 \cdot 10^{-6}s}{2} = 1{,}63\,mm.$$

Es gilt außerdem

$$2x = c_{H_2O} \cdot \Delta t_2$$

und

$$x = \frac{c_{H_2O} \cdot \Delta t_2}{2} = \frac{1.480\,m/s \cdot 17{,}26 \cdot 10^{-6}\,s}{2} = 12{,}77\,mm.$$

Der Abstand Fremdkörper–Hornheitscheitel wird somit

$$y = 5{,}6\,mm + D + x = (5{,}6 + 1{,}63 + 12{,}77)\,mm = 20\,mm.$$

8.7 Ultraschallwandler

A Ein Hochfrequenzgenerator gibt bei Erregung eines Ultraschallquarzes eine Wirkleistung von 150 W ab. Dieser elektroakustische Wandler arbeitet mit einem Wirkungsgrad von $\eta = 60\%$. Der Durchmesser der Quarzplatte des Wandlers beträgt $d = 80\,\text{mm}$.

(a) Welche Ultraschallintensität kann maximal von dem Wandler abgestrahlt werden (bei gleichmäßiger Verteilung über die Oberfläche des Wandlers)?

(b) Die Frequenz des Gerätes sei $\nu = 900\,\text{kHz}$. Wie groß ist der Effektivwert des (Wechsel-)Drucks in Luft bzw. in Muskeln? (Reflexionen seien vernachlässigbar) Es gilt: $Z_{\text{Luft}} = 43\,\text{g/cm}^2\text{s}$, $Z_{\text{Muskel}} = 1{,}63 \cdot 10^5\,\text{g/cm}^2\text{s}$; $c_{\text{Luft}} = 331\,\text{m/s}$, $c_{\text{Muskel}} = 1.568\,\text{m/s}$. Ist dieses Gerät zu Therapiezwecken geeignet?

L (a) Es gilt

$$P_{US,\text{max}} = \eta P_{el} = 0{,}6 \cdot 150\,\text{W} = 90\,\text{W}.$$

$$I_{\text{max}} = \frac{P_{US,\text{max}}}{A} = \frac{90\,\text{W}}{\pi \cdot 40^2 \text{mm}^2} = 17.905\,\text{W/m}^2 = 1{,}79\,\text{W/cm}^2.$$

(b) Der Effektivwert des Wechseldrucks folgt aus

$$I = \frac{1}{2Z}\Delta p^2 = \frac{1}{Z}\Delta p_{\text{eff}}^2$$

zu

$$\Delta p_{\text{eff}}^2(\text{Luft}) = \sqrt{IZ} = \sqrt{430\,\text{kg/m}^2\text{s} \cdot 1{,}79 \cdot 10^4 \text{W/m}^2}$$
$$= 2.774\,\text{N/m}^2 = 0{,}028 \cdot 10^5 \text{Pa} = 0{,}028\,\text{bar} = 28\,\text{mbar}$$

$$\Delta p_{\text{eff}}^2(\text{Muskeln}) = \sqrt{IZ} = \sqrt{1{,}63 \cdot 10^6 \text{kg/m}^2\text{s} \cdot 1{,}79 \cdot 10^4 \text{W/m}^2}$$
$$= 170.813\,\text{N/m}^2 = 1{,}71 \cdot 10^5 \text{Pa} = 1{,}71\,\text{bar}.$$

Daher ist das Gerät für die Muskelmassage und -therapie durchaus geeignet.

9 Kernspinresonanz

Bei der bildgebenden Kernspinresonanz wird die Dichte von Kernspins dargestellt. Diese sind beim medizinischen Einsatz fast immer Wasserstoffkerne (^{1}H, Protonen), daher beschränken sich die folgenden Ausführungen darauf. Normalerweise sind die beiden Kernspin-Zustände entartet. Legt man ein äußeres Magnetfeld $\vec{B}_0$ an, dann spalten diese wegen des Kern-Zeeman-Effekts auf, um eine Energiedifferenz $\Delta E = \gamma \cdot B_0$. Das gyromagnetische Verhältnis γ des Kerns gibt das Verhältnis des magnetischen Moments $\vec{\mu}$ zu dem daran gekoppelten Kernspin $\vec{I}\hbar$ an: $\vec{\mu} = \gamma \vec{I}\hbar$. Für Protonen mit $I = \frac{1}{2}$ beträgt $\gamma(^1\text{H}) = 2{,}675 \cdot 10^8 \frac{\text{rad}}{\text{T} \cdot s}$. Um Übergänge zwischen diesen beiden Energieniveaus anzuregen, wird ein magnetisches Wechselfeld angelegt, dessen Frequenz ν_{rf} die Resonanzbedingung $h\nu_{\text{rf}} = \hbar\omega_{\text{rf}} \stackrel{!}{=} \Delta E = \gamma B_0 = \hbar\omega_0$ erfüllt. Dabei muss dieses magnetische Wechselfeld $\vec{B}_1$ senkrecht zum statischen Feld $\vec{B}_0 = B_0 \cdot \vec{e}_z$ orientiert sein. In Frequenzeinheiten beträgt $\gamma(^1\text{H}) \approx 43 \frac{\text{MHz}}{\text{T}}$, das bedeutet für im klinischen Einsatz typische Felder von $B_0 = 1{,}5$ T eine Resonanzfrequenz von etwa $\nu_0 \approx 65$ MHz. ω_0 bzw. $\nu_0 = \frac{\omega_0}{2\pi}$ wird auch als Larmorfrequenz bezeichnet.

Auf die magnetischen Momente $\vec{\mu}$ der Protonen wirkt in einem Magnetfeld $\vec{B}$ das Drehmoment $\vec{T} = \vec{\mu} \times \vec{B}$. Da das Drehmoment der zeitlichen Änderung des magnetischen Drehimpulses $\hbar\vec{I}$ entspricht, erhält man die Bewegungsgleichung $\frac{d\vec{\mu}}{dt} = \vec{\mu} \times \gamma\vec{B}$. Da die makroskopische Magnetisierung $\vec{M}$ die Vektorsumme der magnetischen Momente aller Protonen pro Volumen ist, gilt für die Magnetisierung ebenfalls

$$\frac{d\vec{M}}{dt} = \vec{M} \times \gamma\vec{B} = \vec{M} \times \vec{\omega}.$$

Die Lösung dieser Bewegungsgleichung beschreibt eine Präzession der Magnetisierung um das Magnetfeld herum.

Bringt man eine biologische Probe mit einer Spindichte $n = \frac{N}{V}$ mit seinem vollen Volumen V in ein Zeeman-Feld $\vec{B}_0 = B_0 \cdot \vec{e}_z$, dann stellt sich wegen der ungleichen Besetzung der Kern-Energieniveaus der Protonen im thermischen Gleichgewicht (Temperatur T) eine zu dem Magnetfeld proportionale Gleichgewichtsmagnetisierung $\vec{M}_0 = M_0 \cdot \vec{e}_z$ ein:

$$M_0 = n \cdot \frac{(\hbar\gamma)^2 I(I+1)}{k_B T} \cdot B_0.$$

Invertiert man diese Gleichgewichtsmagnetisierung durch Einstrahlung eines Wechselfeldes geeigneter Amplitude und Dauer, einem so genannten π-Puls, dann verschwindet das Drehmoment, d. h. es erfolgt keine Präzession. Man beobachtet jedoch eine langsame Änderung der Magnetisierung in Richtung auf den Gleichgewichtszustand, welche als Funktion der Zeit durch den Ausdruck

$$M_z = M_0(1 - e^{-\frac{t}{T_1}})$$

beschrieben werden kann. Die transversalen Komponenten M_x und M_y bleiben dabei $= 0$. Die charakteristische Zeit T_1 für diesen Prozess wird als longitudinale Relaxationszeit bezeichnet.

Klappt man die Gleichgewichtsmagnetisierung durch die Anwendung eines so genannten $\frac{\pi}{2}$-Pulses in die $x - y$-Ebene senkrecht zum statischen Magnetfeld, dann präzediert die resultierende Magnetisierung in der $x - y$ Ebene gemäß $M_x = M_0 \cdot \cos(\omega_0 t + \varphi)$, $M_y = -M_0 \cdot \sin(\omega_0 t + \varphi)$ und $M_z = 0$ um $\vec{B}_0 = B_0 \cdot \vec{e}_z$. Zusätzlich erhält man jedoch auch hier eine langsame Änderung der Amplituden der Magnetisierung, welche sich in Richtung auf den Gleichgewichtszustand bewegen, in dem $M_x = M_y = 0$ gilt. Dieser Prozess kann meist als exponentielle Dämpfung beschrieben werden,

$$M_x = M_0 \cdot \cos(\omega_0 t + \varphi) \cdot e^{-\frac{t}{T_2}}, \quad M_y = -M_0 \cdot \sin(\omega_0 t + \varphi) \cdot e^{-\frac{t}{T_2}}.$$

Die entsprechende Zeitkonstante T_2 wird als transversale Relaxationszeit bezeichnet.

Dieses Abklingen der x- und y-Komponenten ist energieerhaltend. Ein Beitrag dazu sind leicht unterschiedliche Präzessionsgeschwindigkeiten der einzelnen magnetischen Momente. Da die Magnetisierung die Vektorsumme dieser Momente ist, führt diese Dephasierung der Einzelspins zu einer Abnahme der transversalen Magnetisierung. Ursache für die unterschiedlichen Präzessionsgeschwindigkeiten und daher für die Dephasierung sind zum einen lokal fluktuierende mikroskopische Felder, aber auch Einflüsse wie leichte Inhomogenitäten ΔB_0 des statischen Magnetfeldes, die zu leicht unterschiedlichen Resonanzfrequenzen führen. Insgesamt ergibt sich für die transversale Relaxationsrate $\frac{1}{T_2^*} = \frac{1}{T_2} + \frac{\gamma \cdot \Delta B_0}{2}$. Unabhängig davon baut sich nach dem $\frac{\pi}{2}$-Puls natürlich auch die M_z-Komponente wieder auf.

Wenn man die transversale und longitudinale Relaxation mit berücksichtigt, dann ergibt sich als Bewegungsgleichung für die Magnetisierung die Bloch-Gleichungen

$$\frac{dM_x}{dt} = M_y \omega_o - \frac{M_x}{T_2},$$
$$\frac{dM_y}{dt} = -M_x \omega_0 - \frac{M_y}{T_2},$$
$$\frac{dM_z}{dt} = -\frac{(M_z - M_0)}{T_1}.$$

Um die Kernspins anzuregen, muss man ein magnetisches Wechselfeld $\vec{B}_1$ anlegen, das senkrecht zum Zeeman-Feld orientiert ist. Um dieses zu erzeugen, schickt man einen Wechselstrom mit dieser Frequenz durch eine Spule. Da es resonant anregen muss, liegen die benötigten Frequenzen im Radiofrequenz-Bereich. Nimmt man an, dass eine Solenoidspule in x-Richtung orientiert ist, dann ist $\vec{B}_1(t) = 2B_1 \cos(\omega_{rf} t + \varphi) \vec{e}_x$. Zerlegt man das lineare Wechselfeldes $\vec{B}(t)$ in zwei gegeneinander rotierende Komponenten, dann regt nur der Teil des Feldes resonant an, der mit den Spins in der gleichen Richtung um $\vec{B}_0$ herum präzediert. Daher beträgt die wirksame Amplitude des RF-Feldes $\vec{B}_1(t)$ in diesem Fall einer einfachen Spule nur B_1. Die Spule wird wegen der besseren Effizienz normalerweise zu einem Schwingkreis verschaltet. Wenn eine Leistung P in einen Schwingkreis der Güte Q und einem Anregungsvolumen V eingebracht wird, dann gilt für die Amplitude des Wechselfeldes $B_1 \sim \sqrt{\frac{PQ}{V\omega_0}}$, wobei die Resonanzfrequenz des Schwingkreises der Larmorfrequenz ω_0 der Spins entspricht. Wenn die Stärke des Wechselfeldes festgelegt ist, dann bestimmt die Länge der RF-Einstrahlung, wohin die Gleichgewichtsmagnetisierung geklappt wird. Denn gemäß der Präzessionsgleichung rotiert diese bei der Einstrahlung um die $\vec{B}_1$-Richtung herum. Der Winkel der Magnetisierung mit der z-Achse (dem Zeeman-Feld) zum Zeitpunkt t nach dem Beginn der Einstrahlung beträgt $\theta = \omega_1 t = \gamma B_1 t$. Wählt man die Zeitdauer der Einstrahlung so, dass $\theta = \frac{\pi}{2}$ ist, dann spricht man von einem $\frac{\pi}{2}$- oder 90°-Puls und die Magnetisierung liegt am Ende des RF-Pulses in der $x - y$-Ebene. Genauso spricht man von einem π- oder 180°-Puls, wenn der Rotationswinkel $\theta = \pi$ ist. Bei typischen $\vec{B}_1$-Feldstärken in der Größenordnung von einigen mT liegen die dafür benötigten Pulslängen bei Protonen im μs-Bereich.

Die angeregten Spins werden über den Faraday-Effekt mit Hilfe einer Empfangsspule detektiert. Eine zeitlich veränderliche Magnetisierung der Probe erzeugt gemäß dem Faraday'schen Induktionsgesetz eine zeitabhängige Spannung: $U \sim \frac{d\Phi}{dt}$. Dabei ist Φ der magnetische Fluss durch die Spule, der gegeben ist durch die Spindichte. Wegen der Zeitabhängigkeit ist das Signal auch proportional zu ω_0 und nur die transversalen Komponenten der Magnetisierung tragen (linear) zum Signal bei.

Nach den Bloch-Gleichungen erwartet man nach der Anwendung eines $\frac{\pi}{2}$-Pulses auf ein Spinsystem im thermischen Gleichgewicht ein Signal

$$s(t) = s_0 \cos\left(\omega_0 t + \varphi\right) \cdot e^{-\frac{t}{T_2}}.$$

Die Dephasierung der Spins kann durch die Anwendung eines RF-Pulses mit einer geeigneten Dauer und Richtung teilweise rückgängig gemacht werden. Wendet man diesen Rephasierungs-Puls nach einer Zeitdauer $T_E/2$ nach Ende des Anregungspulses an, dann erhält man ein sich langsam wieder aufbauendes Signal, das nach einer Gesamtzeit T_E ein Maximum erreicht, das sogenannte (Spin-)Echo. Nach diesem Maximum dephasiert das Signal wieder. Durch die Anwendung von mehreren Rephasierungspulsen kann also mit nur einem Anregungspuls eine ganze Reihe von Signalen detektiert werden. Das spart erheblich Zeit gegenüber dem wiederholten Anwenden von Anregungspulsen mit direkter Detektion, denn in diesem Fall muss man jedes Mal zwischen den Messungen warten, bis sich die Gleichgewichtsmagnetisierung wieder aufgebaut hat. Dieser Zeitgewinn ist insbesondere für die Bildgebung mit magnetischer Resonanz von entscheidender Bedeutung.

Nach einem Anregungspuls tragen alle Kernspins, die sich in der Empfangsspule befinden, zum Signal bei. Für die Bildgebung ist daher eine Ortskodierung der empfangenen Signale in allen drei Raumrichtungen nötig. Dazu verwendet man Magnetfeldgradienten, die mit Hilfe von einzeln ansteuerbaren Gradientenspulen gezielt ein- und aus geschaltet werden können (gepulste Gradienten). Legt man zum Beispiel parallel zum statischen Magnetfeld während der Anregung der Kernspins ein zusätzliches lineares Gradientenfeld an, $\vec{B}(\vec{r}) = \vec{B}_0 + G_z \cdot z \cdot \vec{e}_z$, dann ändert sich die Resonanzfrequenz der Spins in der Probe ebenfalls linear entlang der z-Achse. Nur derjenige Raumbereich, wo die Resonanzfrequenz gleich der des eingestrahlten RF-Feldes ist, wird angeregt und trägt zum Signal bei. Da man auf diese Weise eine Schicht auswählen kann, wird G_z als Schichtselektionsgradient bezeichnet. Durch die endliche Anregungsbandbreite des RF-Pulses, die umgekehrt proportional zur Pulsdauer τ_p ist, kann man die Dicke D der selektierten Schicht steuern: $\frac{1}{D} = \frac{\gamma}{2\pi} \cdot G_z \cdot \tau_p$. Um eine gleichmäßige Schichtanregung zu erreichen, besitzen die Anregungspulse die Form $\frac{\sin x}{x}$ im Zeitbereich, was einer Rechteckfunktion im Frequenzraum entspricht.

Durch die Verwendung eines Schichtselektionsgradienten während der Anregung der Kernspins hat man eine Schicht des zu untersuchenden Objekts für die Bildgebung ausgewählt. Die Ortskodierung in x- und y-Richtung wird durch die Frequenz- bzw. Phasenkodiergradienten erreicht. Der Frequenzkodiergradient wird während des Auslesens des Signals geschaltet und daher auch Auslesegradient genannt. Wenn dieser in x-Richtung geschaltet wird, dann wird die Präzessionsfrequenz der Spins entlang dieser Achse ortsabhängig. Führt man eine Fouriertransformation des Signals durch, dann tauchen Signale aus unterschiedlichen x-Regionen an unterschiedlichen Stellen im Spektrum auf. So können die Signalanteile den jeweiligen Orten zugeordnet werden. Um ein dreidimensionales Bild aufzunehmen, könnte man die Richtung des Auslesegradienten ändern und mehrere eindimensionale Bilder mit Hilfe von Projektions-Rekonstruktionsalgorithmen kombinieren. Heutzutage wird allerdings die Phasenkodierung in der anderen Raumrichtung (y) verwendet. Man wiederholt ein Experiment mit den gleichen Schichtselektions- und Auslesegradienten, wobei an geeigneter Stelle im Experiment ein Phasenkodiergradient in y-Richtung geschaltet wird. Bei jeder Wiederholung wird dieser Phasenkodiergradient in seiner Stärke verändert und ein neues Spektrum aufgenommen. Wenn man in y-Richtung z. B. 128 Punkte für das Bild haben möchte, dann muss das Experiment 128 mal wiederholt werden, wobei der Phasenkodiergradient typischerweise von einem Wert $-G_y$ schrittweise über Null bis zu $+G_y$ variiert wird.

Das klassische Experiment und Arbeitspferd im Alltag einer Klinik ist die Spin-Echo-Sequenz. Da sie die beste Bildqualität ergibt, wird sie häufig als Referenz für andere Methoden benutzt. Bei den anderen Pulssequenzen wird ein Teil der Bildqualität oder -auflösung geopfert, um zum Beispiel schnellere Bilderzeugung zu erlauben. Bei der Spin-Echo-Sequenz wird zunächst ein selektiver $\frac{\pi}{2}$-Puls mit einem Schichtselektionsgradienten eingestrahlt. Danach wird für eine kurze Zeit ein Phasenkodiergradient geschaltet, dem ein selektiver π-Puls für die Echoerzeugung folgt. Während der Signalaufnahme wird der Auslesegradient geschaltet. Die Zeit von der Mitte des Anregungspulses bis zum Echomaximum wird als Echozeit T_E bezeichnet. Dieses Experiment wird mit unterschiedlichen Phasenkodiergradient-Werten nach einer Zeit T_R, während dessen sich der Gleichgewichtszustand wieder herstellen kann, wiederholt, bis die Datenaufnahme für ein ganzes Schichtbild abgeschlossen ist. Typische Werte für die digitale Auflösung sind 128, 256 oder gar 512 Phasenkodierschritte (und damit Punkte). T_E liegt im Bereich $10 - 100$ ms, und T_R bei $0,5 - 3$ s. Wenn man die Relaxation mit berücksichtigt, dann gilt für die Signalamplitude der Echos

$$S = S_0 \cdot e^{-\frac{T_E}{T_2}} \cdot \left(1 - e^{\frac{T_R}{T_1}}\right).$$

Die Parameter T_E und T_R sind können gewählt werden, während T_1 und T_2 durch die Probe (das Gewebe) vorgegeben ist. Wählt man z. B. $T_R \approx T_1$ und $T_E \ll T_2$, dann wird der Kontrast des Bildes durch den Gewebe-Parameter T_1 am stärksten beeinflusst. Bei dieser T_1-Wichtung kann man die Struktur des Gewebes besonders gut erkennen. Durch die Wahl von $T_R \gg T_1$ und $T_E \approx T_2$ bekommt man die T_2-Gewichtung, wo das Bild sehr empfindlich ist gegenüber krankhaften Prozessen, wo häufig relativ viel freies Wasser im Gewebe vorhanden ist. Bei einigen klinischen Fragestellungen im Kopf- oder Wirbelsäulenbereich möchte man ein reines Protonendichte-Bild bekommen. Dann wählt man $T_R \gg T_1$ und $T_E \ll T_2$. Eine hohe Protonendichte hat dann eine hohe Helligkeit im Bild zur Folge. Zusätzlich zu der geeigneten Wahl von Pulssequenz-Parametern kann man auch Kontrastmittel einsetzen. Insgesamt trägt dies zusammen mit einer großen Zahl von spezialisierten Pulssequenzen zu der enormen Flexibilität und vielseitigen Einsetzbarkeit der MRI (*magnetic resonance imaging*) bei medizinischen Fragestellungen bei.

Analog zur Fouriertransformation im Zeitbereich, die zu einem Frequenzspektrum führt, kann man auch die Fouriertransformation im Ortsbereich durchführen. Das ist bei der MRI besonders nützlich, denn die Ortsfrequenzen k_x und k_y sind gemäß

$$k_{x,y} = \gamma \cdot \int dt \, G_{x,y}(t).$$

Funktionen der Magnetfeldgradienten in den entsprechenden Raumrichtungen. Das Signal kann damit geschrieben werden als

$$S(k_x, k_y) = \int dx \int dy \, M_T(x,y) \cdot e^{-i(k_x \cdot x + k_y \cdot y)}.$$

Die gesuchte Quermagnetisierung $M_T(x,y)$ erhält man also durch Rücktransformation des Signals im so genannten k-Raum. Ein einzelner Scan mit einem konstanten Auslesegradienten (x-Richtung) entspricht einer Zeile im k-Raum. Beim Spin-Echo-Experiment wird also die Datenmatrix im k-Raum von Scan zu Scan zeilenweise entlang der k_x-Achse aufgefüllt. Bei der Bildrekonstruktion erhält man ein periodisches Bild. Da diese Periodizität beim MRI nicht interessiert, beschränkt man den Bildbereich auf eine Periode, das *field of view* (FOV). Die Breite dieses Bereiches ist gegeben durch das Inkrement Δk im k-Raum: FOV $= \frac{2\pi}{\Delta k}$. Die Auflösung des Bildes ist gegeben durch den maximalen Wert k_{max} im k-Raum: $\delta x = \frac{2\pi}{k_{max}}$. Das gleiche gilt für die andere Raumrichtung y. Die Bildinformation ist über den gesamten k-Raum verteilt, allerdings haben die Daten in der Mitte des k-Raums tiefe Ortsfrequenzen (k-Werte) und tragen daher Informationen stark zum Signal-zu-Rausch-Verhältnis bei; sie enthalten aber keine Bilddetails. Die Daten am Rand des k-Raums enthalten wegen der hohen Ortsfrequenzen Informationen über feine Strukturen. Durch diese Zusammenhänge können vor der Bildrekonstruktion auch Filter benutzt werden, um bestimmte Informationen, die in den Rohdaten enthalten sind, hervorzuheben oder zu unterdrücken. Da der Einsatz von Filtern sehr gute Detailkenntnisse über die Folgen vorraussetzt, werden im klinischen Alltag nur die ungefilterten Daten verwendet.

Artefakte im MRI-Bild haben eine Vielzahl von möglichen Ursachen. Bewegungsartefakte werden durch die unwillkürliche oder physiologische Bewegung des Patienten während der gesamten Bildaufnahme hervorgerufen. Inhomogenitätsartefakte kommen durch Fehlerhaftigkeit der Geräte und Suszeptibilitätseffekte innerhalb des Körpers zustande. Digitale Bildartefakte stammen von der Rekonstruktion des Bildes mit Hilfe der Fouriertransformation.

Neben der konventionellen Spin-Echo-Methode kann man auch statt eines π-Pulses Gradienten verwenden um ein Echosignal zu erzeugen. Daher gibt es zwei Familien von Pulssequenzen in der MRI, die entweder auf dem Spin-Echo oder dem Gradienten-Echo basieren. Davon ausgehend wurden eine Vielzahl von Pulssequenzen entwickelt mit jeweils spezifischen Vor- und Nachteilen. Neben der Möglichkeit, die Untersuchungsdauer relativ zu dem Spin-Echo-Experiment drastisch zu reduzieren, wurden auch Experimente entwickelt, um dynamische Parameter wie die Bewegung der Wassermoleküle untersuchen zu können. Dabei kann man sogar zwischen diffusiver und gerichteter Bewegung unterscheiden. Weiterhin kann man durch den Einsatz hyperpolarisierter Gase sehr starke

Signale von der Lunge erhalten oder *in vivo* Spektroskopie betreiben. Ein weiterer sehr großer Bereich ist die funktionelle Bildgebung (fMRI), bei der die Änderung des Signals in Abhängigkeit von bestimmten Aktivitäten beobachtet wird. So kann man Einblicke bekommen, wie das Gehirn funktioniert. Die Grundlage dafür ist der BOLD-Effekt (*blood oxygen level dependency*). Hämoglobin-Moleküle, die Sauerstoff gebunden haben, sind diamagnetisch, diejenigen ohne Sauerstoff sind paramagnetisch. Das wirkt sich auf das Signal aus, daher kann z. B. lokaler Sauerstoffverbrauch im Gehirn, der auf verstärkte Aktivität hinweist, sichtbar gemacht werden.

9.1 Zeemaneffekt und Kernspinresonanz

Man berechne

(a) Die Resonanzfrequenz f der NMR-Übergänge von Protonen in einem Magnetfeld von $B = 3\,\mathrm{T}$.

(b) Die Wellenlänge von Photonen, die diese Übergänge bewirken. In welchem Bereich des elektromagnetischen Spektrums liegt diese Wellenlänge?

(a) Es gilt für eine Resonanz mit der Zeeman-Aufspaltung ΔE für ein Proton mit dem Magneton μ_P

$$\triangle E = \hbar\omega = hf = 2\mu_P B.$$

Auflösen nach der Frequenz ergibt

$$f = \frac{2\mu_P B}{h}.$$

Numerisch wird mit $\mu_P = 2{,}79\mu_N = 1{,}4 \cdot 10^{-26}\,\mathrm{J/T}$, $B = 3\,\mathrm{T}$ und dem Plank'schen Wirkungsquantum $h = 6{,}6 \cdot 10^{-34}\,\mathrm{Js}$ die Resonanzfrequenz

$$f = \frac{2\,(1{,}4 \cdot 10^{-26}\,\mathrm{J/T})\,3\,\mathrm{T}}{6{,}6 \cdot 10^{-34}\,\mathrm{Js}} = 127\,\mathrm{MHz}.$$

(b) Die Wellenlänge ist

$$\lambda = \frac{c}{f} = \frac{3 \cdot 10^8\,\mathrm{m/s}}{127\,\mathrm{MHz}} = 2{,}36\,\mathrm{m}.$$

Diese Wellenlänge liegt im Radiofrequenzspektrum im Bereich der Ultrakurzwellen (UKW).

9.2 Magnetisierung und deren Relaxation

Ausgehend von der Bewegungsgleichung für den Drehimpulses $\frac{d\vec{I}}{dt} = \vec{\mu} \times \vec{B}$, soll die Bewegungsgleichung für die Magnetisierung $\vec{M}$ abgeleitet werden.
[μ ist das magnetische Moment und B das Magnetfeld]

(a) in einem statischen Magnetfeld entlang der z-Achse.

(b) zusätzlich in einem RF-Feld, welches in der xy-Ebene mit der Winkelfrequenz ω rotiert. Relaxationsprozesse können vernachläsigt werden.

(c) Die Gleichungen sollen so modifiziert werden, dass die longitudinalen und transversalen Relaxationszeiten T_1 und T_2 berücksichtigt werden. Was wird mit diesen Zeiten beschrieben?

L (a) Es gilt für das Drehmoment

$$\vec{\tau} = \frac{d\vec{I}}{dt} = \vec{\mu} \times \vec{B}.$$

Das magnetische Moment $\vec{\mu}$ kann durch $\vec{\mu} = \gamma \vec{I}$ mit γ als gyromagnetisches Verhältnis ausgedrückt werden, was zu

$$\frac{d\vec{\mu}}{dt} = \gamma \frac{d\vec{I}}{dt} = \gamma \left(\vec{\mu} \times \vec{B} \right) = \gamma \begin{pmatrix} \mu_y B_z - \mu_z B_y \\ \mu_z B_x - \mu_x B_z \\ \mu_x B_y - \mu_y B_x \end{pmatrix}.$$

Für $\vec{B} = \begin{pmatrix} 0 \\ 0 \\ B_0 \end{pmatrix}$ folgt

$$\vec{\mu} \times \vec{B} = \begin{pmatrix} \mu_y B_0 \\ -\mu_x B_0 \\ 0 \end{pmatrix} = B_0 \begin{pmatrix} \mu_y \\ -\mu_x \\ 0 \end{pmatrix}.$$

Somit lautet die Bewegungsgleichung

$$\frac{d\vec{\mu}}{dt} = \gamma B_0 \begin{pmatrix} \mu_y \\ -\mu_x \\ 0 \end{pmatrix}.$$

(b) Für

$$\vec{B} = \begin{pmatrix} B_1 \cos(\omega t) \\ B_1 \sin(\omega t) \\ B_0 \end{pmatrix}$$

folgt

$$\vec{\mu} \times \vec{B} = \begin{pmatrix} \mu_y B_0 - \mu z B_1 \sin(\omega t) \\ \mu_z B_1 \cos(\omega t) - \mu_x B_0 \\ \mu_x B_1 \sin(\omega t) - \mu_y B_1 (\cos \omega t) \end{pmatrix}.$$

In einem Koordinatensystem, das mit der Kreisfrequenz ω um die z-Achse rotiert, ist

$$B_{eff} = B_0 + B_1(\omega t) + \frac{\omega}{\gamma} = \begin{pmatrix} B_1 \\ 0 \\ B_0 + \frac{\omega}{\gamma} \end{pmatrix}$$

und damit

$$\frac{d\vec{\mu}}{dt} = \gamma \begin{pmatrix} \mu_y \left(B_0 + \frac{\omega}{\gamma} \right) \\ \mu_z B_1 - \mu_x \left(B_0 + \frac{\omega}{\gamma} \right) \\ -\mu_y B_1 \end{pmatrix}.$$

(c) Hier gilt

$$\frac{d\vec{\mu}}{dt} = \gamma \begin{pmatrix} \mu_y B_0 - \mu_z B_1 \sin(\omega t) \\ \mu_z B_1 \cos(\omega t) - \mu_x B_0 \\ \mu_x B_1 \sin(\omega t) - \mu_y B_1 \cos(\omega t) \end{pmatrix} + \begin{pmatrix} -\frac{\mu_x}{T_2} \\ -\frac{\mu_y}{T_2} \\ -\frac{\mu_z - \mu_0}{T_1} \end{pmatrix}.$$

Die longitudinale Relaxationszeit T_1 beschreibt den Zerfall der z-Komponente der Magnetisierung zu ihrem Gleichgewichtwert. Die transversale Relaxationszeit T_2 beschreibt den Zerfall der x- und y-Komponenten.

9.3   NMR Pulse und das rotierende Koordinatensystem

In einem Laborsystem wird folgendes magnetische Feld angewendet

$$\vec{B} = B_0 \begin{pmatrix} 0 \\ 0 \\ 1 \end{pmatrix} + B_1 \begin{pmatrix} \cos(\omega_{RF} t + \varphi) \\ 0 \\ 0 \end{pmatrix}. \tag{9.1}$$

(a) Wie lautet das entsprechende effektive magnetische Feld $\vec{B}_{\text{eff}}$ in einem mit der Larmorfrequenz ω_L rotierenden Koordinatensystem?

(b) Was geschieht, wenn ω_{RF} resonant gewählt wird? Welche Rolle spielt die Phase φ des RF-Feldes?

(c) Wie lange dauert es, bis die Magnetisierung um $90\,°$ bzw. $180\,°$ gedreht ist, wenn das RF-Feld eine Amplitude $B_1 = 10^{-4}\,\text{T}$ hat?

(a) Man drückt die Magnetisierung $\vec{M}$ mit Hilfe der Einheitsvektoren $\hat{i}, \hat{j}, \hat{k}$ aus

$$\vec{M} = M_x \hat{i} + M_y \hat{j} + M_z \hat{k}$$

und bildet

$$\frac{d\vec{M}}{dt} = \frac{\partial M_x}{\partial t} \hat{i} + M_x \frac{\partial \hat{i}}{\partial t} + \frac{\partial M_y}{\partial t} \hat{j} + M_y \frac{\partial \hat{j}}{\partial t} + \frac{\partial M_z}{\partial t} \hat{k} + M_z \frac{\partial \hat{k}}{\partial t}.$$

Für die partiellen zeitlichen Ableitungen der Einheitsvektoren gilt

$$\frac{\partial \hat{i}}{\partial t} = \omega \times \hat{i} \qquad \frac{\partial \hat{j}}{\partial t} = \omega \times \hat{j} \qquad \frac{\partial \hat{k}}{\partial t} = \omega \times \hat{k}.$$

$$\left(\frac{d\vec{M}}{dt}\right)_{\text{fest}} = g \left(\frac{d\vec{M}}{dt}\right)_{\text{rot}} + \vec{\omega} \times \vec{M}.$$

Da $\left(\frac{d\vec{M}}{dt}\right)_{\text{fest}} = \gamma \vec{M} \times B$ ist, ergibt sich

$$\left(\frac{d\vec{M}}{dt}\right)_{\text{rot}} = \gamma \vec{M} \times \vec{B} - \vec{\omega} \times \vec{M} = \gamma \vec{M} \times \left(\vec{B} + \frac{\vec{\omega}}{\gamma}\right) = -\gamma(\vec{B}_{\text{eff}} \times \vec{M}).$$

Daraus folgt

$$B_{\text{eff}} = \vec{B} + \frac{\vec{\omega}}{\gamma}.$$

Für $\frac{\vec{\omega}}{\gamma} = -\vec{B}_0$ wird $\vec{B}_{\text{eff}}$ zu

$$\vec{B}_{\text{eff}} = \vec{B}_1 \cos(\omega_{RF}\, t).$$

Im Laborsystem ist $\vec{B}_{\text{eff}}$

$$\vec{B}_{\text{eff}} = B_1 \begin{pmatrix} \cos(\omega_{RF}\, t + \varphi) \\ 0 \\ 0 \end{pmatrix}.$$

Transformation der x- und y-Komponenten ins rotierende Koordinatensystem ergibt

$$\vec{B}_{\text{eff}} = B_1 \begin{pmatrix} \cos(-\omega_L t) & \sin(-\omega_L t) \\ \sin(-\omega_L t) & \cos(-\omega_L t) \end{pmatrix} \begin{pmatrix} \cos(\omega_{RF}\, t + \varphi) \\ 0 \end{pmatrix}$$

$$= B_1 \begin{pmatrix} \cos(\omega_L t) & \cos(\omega_{RF}\, t + \varphi) \\ -\sin(\omega_L t) & \cos(\omega_{RF}\, t + \varphi) \end{pmatrix}.$$

Mit Hilfe trigonometrischer Identitäten wird dies zu

$$\cos(\omega_L t) \cos(\omega_{RF}\, t + \varphi) = \frac{1}{2}\left[\cos\left[(\omega_L + \omega_{RF})\, t + \varphi\right] + \cos\left[(\omega_L - \omega_{RF})\, t - \varphi\right]\right],$$

$$\sin(\omega_L t) \cos(\omega_{RF}\, t + \varphi) = \frac{1}{2}\left[\sin\left[(\omega_L + \omega_{RF})\, t + \varphi\right] + \sin\left[(\omega_L - \omega_{RF})\, t + \varphi\right]\right].$$

Die Größen mit $(\omega_L + \omega_{RF})\, t$ sind nicht resonant und können deshalb vernachlässigt werden. Daraus folgt

$$\vec{B}_{\text{eff}} = \frac{1}{2} B_1 \begin{pmatrix} \cos[(\omega_L - \omega_{RF})t - \varphi] \\ -\sin[(\omega_L - \omega_{RF})t - \varphi] \end{pmatrix}.$$

(b) Im Resonanzfall wird $\omega_L = \omega_{RF}$. Daraus folgt

$$\vec{B}_{\text{eff}} = \frac{1}{2} B_1 \begin{pmatrix} \cos(-\varphi) \\ -\sin(-\varphi) \end{pmatrix} = \frac{1}{2} B_1 \begin{pmatrix} \cos\varphi \\ \sin\varphi \end{pmatrix}.$$

$\vec{B}_{\text{eff}}$ ist im rotierenden Koordinatensystem konstant. φ beschreibt die Richtung von $\vec{B}_{\text{eff}}$ in der $x - y$-Ebene.

(c) Für ω gilt

$$\omega = \frac{d\Theta}{dt} = -\gamma B_1.$$

Der Flipwinkel ist somit

$$\Theta(t) = \int_0^t (-\gamma B_1)\, dt = |-\gamma B_1 t|.$$

Die benötigte Pulsdauer ist

$$t = \frac{\Theta}{\gamma B_1}.$$

Für $\Theta = \pi$ wird $t = t_{180°} = \frac{\pi}{\gamma B_1}$ und für $\Theta = \pi/2$ wird $t = t_{90°} = \frac{t_{180°}}{2}$.
Mit $\gamma = 2{,}675 \cdot 10^8\,\text{rad/Ts}$ und $B_1 = 1 \cdot 10^{-4}\,\text{T}$ wird

$$t_{180°} = \frac{\pi}{(2{,}675 \cdot 10^8\,1/\text{Ts})\,(1 \cdot 10^{-4}\,\text{T})} = 120\,\mu\text{s},$$

$$t_{90°} = \frac{t_{180°}}{2} = 60\,\mu\text{s}.$$

9.4 Fettsignalunterdrückung durch Inversion Recovery

In einem einfachen Messverfahren zur Bestimmung der Relaxationszeit T_1 wird folgende Pulssequenz verwendet

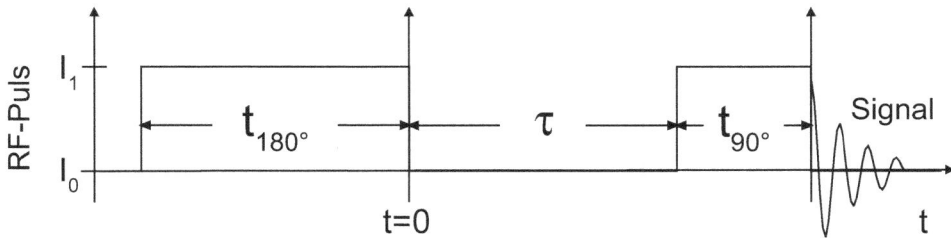

Abb. 9.1 Die Pulssequenz.

(a) Wie muss die Pulslänge $t_{180°}$ bei gegebener Amplitude B_1 des RF Feldes gewählt werden, um die Magnetisierung zu invertieren? Wie lang wird bei gleicher RF Feldstärke der zweite Puls, damit er maximales Signal erzeugt?

(b) Wie sieht die Zeitabhängigkeit der Magnetisierung $M_z(t)$ nach dem $180°$ Puls aus, wenn das System sich vor dem ersten Puls im Gleichgewicht befindet?

(c) Wie muss τ gewählt werden, damit die z-Magnetisierung $M_z(\tau) = 0$ ist?

(d) Ein Gewebe, welches aus Wasser ($_{H_2O}T_1 = 1{,}2\,\text{s}$) und Fett ($_{Fett}T_1 = 260\,\text{ms}$) besteht, soll untersucht werden.

1. Warum wird die Bildrekonstruktion in der MRI durch die Anwesenheit von Fett innerhalb des untersuchten Gewebes in Zusammenhang mit der Frequenzkodierung erschwert?
2. Wie kann man mit der hier beschriebenen Methode dafür sorgen, dass das Signal für Fett unterdrückt wird? Wie stark wird dadurch das Signal von Wasser abgeschwächt?

(a) Gleichgewicht bedeutet

$$M\left(-t_{180°}\right) = \begin{pmatrix} 0 \\ 0 \\ M_0 \end{pmatrix}.$$

Der erste Puls invertiert diesen Zustand,

$$M(0) = \begin{pmatrix} 0 \\ 0 \\ -M_0 \end{pmatrix}.$$

Die Pulslängen sind

$$t_{180°} = 2\,t_{90°} = \pi\left(\gamma B_1\right)^{-1}.$$

(b) Die Bewegungsgleichung für die z-Komponente lautet

$$\dot{M}_z = -\left(\frac{M_z - M_0}{T_1}\right).$$

Für $M_z(0) = -M_0$ ist die Lösung

$$M_z(t) = M_0\left(1 - 2\,e^{-t/T_1}\right).$$

(c) Aus der Bedingung $M_z(\tau) = 0$ folgt

$$0 = M_0\left(1 - 2\,e^{-\tau/T_1}\right) \quad \Rightarrow \quad 2\,e^{-\tau/T_1} = 1.$$

Nach τ aufgelöst

$$\tau = T_1 \ln 2.$$

(d) Durch unterschiedliche Stoffeigenschaften zerfällt die z-Magnetisierung von Fett und Wasser mit verschiedenen Zeitkonstanten.
1. Auf Grund des Einflusses der chemischen Verschiebung auf die Ortskodierung entstehen bei der Bildrekonstruktion in der MRI zwei überlagerte Bilder, welche räumlich verschoben sind.
2. Legt man den $90°$ Puls zu genau dem Zeitpunkt an, wenn die z-Magnetisierung des Fetts verschwindet ($_{\text{Fett}}M_z = 0$) wird nur die verbleibende Magnetisierung des Wassers in die (x,y)-Ebene geklappt. Es kann nun ein abgeschwächtes Signal gemessen werden, welches allerdings nicht von Signalen von Fett an einer anderen Stelle in der Probe gestört ist.

$$\tau = {}_{\text{Fett}}T_1 \ln 2.$$

$$_{H_2O}M_z(\tau) = M_0 \left(1 - 4e^{-^{Fett}T_1/_{H_2O}T_1}\right) = 72\% \, M_0.$$

Da das gemessene Signal proportional zum magnetischen Fluss durch die Empfangsspule ist und damit zur Magnetisierung, ist das Signal von Wasser um 28% reduziert.

9.5 Gradienten-Echo

Es gibt zwei große Familien von MRI-Pulssequenzen: diejenigen, die auf einem Spin-Echo basieren und diejenigen, die Gradienten-Echos zur Signalgewinnung nutzen. Das Signal eines Gradienten-Echo Experiments ist gegeben durch

$$S = S_0 e^{-\frac{T_E}{T_2^*}} \left(1 - e^{-\frac{T_R}{T_1}}\right).$$

Hier sei T_E die Echozeit und T_R die Repetitionszeit.

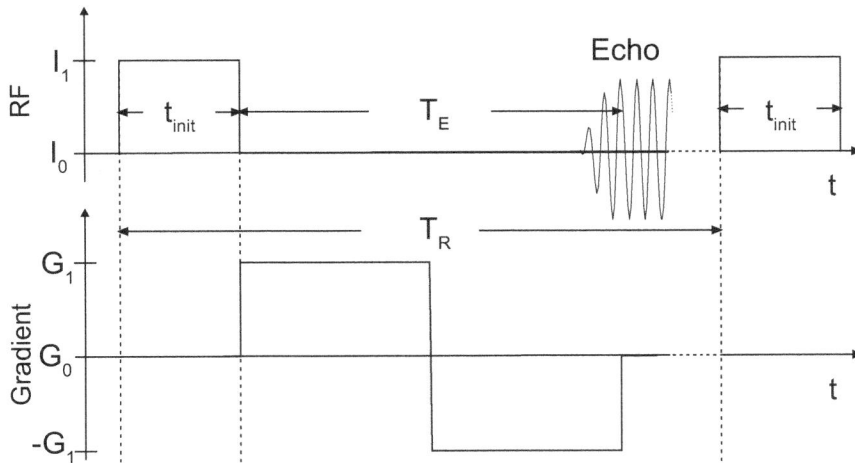

Abb. 9.2 Pulsfolge eines Gradientenecho Experiments. Oben: Radiofrequenz Pulse. Unten: Geschalteter Magnetfeldgradient

(a) Anhand des Pulsdiagramms ist der Ablauf eines solchen Experiments zu beschreiben.

(b) Wenn diese Pulsfolge innerhalb eines MRI Experiments genutzt wird, wie müssen dann die Parameter T_E und T_R gewählt werden, um eine T_1-Wichtung zu erhalten? Wozu verwendet man gewöhnlicherweise die T_1 Wichtung?

(c) Wie wird eine T_2^*-Wichtung erzeugt und wozu dient diese?

(d) Was versteht man unter PD-Wichtung (Proton Density) und wie müssen die Parameter gewählen?

L

(a) Durch den Initialisierungspuls der Länge t_{init} wird die Magnetisierung aus dem Gleichgewicht gebracht. Direkt im Anschluss an diesen Puls wird der Gradient mit einer Stärke G_1 geschaltet. Nach einer Zeit $\frac{1}{2}T_E$ nach Ende des Initialisierungspulses wird die Polarität des Gradienten umgekehrt, sodass nach einer weiteren Dauer $\frac{1}{2}T_E$ das Echomaximum erreicht wird. Nach dem Echo folgt eine Wartezeit in der die Magnetisierung relaxieren kann, bis die Sequenz ein weiteres Mal durchlaufen wird. Die Repetitionszeit T_R beschreibt die Zeit, die zwischen Wiederholungen des Intialisierungspulses verstreicht. Die Zeitparameter können dabei genutzt werden, um bei der Signalgewinnung eine Wichtung bezüglich der Zeitkonstanten T_1 und T_2^* zu erreichen.

(b) Wird T_E möglichst klein gesetzt werden, gilt $S \approx S_0(1 - e^{-\frac{T_R}{T_1}})$. Dies bewirkt, dass der Kontrast zwischen unterschiedlichen T_1 stark hervortritt. Lange T_1-Zeiten sind bei Flüssigkeiten zu erwarten, während Gewebe meist ein kurzes T_1 besitzt. Demnach hat ein Ödem (Schwellung / Wassersucht) oder eine stark durchblutete Region ein dunkles Abbild, während das benachbarte Gewebe hell erscheint. T_E möglichst klein setzen, bedeutet allerdings nicht das Optimum. (Eine Optimierung kann nur über die effektivste Pulsfolge erreicht werden)

(c) Lässt man T_R lang, sodass die T_1-Relaxation möglichst weit fortschreiten kann, ist es möglich den Kontrast von T_2^* zu bestimmen. Flüssigkeiten neigen dazu bei T_2^*-Wichtung Hell zu erscheinen, während Gewebe, welches auf Wasser und Fett basiert, in einem mittleren Grau wiedergegeben wird. Meist treten unerwünschte Substanzen im Patienten hell hervor, weswegen die T_2^*-Wichtung oft zur Krankheitssuche eingesetzt wird.

(d) S_0 ist proportional zu M_{xy}, welches wiederum von der z-Magnetisierung zu Anfang des $90°$ Pulses abhängt. Hier spielt letztlich auch die Gleichgewichtsmagnetisierung, welche proportional zur Protonendichte ist, eine Rolle (siehe auch Aufgabe 9.6).
Wählt man T_E kurz und T_R lang erhält man ein Signal, welches hauptsächlich von S_0 also M_{xy} abhängt. Verwendet wurde diese Wichtung besonders häufig in der Anfangszeit der MRI, wo die T_2^*-Wichtung zu viel Zeit benötigt hätte. Allerdings kann die PD-Wichtung benutzt werden, um Cortical Knochen und Meniskus zu unterscheiden.

9.6 Kontrast in MRI Aufnahmen

A

In einem MRI Experiment wird Gewebe untersucht, welches in zwei Regionen jeweils unterschiedliche T_1- und T_2-Zeiten, aber gleiche Protonendichte hat. Bei der Inversion-Recovery-Präparation wird zunächst die z-Magnetisierung umgeklappt (zur Zeit $t = 0$ sei die Magnetisierung beider Regionen um $180°$ gedreht). Nach einer Zeit T folgt ein $90°$ Puls.

(a) Man bestimme einen Ausdruck für den Michelson-Kontrast $C = \frac{I_2 - I_1}{I_2 + I_1}$ des gemessenen Signals (nach dem $90°$ Puls) der zwei Geweberegionen und zeige, dass der Kontrast in Abhängigkeit der Messzeit t (bzw. der Zeitdifferenz $t - T$) folgendermaßen lautet

$$C(t - T) = \frac{1 - \xi e^{-\frac{t-T}{\varphi}}}{1 + \xi e^{-\frac{t-T}{\varphi}}}.$$

Wie kann man aus den gegebenen Parametern Ausdrücke für ξ und φ herleiten. Zu beachten ist dabei, dass die Empfangsspule die xy-Magnetisierung detektiert.

(b) In einem Inversion-Recovery-Experiment am menschlichen Hirn soll die Inversions-Zeit (T) 200 ms betragen. Wie lange muss die Messzeit (Zeit nach dem $90\,^\circ$ Puls bis zur nächsten Inversion) mindestens betragen, wenn ein Kontrast von mindestens 80% zwischen grauer Materie ($_A T_1 = 600$ ms, $_A T_2 = 100$ ms) und cerebrospinaler Flüssig-keit ($_B T_1 = 1155$ ms, $_B T_2 = 145$ ms) erreicht werden soll?

(a) Lösung der Blochgleichung für M_z (zunächst analog zur Aufgabe 9.4) **L**

$$\frac{dM_z}{dt} = \frac{M_0 - M_z}{T_1}.$$

Randbedingungen: $M_z(t = 0) = {}_i M_z$ und M_0 sei die Gleichgewichtsmagnetisierung

$$\frac{dM_z}{M_0 - M_z} = \frac{1}{T_1} dt,$$

$$\ln \frac{M_0 - M(t)}{M_0 - {}_i M_z} = -\frac{t}{T_1},$$

$$M_0 - M(t) = (M_0 - {}_i M_z)\, e^{-\frac{t}{T_1}}.$$

Auf Grund der vollständigen Invertierung zum Zeitpunkt $t = 0$ gilt $_i M_z = -M_0$ und deshalb

$$M(t) = M_0 \left(1 - e^{-\frac{t}{T_1}}\right) + {}_i M_z e^{-\frac{t}{T_1}}.$$

(b) Es gilt auf Grund der Spulenanordnung im MRI Tomographen, dass das Signal I proportional zum Betrag der xy-Magnetisierung ist, d. h. $I \propto |M_{xy}|$. Um die z-Magnetisierung „sichtbar" zu machen, wird das Signal mit einem $90\,^\circ$ Puls zur Zeit T in die xy-Ebene geklappt. Das bedeutet $M_{xy} = M_z(T)$, was folgenden Ausdruck ergibt

$$M_{xy}(t) = \left(M_0 \left(1 - e^{-\frac{T}{T_1}}\right) + {}_i M_z e^{-\frac{T}{T_1}}\right) e^{-\frac{t-T}{T_2}}.$$

Für die beiden Stoffe mit unterschiedlichen T_1 und T_2 ergeben sich demnach unterschiedliche Signalstärken und folglich auch ein entsrechender Kontrast

$$I_A(t) = \left({}_A M_0 \left(1 - e^{-\frac{T}{{}_A T_1}}\right) + {}_{iA} M_z e^{-\frac{T}{{}_A T_1}}\right) e^{-\frac{t-T}{{}_A T_2}},$$

$$I_B(t) = \left({}_B M_0 \left(1 - e^{-\frac{T}{{}_B T_1}}\right) + {}_{iB} M_z e^{-\frac{T}{{}_B T_1}}\right) e^{-\frac{t-T}{{}_B T_2}}.$$

Zähler und Nenner des Kontrast einzeln sind demnach

$$
\begin{aligned}
I_B - I_A &= \left({}_A M_0 \left(1 - e^{-\frac{T}{{}_A T_1}} \right) + {}_{iA} M_z e^{-\frac{T}{{}_A T_1}} \right) e^{-\frac{t-T}{{}_A T_2}} \\
&\quad - \left({}_B M_0 \left(1 - e^{-\frac{T}{{}_B T_1}} \right) + {}_{iB} M_z e^{-\frac{T}{{}_B T_1}} \right) e^{-\frac{t-T}{{}_B T_2}}. \\
I_B + I_A &= \left({}_A M_0 \left(1 - e^{-\frac{T}{{}_A T_1}} \right) + {}_{iA} M_z e^{-\frac{T}{{}_A T_1}} \right) e^{-\frac{t-T}{{}_A T_2}} \\
&\quad + \left({}_B M_0 \left(1 - e^{-\frac{T}{{}_B T_1}} \right) + {}_{iB} M_z e^{-\frac{T}{{}_B T_1}} \right) e^{-\frac{t-T}{{}_B T_2}}.
\end{aligned}
$$

Die Gleichgewichtsmagnetisierung ist bestimmt durch die Protonendichten $M_0 = \sum \mu \propto \rho_{p^+}$. Wenn die Protonendichte für beide Stoffe gleich ist und außerdem beide Komponenten mit invertierter z-Magnetisierung beginnen

$$
I_B - I_A = {}_A M_0 \left(1 - 2e^{-\frac{T}{{}_A T_1}} \right) e^{-\frac{t-T}{{}_A T_2}} - {}_B M_0 \left(1 - 2e^{-\frac{T}{{}_B T_1}} \right) e^{-\frac{t-T}{{}_B T_2}},
$$

$$
I_B + I_A = {}_A M_0 \left(1 - 2e^{-\frac{T}{{}_A T_1}} \right) e^{-\frac{t-T}{{}_A T_2}} + {}_B M_0 \left(1 - 2e^{-\frac{T}{{}_B T_1}} \right) e^{-\frac{t-T}{{}_B T_2}},
$$

$$
\begin{aligned}
\frac{I_B - I_A}{I_B + I_A} &= \frac{{}_A M_0 \left(1 - 2e^{-\frac{T}{{}_A T_1}} \right) e^{-\frac{t-T}{{}_A T_2}} - {}_B M_0 \left(1 - 2e^{-\frac{T}{{}_B T_1}} \right) e^{-\frac{t-T}{{}_B T_2}}}{{}_A M_0 \left(1 - 2e^{-\frac{T}{{}_A T_1}} \right) e^{-\frac{t-T}{{}_A T_2}} + {}_B M_0 \left(1 - 2e^{-\frac{T}{{}_B T_1}} \right) e^{-\frac{t-T}{{}_B T_2}}} \\
&= \frac{\left(1 - 2e^{-\frac{T}{{}_A T_1}} \right) e^{-\frac{t-T}{{}_A T_2}} - \frac{{}_B M_0}{{}_A M_0} \left(1 - 2e^{-\frac{T}{{}_B T_1}} \right) e^{-\frac{t-T}{{}_B T_2}}}{\left(1 - 2e^{-\frac{T}{{}_A T_1}} \right) e^{-\frac{t-T}{{}_A T_2}} + \frac{{}_B M_0}{{}_A M_0} \left(1 - 2e^{-\frac{T}{{}_B T_1}} \right) e^{-\frac{t-T}{{}_B T_2}}} \\
&= \frac{1 - \frac{\left(1 - 2e^{-\frac{T}{{}_B T_1}} \right)}{\left(1 - 2e^{-\frac{T}{{}_A T_1}} \right)} e^{-\left(\frac{1}{{}_B T_2} - \frac{1}{{}_A T_2} \right)(t-T)}}{1 + \frac{\left(1 - 2e^{-\frac{T}{{}_B T_1}} \right)}{\left(1 - 2e^{-\frac{T}{{}_A T_1}} \right)} e^{-\left(\frac{1}{{}_B T_2} - \frac{1}{{}_A T_2} \right)(t-T)}} \\
&= \frac{1 - \xi e^{-\frac{t-T}{\varphi}}}{1 + \xi e^{-\frac{t-T}{\varphi}}}.
\end{aligned}
$$

Hier stellt ξ das Verhältnis der beiden Protonendichten bzw. Gleichgewichtsmagnetisierungen dar $\left(\frac{{}_B M_0}{{}_A M_0} \right)$,

$$
\xi = \frac{\left(1 - 2e^{-\frac{T}{{}_B T_1}} \right)}{\left(1 - 2e^{-\frac{T}{{}_A T_1}} \right)}.
$$

Außerdem gilt

$$
\varphi^{-1} = \left(\frac{1}{{}_B T_2} - \frac{1}{{}_A T_2} \right).
$$

φ^{-1} kann als effektive T_2-Zeit interpretiert werden.

(c) Wenn $T = 200\,\text{ms}$, $_AT_1 = 600\,\text{ms}$, $_AT_2 = 100\,\text{ms}$, $_BT_1 = 1155\,\text{ms}$, $_BT_2 = 145\,\text{ms}$ ist, erhalten die diversen Parameter folgende Werte: $\xi = \frac{1 - 2 \cdot 1{,}2}{1 - 2 \cdot 1{,}4} = 0{,}78$ und $\varphi = 59{,}2\,\text{ms}$. Also muss für den Kontrast von 80% gelten

$$0{,}8 = \frac{1 - \xi e^{-\frac{t-T}{\varphi}}}{1 + \xi e^{-\frac{t-T}{\varphi}}},$$

$$0{,}8 \left(1 + \xi e^{-\frac{t-T}{\varphi}}\right) = 1 - \xi e^{-\frac{t-T}{\varphi}},$$

$$-0{,}2 = -1{,}8 \xi e^{-\frac{t-T}{\varphi}},$$

$$\frac{0{,}2}{1{,}8} = \xi e^{-\frac{t-T}{\varphi}},$$

$$59{,}2\,\text{ms} \cdot \ln\left(\frac{0{,}2}{1{,}8 \cdot 0{,}78}\right) = t - T,$$

$$t - T = 115{,}37\,\text{ms}.$$

Nach $115{,}37\,\text{ms}$ überschreitet der Kontrast 80%, das sind $315{,}37\,\text{ms}$ nach der Inversion. Ein Nachteil dieser Methode ist, die Notwendigkeit wiederholter Messungen. Da bei jedem Experiment aus dem Gleichgewicht gestartet werden muss, ergibt sich dadurch eine lange Gesamtmesszeit.

9.7 BOLD

Hat im Hirn eine Aktivität stattgefunden, liefert der Körper überkompensatorisch sauerstoffreiches Blut in die entsprechende Region. Da oxigeniertes Blut diamagnetisch und deoxigeniertes Blut paramagnetisch ist, ändert sich T_2^*. Wie ändert sich T_2^* durch das **B**lood-**O**xygenation-**L**evel-**D**ependent-Signal (BOLD) und was für einen Einfluss hat es auf ein rekonstruiertes, T_2^*-gewichtetes Bild?

Diamagnetisches Blut hat eine Suszeptibilität, welche näher an der des Gewebes ist, d.h. von diamagnetischem Blut wird des Magnetfeld weniger verzerrt als von paramagnetischem Blut. Duch die höhere Homogenität des Magnetfeldes in der Nähe des diamagnetischen Blutes wird T_2^* länger. Ein T_2^*-gewichtetes Bild besitzt demnach größere Intensitäten in Bereichen mit oxigeniertem Blut. Die Zeit zwischen Zellaktivität und maximalem BOLD-Signal liegt bei ungefähr $5\,\text{s}$ und die Rückkehr in den Normalzustand bei etwa $30\,\text{s}$.

9.8 FOV und Auflösung

A

Ein Objekt sei im k-Raum gegeben durch $F(k_x, k_y)$.

(a) Welche Beziehung gilt zwischen der Größe eines Pixels im Ortsraum und dem *FOV* (Field of View) im k Raum?

(b) Ein Gradient von $G = 1\,\mathrm{mT/m}$ wird für $t = 0,6\,\mathrm{ms}$ in $N = 256$ Schritten angelegt. Wie hoch ist demnach die kleinste Schrittweite Δk und das *FOV* im k Raum? Wie groß ist ein Pixel im Ortsraum? Man gehe dabei davon aus, dass das Gradientenfeld $\vec{G}$ punktsymmetrisch um den Mittelpunkt der Schicht ist.

(c) Wie stark muss der Gradient G_{neu} gewählt werden, damit sie bei $t_{\mathrm{neu}} = 0,4\,\mathrm{ms}$ Aquisitionszeit die gleiche Auflösung und das gleiche *FOV* erhalten?

L

(a) Das *FOV* ist gegeben durch die Anzahl der Schritte N und die Schrittweite $\triangle k$ im entsprechenden Raum $N\triangle k$, also ist

$$\Delta x = \frac{2\pi}{N\Delta k} = \frac{2\pi}{FOV_k}.$$

(b) Berücksichtigt man die Punktsymmetrie von $\vec{G}$, wird

$$FOV_k = 2 \cdot 2\pi\, G t\, \gamma = 4\pi \cdot 1\,\mathrm{mT/m} \cdot 0,6\,\mathrm{ms} \cdot 2,675 \cdot 10^8\,\mathrm{rad/Ts} = 2017\,\mathrm{m^{-1}},$$

und die kleinste Einheit im k Raum $\Delta k = \frac{FOV_k}{N} = \frac{2017\,\mathrm{m^{-1}}}{256} = 7,88\,\mathrm{m^{-1}}$. Ein Pixel im Ortsraum ist folglich $\Delta x = \frac{2\pi}{FOV_k} = \frac{2\pi}{2.017}\,\mathrm{mm} = 3,11\,\mathrm{mm}$.

(c) Da die Größen nicht unabhängig voneinander sind, genügt es zu erzwingen, dass eine von ihnen erhalten bleibt, z. B. $FOV_k = 2017\,\mathrm{m^{-1}} \propto G t$ und deshalb wird

$$G_{\mathrm{neu}} = \frac{G \cdot t}{t_{\mathrm{neu}}} = 1,5\,\mathrm{mT/m}.$$

9.9 Slice Selection

A

Zur Ortsbestimmung in einem 3 T MRI-Tomographen wird das statische Magnetfeld $\vec{B}_0$ mit einem Gradientenfeld $\vec{G}$ überlagert ($|\vec{G}| = 2\,\mathrm{mT/m}$). Es gilt folgende Beziehung für die Magnetfeldstärke

$$B = B_0 + \vec{r} \cdot \vec{G}.$$

Die Signale werden während einer Messdauer von $\tau_r = 10\,\mathrm{ms}$ aufgenommen.

(a) Welche Frequenzauflösung und welche räumliche Auflösung kann mit diesem Gerät erzielt werden?

(b) Wie hoch ist die Bandbreite des zu erwartenden Signals, wenn die Schichtdicke in diesem System 5 mm beträgt?

(c) Ein Quadratur Demodulator multipliziert das eingehende Signal mit $e^{-i\omega_0 t}$. Was geschieht mit dem Signal im Frequenzraum, bzw. wieso wird ein solcher Demodulator verwendet und wie sollte man ω_0 sinnvollerweise wählen?
[Gyromagnetisches Verhältnis $\gamma = 8.5\pi \cdot 10^7\, 1/\mathrm{sT}$]

(a) Zeitliche Auflösung:
Es gilt bei für das Sampling Intervall $t = \frac{\tau_r}{N}$ und demnach ist die Sampling Frequenz $f_{\max} = \frac{1}{t} = \frac{N}{\tau_r}$. Die auftretenden Frequenzen sind demnach $0, \frac{1}{\tau_r}, \frac{2}{\tau_r}, \frac{3}{\tau_r}, \ldots, \frac{(N-1)}{\tau_r}$ mit einer Auflösung von

$$\Delta f = \frac{1}{\tau_r} = 100\,\mathrm{Hz}.$$

Räumliche Auflösung:
Allgemein gilt zwischen Resonanzfrequenz und dem angelegten Magnetfeld

$$\omega = \Delta\omega\gamma B \Rightarrow = \gamma\Delta B.$$

Der Betrag des Magnetfelds ändert sich ortsabhänig mit dem Gradienten G

$$B = B_0 + \vec{r}.\vec{G}.$$

Es ergibt sich also eine Differenz für B zwischen zwei um Δr entfernten Punkten zu

$$\Delta B = B(\vec{r} + \Delta\vec{r}) - B(\vec{r}) = \Delta\vec{r} \cdot \vec{G}.$$

und folglich besteht ein Zusammenhang zur Frequenzauflösung

$$\Delta\omega = 2\pi\Delta f = \gamma\Delta\vec{r} \cdot \vec{G}.$$

Ist $\Delta\vec{r}$ so klein, dass er gerade zwei minimal-aufzulösende Punkte miteinander verbindet, muss demnach gelten

$$\Delta r_{\min} = \frac{2\pi\Delta f}{\gamma G} = \frac{2\pi\, 100\,\mathrm{Hz}}{8{,}5\pi \cdot 10^7\, \frac{1}{\mathrm{sT}}\, 2\mathrm{mT/m}} = 0{,}118\,\mathrm{mm}.$$

(b) Die Bandbreite lässt sich bestimmen, indem man für Δr die maximale Entfernung von Punkten in der Schicht einsetzt

$$\Delta f_b = \frac{8{,}5\pi \cdot 10^7\, \frac{1}{\mathrm{sT}}\, 2\mathrm{mT/m}\, 5\mathrm{mm}}{2\pi} = 425\,\mathrm{Hz}.$$

(c) Eine Verschiebung im Frequenzraum führt zur Modulation in der Zeitdomäne und umgekehrt: $F(\omega - \omega_0) \rightleftarrows e^{-i\omega_0 t} f(t)$. Der Modulator eliminiert den Beitrag der B_0 Komponente, wenn die Frequenz auf $\omega_0 = \gamma B_0$ gesetzt wird.

9.10 Longitudinale Relaxationszeit

Ein $180°$-RF-Puls invertiert die Gleichgewichtsmagnetisierung M_0 einer Wasserprobe (Protonensignal). Man berechne mit Hilfe der Bloch-Gleichung den zeitlichen Verlauf der Rückkehr ins Gleichgewicht, $M_z(t)$. Wie lange dauert es bei einer longitudinalen Relaxationszeit von $T_1 = 1$s bis 90% von M_0 wieder hergestellt ist? Wie groß ist M_0 bei einer Wasserprobe in einem Feld von $B_0 = 2$T und einer Temperatur von $T = 36{,}5°$C?

Die Bloch-Gleichung lautet

$$\frac{dM_z}{dt} = -\frac{M_z - M_0}{T_1} \; ; \; M_z(t=0) = -M_0.$$

Damit ergibt sich der zeitliche Verlauf für die Rückkehr ins Gleichgewicht

$$M_z = M_0 \left(1 - 2 \cdot e^{-\frac{t}{T_1}}\right).$$

Bis 90% der Gleichgewichtsmagnetisierung wieder hergestellt sind vergeht die Zeit t_g

$$0{,}9 M_0 = M_0 \left(1 - 2 \cdot e^{-\frac{t_g}{T_1}}\right).$$
$$t_g = -T_1 \cdot \ln 0{,}05 = -1\,\text{s} \cdot \ln 0{,}05 \approx 3\,\text{s}.$$

Für die Berechnung der Gleichgewichtsmagnetisierung benötigt man die Anzahl der Spins pro Volumen V (im folgenden mit n bezeichnet). Da das Protonensignal gemessen wird, und beide Protonen des Wassermoleküls zum Signal beitragen, gilt:

$$n = \frac{N_{\text{Spins}}}{V} = \frac{2 N_{\text{H}_2\text{O}}}{V}.$$

Die Anzahl der Wassermoleküle $N_{\text{H}_2\text{O}}$ kann man aus der Dichte ρ des Wassers und der Molmasse $m_{\text{mol}}(\text{H}_2\text{O})$ des Wasser berechnen (m ist die Masse in kg, n_{mol} die Molzahl, N die Teilchenzahl und N_A die Avogadro-Konstante):

$$\rho = \frac{m}{V} = \frac{n_{\text{mol}} m_{\text{mol}}}{V} = \frac{N m_{\text{mol}}}{N_A V} \Rightarrow \frac{N_{\text{H}_2\text{O}}}{V} = \rho \frac{N_A}{m_{\text{mol}}}.$$

$$m_{\text{mol}}(\text{H}_2\text{O}) = 2 \cdot 1\,\text{g/mol} + 16\,\text{g/mol} = 18\,\text{g/mol}.$$

Man bekommt

$$n = \frac{2 N_{\text{H}_2\text{O}}}{V} = 2\rho \frac{N_A}{m_{\text{mol}}} = 2 \cdot 1\,\text{g/cm}^3 \cdot \frac{6 \cdot 10^{23} \#/\text{mol}}{18\,\text{g/mol}} =$$
$$= 6{,}7 \cdot 10^{22} \#/\text{cm}^3 = 6{,}7 \cdot 10^{28} \#/\text{m}^3.$$

Die Gleichgewichtsmagnetisierung der Wasserprobe beträgt somit

$$M_0 = n \frac{\gamma^2 \hbar^2 I(I+1)}{3kT} B_0$$

$$= 6{,}7 \cdot 10^{28} \#/\mathrm{m}^3 \cdot \frac{(2{,}675 \cdot 10^8 \, 1/\mathrm{Ts})(6{,}626 \cdot 10^{-34} \mathrm{Js})^2 \frac{1}{2}(\frac{1}{2}+1)}{3 \cdot 1{,}38 \cdot 10^{-23} \mathrm{J/K} \cdot 310 \, \mathrm{K} \cdot (2\pi)^2} 2\,\mathrm{T}$$

$$= 6{,}2 \cdot 10^{-3} \mathrm{A/m}.$$

9.11 Frequenz- und Phasenkodierung

(a) Wie groß ist die Frequenzdifferenz f zweier punktförmiger Objekte (Protonen) in einem Magneten, die einen Abstand in Gradientenrichtung von $s = 10\,\mathrm{cm}$ voneinander besitzen? Der Auslesegradient betrage $G_x = 2\,\mathrm{mT/m}$.

(b) Nun wird ein Phasenkodiergradient von $G_y = 0{,}1\,\mathrm{mT/m}$ für $2\,\mathrm{ms}$ geschaltet; davon sind je $0{,}5\,\mathrm{ms}$ lineare Anstiegs-, bzw. Abfallzeit. Wie groß ist der Phasenunterschied der Spins aus dem ersten Teil der Aufgabe?
[Gyromagnetisches Verhältnis $\gamma = 2{,}675 \cdot 10^8 \cdot 1/\mathrm{Ts}$]

(a) Bei Frequenzkodierung gilt

$$\Delta \omega = 2\pi \Delta f = \gamma G_x \Delta x.$$

Damit beträgt die Frequenzdifferenz

$$\Delta f = \frac{1}{2\pi} \gamma G_x \Delta x = \frac{1}{2\pi} \cdot 2{,}675 \cdot 10^8 \, 1/\mathrm{Ts} \cdot 2 \cdot 10^{-3} \mathrm{T/m} \cdot 0{,}1\,\mathrm{m} = 8{,}515\,\mathrm{kHz}.$$

(b) Der Phasengradient steigt zu Beginn linear an, bleibt konstant und fällt am Ende wieder linear ab. Insgesamt ergibt sich für den Phasenunterschied

$$\Phi = \gamma \int dt \, G_y \Delta y$$

$$= \gamma \Delta y \left\{ \frac{1}{2} \cdot 0{,}5\,\mathrm{ms} \cdot G_y + 1\,\mathrm{ms} \cdot G_y + \frac{1}{2} \cdot 0{,}5\,\mathrm{ms} \cdot G_y \right\}$$

$$= \frac{3}{2} \gamma G_y \Delta y \cdot 1\,\mathrm{ms}$$

$$= \frac{3}{2} \cdot 2{,}675 \cdot 10^8 \, 1/\mathrm{Ts} \cdot 0{,}1 \cdot 10^{-3} \mathrm{T/m} \cdot 0{,}1\,\mathrm{m} \cdot 10^{-3}\mathrm{s}$$

$$= 4{,}01\,\mathrm{rad} = 230°.$$

9.12 Gradientenstärke und Field of View (FOV)

A Der Phasenkodiergradient G_y soll bei einer MRI-Aufnahme von $-G_{max}$ bis $+G_{max}$ variiert werden, wobei die Gradientenpulse eine Gesamtdauer von 2 ms besitzen mit einer Anstiegs- und Abfallzeit von jeweils 0,5 ms. Welche maximale Gradientenstärke G_{max} ist nötig, wenn ein Messfeld (field of view – FOV) von 200 mm mit einer Auflösung von 256 Punkten phasenkodiert werden soll?
[Gyromagnetisches Verhältnis $\gamma = 2{,}675 \cdot 10^8 \frac{1}{T \cdot s}$]

L Die Phasenänderung aufgrund des Gradientenpulses beträgt

$$\Phi = \gamma \int dt \, G_y y = \gamma \left\{ \frac{1}{2} \cdot 0{,}5 \, ms + 1 \, ms + \frac{1}{2} \cdot 0{,}5 \, ms \right\} G_y y = 1{,}5 \, ms \cdot \gamma G_y y.$$

Bei der Messung soll keine Mehrdeutigkeit auftreten. Das bedeutet, dass ein Phasenkodierschritt gerade eine Phase von 2π über das gesamte *Field of View* (FOV) verursacht.

$$\Rightarrow 2\pi = 1{,}5 \, ms \cdot \gamma G_y \cdot FOV.$$

So ergibt sich der benötigte Phasengradient

$$G_y = \frac{2\pi}{\gamma \cdot 1{,}5 \, ms \cdot FOV} = \frac{2\pi}{1{,}5 \, ms \cdot 2{,}675 \cdot 10^8 \, 1/Ts \cdot 0.2 \, m} = 7{,}83 \cdot 10^{-5} \, T/m.$$

Die maximale Gradientenstärke beträgt also

$$G_{max} = 128 \cdot G_y = 10 \, \frac{mT}{m}.$$

9.13 Muskelstimulierung durch gepulste Gradienten

A Das untere Limit für eine Stimulierung des Muskels liegt bei induzierten Stromdichten von $j = 1 \, A/m^2$. Wird diese Stromdichte bei einem Muskel mit einer Leitfähigkeit von $\sigma = 0{,}4 \, S/m$ und einem äußeren Radius von $R = 9 \, cm$ erreicht? Man berechne dafür die Stromdichte am äußeren Rand des Muskels, wenn die gepulste Magnetfelder parallel zur Achse des Muskels mit einer Rate von $\frac{dB}{dt} = 60 \, T/s$ angelegt werden.

L Der äußere Rand des Muskels wird als eine Leiterschleife betrachtet, in welcher das zeitabhängige Magnetfeld nach dem Faraday'schen Induktionsgesetz eine Spannung

$$U = A \cdot \dot{B} = \pi R^2 \cdot \dot{B}$$

erzeugt. Sie entspricht einer Feldstärke in tangentialer Richtung von

$$E = \frac{U}{2\pi R} = \frac{\pi R^2 \cdot \dot{B}}{2\pi R} = \frac{R \cdot \dot{B}}{2}.$$

Dadurch wird eine Stromdichte

$$j = \sigma E = \sigma \frac{R \cdot \dot{B}}{2} \dot{B} = 0,4 \, \text{Sv/m} \cdot \frac{0,09 \, \text{m}}{2} \cdot 60 \, \text{T/s} = 1,08 \, \text{A/m}.$$

Da dies etwas oberhalb des Grenzwertes, eine Stimulierung des Muskels ist also möglich.

9.14 Mehrschichttechnik bei Spin-Echo-Verfahren

Bei einem Spin-Echo-Experiment sei bei einer Wahl der Echozeit von $T_E = 15 \, \text{ms}$ ein Zyklus des Datenauslesens nach etwa 25 ms beendet. Die Wiederholungszeit soll aber wegen dem gewünschtem Kontrast $T_R = 500 \, \text{ms}$ betragen. Da das Datenauslesen aber schon nach 25 ms beendet ist, kann man die Wiederholungszeit effektiv nutzen, indem man zum Beispiel während dieser Zeit weitere Rohdatenzeilen anderer Schichten aufnimmt. Das Verfahren wird als *Mehrschichttechnik* bezeichnet.

(a) Wieviele Schichten können in diesem Beispiel insgesamt während T_R aufgenommen werden?

(b) Die gewünschte Auflösung sei 256 Zeilen mal 256 Spalten. Wie lang ist die Gesamtmesszeit?

(a) Die Anzahl der Schichten beträgt maximal

$$N = \frac{T_R}{T_D} = \frac{500 \, \text{ms}}{25 \, \text{ms}} = 20.$$

In der Praxis sind es meist etwas weniger.

(b) Die Gesamtmesszeit beträgt

$$t_{\text{ges}} = N_{Ph} \cdot T_R = 256 \cdot 500 \, \text{ms} = 128 \, \text{s}.$$

9.15 Turbo-Spin-Echo Sequenz

Bei einer *Turbo-Spin-Echo* Sequenz (*TSE*, auch *Fast Spin Echo – FSE* genannt) für T_2-Wichtung nimmt man nach einer Anregung mit einem 90°-Puls mehrere Rohdatenzeilen der gleichen Schicht auf. Das geschieht, indem mehrere 180°-Refokussierungspulse benutzt werden, um ein Echo zu bekommen. Diese aufeinander folgenden 180°-Refokussierungspulse sind äquidistant. Damit mehrere Rohdatenzeilen aufgenommen werden können, hat jeder Refokussierungspuls einen anderen Phasenkodiergradienten. Weitere Details sind der Abbildung zu entnehmen.
Eine Turbo-Spin-Echo-Sequenz für T_2-Wichtung liefert alle 15 ms ein Echo, und der Echozug ist vom Beginn des ersten Gradienten bis zum Ende des letzten 150 ms lang. Es sollen 10 Schichten mit einer Auflösung von 200 Zeilen und 256 Spalten gemessen werden.

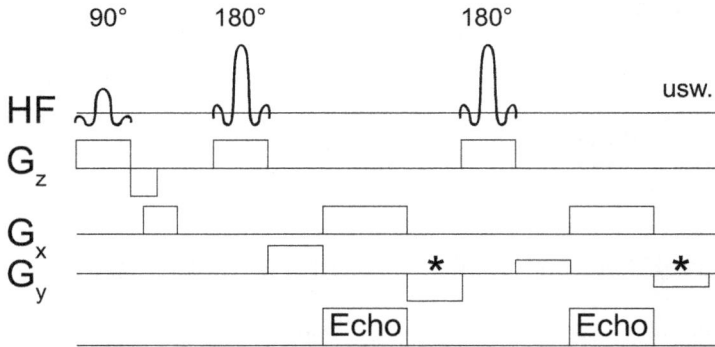

Abb. 9.3 Prinzip einer Turbo-Spin-Echo Sequenz. *HF* ist die Hochfrequenzanregung, G_z ist der Schichtselektionsgradient, G_x ist der Auslesegradient, und G_y ist der Phasenkodiergradient. Das erste Echo gehört zu einer anderen Rohdatenzeile als das zweite abgebildete, wie man an dem unterschiedlichen Phasenkodiergradienten sehen kann. Nach jedem Auslesen des Echos muss der dazu benutzte Phasenkodiergradient rückgängig gemacht werden, damit danach eine andere Rohdatenzeile aufgenommen werden kann. Diese zusätzlichen Gradienten sind mit einem Stern gekennzeichnet. (In der Abbildung ist die Mehrschichttechnik nicht berücksichtigt worden.)

(a) Wieviele Echos passen in einen Echozug?

(b) Wieviele Echozüge werden benötigt um die gewünschte Auflösung zu erhalten?

(c) Das Turbo-Spin-Echo soll mit der in Aufgabe 9.14 beschriebenen Mehrschichttechnik kombiniert werden. Wenn alle Schichten in T_R aufgenommen werden sollen, wie groß ist dann die minimale Wiederholungszeit $T_{R,\,\mathrm{min}}$?

(d) Wie lange dauert die Messung unter Benutzung dieser minimalen Wiederholungszeit $T_{R,\,\mathrm{min}}$, wenn zur Erhöhung des Signal-zu-Rausch-Verhältnisses 4 Akkumulationen benutzt werden?

(e) Wie lange hätte die gleiche Messung mit einer Akkumulation bei einem konventionellen Spin-Echo mit einer Repetitionszeit von 2 s gedauert?

(f) Führt die Aufnahme von mehreren Rohdatenzeilen bei der Turbo-Spin-Echo Sequenz zu Problemen mit der T_2-Wichtung? Wenn ja, zu welchen?

L (a) In einen Echozug passen

$$N_{\mathrm{Echos}} = \frac{150\,\mathrm{ms}}{15\,\mathrm{ms}} = 10$$

Echozüge. Das entspricht 10 Zeilen in dem Bild.

(b) Um die gesuchte Auflösung zu erreichen werden

$$N_{EZ} = \frac{N_{Ph}}{N_{\mathrm{Echos}}} = \frac{200}{10} = 20$$

Echozüge benötigt.

(c) Ein Echozug dauert $t_{EZ} = 150\,\text{ms}$. Wenn alle 10 Schichten während T_R aufgenommen werden sollen, dann beträgt die benötigte minimale Wiederholungszeit

$$T_{R,\text{min}} = 10 \cdot 150\,\text{ms} = 1,5\,\text{s}.$$

(d) Unter den gegebenen Randbedingungen dauert die Messung

$$t_{\text{Messung}} = 4 \cdot 20 \cdot T_{R,min} = 120\,\text{s}.$$

(e) Das konventionelle Spin-Echo hätte für eine Akkumulation bei 10 Schichten und 200 Zeilen

$$t_{\text{Messung,SE}} = 10 \cdot 200 \cdot 2\,\text{s} = 4000\,\text{s}$$

gedauert.

(f) Da unterschiedliche Rohdatenzeilen zu verschiedenen Zeiten aufgenommen werden, besitzen sie eine unterschiedliche T_2-Wichtung.

Ein anderer Effekt der TSE-Sequenz ist, dass sich manche Gewebe trotz gleicher Echozeit etwas anders darstellen. Zum Beispiel ist das Fettsignal bei einem TSE leicht erhöht. Die Ursache dafür ist, dass durch mehrere 180°-Pulse bestimmte Wechselwirkungen (J-Modulationen) unterdrückt werden. Daraus folgt ein langsamerer Zerfall des Signals.

9.16 Strahlenschutz in der MRI (HF-Absorption)

(a) Gesucht ist die spezifische Absorptionsrate SAR (durch absorbierte HF-Leistung) in W/kg einer Turbo-Spin-Sequenz mit 11 Echos pro Pulszug. Zur Vereinfachung sei angenommen, dass der 180-RF-Puls 2,5 ms dauert und im Mittel eine Spannungsamplitude von 150 V hat. Der 90°-Puls soll die gleiche Dauer wie der 180°-Puls besitzen. Die Sequenz soll auf 15 Schichten angewendet werden und mit einer Repetitionszeit von $TR = 4\,\text{s}$ laufen. Weiterhin soll angenommen werden, dass die halbe Leistung absorbiert wird und die Anpassung des Wellenwiderstandes perfekt bei $50\,\Omega$ liegt. Die absorbierte Leistung sei gleichmässig auf eine Körpermasse von 60 kg verteilt.

(b) Um wieviel Grad hätte sich der Körper nach einer Stunde bei der HF-Leistung aus (a) erwärmt, wenn der Körper nur aus Wasser bestünde und keine Kühlmechanismen vorhanden wären?

(a) Die Leistung eines 180°-Pulses beträgt

$$P_{180} = \frac{U^2}{R} = \frac{(150\,\text{V})^2}{50\,\Omega} = 450\,\text{W},$$

und die Energie ist

$$E_{180} = P_{180} t_p = 450\,\text{W} \cdot 2,5 \cdot 10^{-3}\text{s} = 1,125\,\text{J}.$$

Bei einem 90°-Puls, der die gleiche Länge wie der 180°-Puls besitzen soll, muss die HF-Feldstärke halbiert werden, denn für den Flipwinkel gilt

$$\Theta = \omega_1 t_p = \gamma B_1 t_p,$$

und die RF-Magnetfeldstärke ist proportional zur angelegten Spannung

$$B_1 \sim \sqrt{I} \propto \sqrt{P} \propto U.$$

Daher folgt für die Leistung des Anregungspulses

$$P_{90} = \frac{(U/2)^2}{R} = \frac{1}{4}P_{180} = 112{,}5\,\text{W} \quad\Rightarrow\quad E_{90} = 0{,}2812\,\text{J}.$$

Die Gesamtenergie der TSE-Sequenz beträgt

$$E_{\text{ges}} = 15 \cdot (1 \cdot E_{90} + 11 \cdot E_{180}) = 15 \cdot (0{,}2812\,\text{J} + 11 \cdot 1{,}125\,\text{J}) = 190\,\text{J}.$$

Die mittlere Leistung ist

$$\bar{P} = \frac{E_{\text{ges}}}{T_R} = \frac{190\,\text{J}}{4\,\text{s}} = 47{,}46\,\text{W}.$$

Davon wird laut Aufgabe nur die Hälfte im Körper absorbiert

$$SAR = \frac{1}{2} \cdot \frac{\bar{P}}{m} = \frac{47{,}46\,\text{W}}{2 \cdot 60\,\text{kg}} = 0{,}4\,\text{W/kg}.$$

(b) Bei einem Gewicht von $60\,\text{kg}$ beträgt die Energieabsorption nach einer Stunde

$$E = SAR \cdot m \cdot t = 0{,}4\,\text{W/kg} \qquad 60\,\text{kg} \cdot 3600\,\text{s} = 86{,}4\,\text{kJ},$$

und mit der spezifischen Wärme von Wasser $c_W = 4{,}187\,\text{kJ/kgK}$ folgt für die Temperaturerhöhung

$$\Delta T = \frac{E}{m\,c_W} = \frac{86{,}4\,\text{kJ}}{60\,\text{kg}\,4{,}187\,\text{kJ/kg\,K}} = 0{,}34^\circ\text{C}.$$

10 Nukleardiagnostik und Positronen Emissions Tomographie

Die Nukleardiagnostik benutzt radioaktive Elemente, um funktionelle Abläufe im menschlichen Körper sichtbar zu machen, zum Teil auch zeitaufgelöst. Häufig bietet der Einsatz von radioaktiven Isotopen die einzige Möglichkeit, um zu verfolgen, wie ein Stoff vom Körper aufgenommen, verarbeitet, gespeichert und wieder ausgeschieden wird. Die dazu komplementäre morphologische Information (z. B. Lage und Form der Körperorgane) lässt sich wesentlich besser mit anderen bildgebenden Verfahren wie Ultraschall, Röntgen oder Magnetresonanztomographie gewinnen.

Die Nukleardiagnostik teilt sich auf in die Bereiche Szintigrafie und die Untersuchung der Kinetik. Bei der Szintigrafie wird die räumliche Verteilung der applizierten Radioaktivität im Körper zu einem bestimmten Zeitpunkt gemessen. Bei der Kinetik werden die zeitlichen Abläufe der Radioaktivitätsverteilung im Körper untersucht. Dabei gibt es Untersuchungen, die ganz ohne Bildgebung auskommen. Die Kinetik wird nicht nur durch den radioaktiven Zerfall bestimmt, sondern auch durch die physiologischen Prozesse im Körper. Für nukleardiagnostische Untersuchungen wird in der Regel ein radioaktives Isotop in den Körper des Patienten eingebracht. Das erfolgt typischerweise durch Injektion in die Blutbahn, Schlucken in den Magen-Darm-Trakt oder durch die Inhalation in die Lunge. Um die zu messende Radioaktivität an den gewünschten Ort im Körper zu bringen, werden Tracer eingesetzt. Das sind radioaktiv markierte Moleküle, von denen man weiß, dass sie an den zu untersuchenden Prozessen (z. B. dem Stoffwechsel) teilnehmen, oder die in die Zielorgane diffundieren. Welche Moleküle als Tracer eingesetzt werden können, hängt also von der gewünschten Information der nukleardiagnostischen Untersuchung ab.

Der Zerfall der radioaktiven Kerne wird durch das Zerfallsgesetz beschrieben:

$$N(t) = N_0 e^{-\lambda t}.$$

Hier ist $N(t)$ die Anzahl der noch vorhandenen radioaktiven Kerne zur Zeit t, N_0 die Anfangszahl der radioaktiven Kerne zum Zeitpunkt der Applikation $t = 0$ und λ ist die Zerfallsrate (Zerfallskonstante). Diese ist invers proportional zur Halbwertszeit $T_{1/2}$, bei der genau die Hälfte der ursprünglich vorhandenen radioaktiven Kerne noch vorhanden sind: $T_{1/2} = \frac{\ln 2}{\lambda}$. Die Aktivität $A(t)$ einer Menge radioaktiven Materials ist definiert als die Anzahl der Zerfälle pro Zeiteinheit,

$$A(t) := -\frac{dN}{dt} = A_0 e^{-\lambda t},$$

und wird in Becquerel (Bq) gemessen. Früher wurde auch die Einheit Curie (Ci) verwendet. Sie wurde eigentlich als die Aktivität von einem Gramm Radium-226 defniert, später aber auf den Wert 1 Ci $= 3,7 \cdot 10^{10}$ Bq festgelegt.

Bei der Nukleardiagnostik ist die Menge der in den Körper eingebrachten Aktivität bekannt und kann mit Hilfe der Zerfallszeit aus dem Zerfallsgesetz für spätere Zeitpunkte errechnet werden. Ziel der nukleardiagnostischen Messverfahren ist es zu bestimmen, wann sich wo im Körper diese Aktivität verteilt. Dazu wird $A(x,y,z,t)$ gemessen. Typische Aktivitäten in der nuklearmedizinischen Diagnostik liegen im Bereich zwischen 100 MBq und 1 GBq, also $10^8 - 10^9$ Zerfällen pro Sekunde. Dabei können nur Nuklide eingesetzt werden, deren Halbwertszeiten im Bereich von einigen Sekunden bis einigen Stunden liegt. Bei kürzeren Halbwertszeiten zerfallen die Nuklide zu schnell, um sie sinnvoll anwenden zu können, und bei längeren Halbwertszeiten sind zum einen die Messzeiten sehr lang und zum anderen die Strahlenbelastung des Patienten zu hoch.

Die in der Natur vorkommenden Nuklide haben viel zu lange Halbwertszeiten, besitzen eine zu schlechte radiochemische Reinheit, sind häufig radiotoxisch, und es tritt nicht nur die gewünschte Strahlungsart auf. Daher werden die in der nuklearmedizinischen Diagnostik eingesetzten Radionuklide künstlich in einem Kernreaktor oder mit einem Zyklotron hergestellt. Eine herausragende Stellung in der Nuklearmedizin besitzt Technetium-99m, da es ein reiner Gammastrahler ist (das m kennzeichnet einen metastabilen Zustand des Kerns) und daher wenig Strahlenexposition für den Patienten bedeutet. Ein Beispiel für die Herstellung von Radionukliden ist die Gewinnung von Technetium-99m aus Molybdän-99, das in einem Kernreaktor durch Neutroneneinfang oder Kernspaltung gewonnen wird. Es wird in Bleibehältern in die Klinik gebracht, wo sich das Molybdän-99 mit einer Halbwertszeit von 66,7 Stunden in das metastabile Technetium-99m mit einer Halbwertszeit von 6 Stunden umwandelt. Das so entstandene Pertechnetat ist im Gegensatz zu der Molybdän-Verbindung wasserlöslich und kann daher herausgewaschen und in eine Spritze gezogen und injiziert werden. Nach etwa einer Woche des täglichen „melkens" ist der Radionuklidgenerator verbraucht und muss ausgetauscht werden.

Für bildgebende Messungen von Gammastrahlen haben sich Szintillationsdetektoren durchgesetzt, da sie eine hohe Empfindlichkeit, gute Energieauflösung und kurze Abklingzeiten besitzen. Sie werden in dem typischen Bereich von $50 - 511$ keV eingesetzt. Ein Szintillationsdetektor besteht im Wesentlichen aus einem Szintillationskristall mit einem angrenzenden Sekundärelektronenvervielfacher (SEV, auch *Photomultiplier* genannt). Ein eintreffendes Gamma-Quant wird im Szintillationskristall absorbiert und erzeugt dabei optische Photonen, deren Anzahl proportional zu der Energie ist, die das Gamma-Quant im Kristall abgegeben hat. Bei vollständiger Absorption entsteht ein Lichtblitz, dessen Anzahl von Photonen ein direktes Maß für die Energie des einfallenden Gamma-Quants ist. Diese Photonen treffen auf die Photokathode des SEV, wodurch Photoelektroden erzeugt werden. Diese werden durch eine Kaskade von nachgeschalteten Dynoden (meist etwa 10) durch den Lawineneffekt verstärkt, bis sie schließlich auf der Anode auftreffen und elektrisch detektiert werden. Der Szintillatorkristall muss die geeignete Größe für die Messung besitzen, sehr homogen und optisch möglichst transparent sein. Die Größe variiert von 1 cm^2 bis zu $40 \cdot 60$ cm^2 für Ganzkörperszintigramme. Damit die gesamte Gamma-Quanten-Energie detektiert wird muss außerdem die Dicke ausreichend sein, und das Material sollte eine hohe effektive Ordnungszahl besitzen. Daher werden Thallium-dotierte Natriumiodid-Kristalle (NaI:Tl) verwendet oder BGO ($Bi_4Ge_3O_{12}$). Während bei NaI : Tl die Lichtausbeute am höchsten ist, ist bei BGO die Absorptionswahrscheinlichkeit höher.

Neben der Zahl der Photonen muss für die Messung der Verteilung der Aktivität im Körper auch deren Ursprung bestimmt werden. Um die Information zu erhalten, aus welcher Richtung ein detektiertes Photon kommt, werden Kollimatoren eingesetzt. Die Ausbreitungsrichtung von gestreuten Gamma-Quanten besitzt keine Information mehr über ihren Entstehungsort, daher tragen sie nur noch zum Bildrauschen bei. Da diese gestreuten Gamma-Quanten bei jeder Streuung Energie verlieren, benutzt man einen Diskriminator, der nur Ereignisse registriert, die in einem vorgegebenen Impulshöhenfenster liegen. Dabei sucht man einen Kompromiss für die Schwelle, sodass das Rauschen zwar unterdrückt wird, aber nicht zu viele primäre Gamma-Quanten niedriger Energie eliminiert werden.

Um die Aktivitätsverteilung in einem großen Bereich des Körpers simultan zu erfassen wurde die Gamma-Kamera entwickelt. Darin werden relativ wenige SEV (40 bis 100) so über ein Widerstandsnetzwerk zusammengeschaltet, dass trotz ihrer geringen Zahl eine hohe Ortsauflösung erreicht werden kann. Da die Qualität einer Gamma-Kamera entscheidend von der gleichmäßigen und stabilen Empfindlichkeit der einzelnen SEV abhängt, ist eine regelmäßige Kalibration mit einer bekannten Quellverteilung nötig.

Die planere Szintigrafie entspricht dem Projektionsröntgen insofern, als mit der Gamma-Kamera die Linienintegrale der Aktivität gemessen werden. SPECT, die *Single Photon Emission Computer Tomography*, basiert auf dem gleichen Prinzip wie die planare Szintigrafie, allerdings liefert sie dreidimensionale Bilder. Analog zu der Röntgen-CT wird aus vielen Projektionen im Computer die dreidimensionale Aktivitätsverteilung rekonstruiert. Es gibt mehrere Bauformen von SPECT-Geräten: mit einem oder mehreren Messköpfen, die kreisförmig oder elliptisch um den Patienten rotieren. Die gefilterte Rückprojektion ist das am häufigsten eingesetzte Rekonstruktionsverfahren. Wenn es möglich ist, die Absorptionsprozesse im Körper in einem Vergleichsmodell des Objekts mit zu berücksichtigen, dann liefert das iterative Rekonstruktionsverfahren bessere Bilder.

In der Positronen-Emissions-Tomographie (PET) wird die Molekülmarkierung des Tracers mit einem Positronenstrahler vorgenommen. Die mittlere Weglänge der emittierten Positronen im Gewebe beträgt einige Milimeter, bevor sie mit einem Elektron annihilieren. Bei der Annihilation entstehen zwei Gamma-Quanten mit je einer Energie von 511 keV, die sich praktisch in entgegengesetzter Richtung fortbewegen. Durch den endlichen Impuls von Elektron und Positron gibt es eine Winkelverteilung der relativen Ausbreitungsrichtung der beiden Photonen von nur etwa $0,3°$. Im Gegensatz zu SPECT benötigt man daher keine Kollimatoren, weshalb die Ausbeute wesentlich höher und die dafür notwendige applizierte Aktivität deutlich kleiner ist. Der Zerfall der Positronen wird durch eine Koinzidenzmessung nachgewiesen. Daher sind rund um den Patienten Detektoren angebracht. Um eine hohe Nachweiswahrscheinlichkeit zu erreichen, müssen die Detektoren an die relative hohe Energie von 511 keV angepasst werden. Das Standardmaterial für PET-Detektoren ist BGO. Für die Bildrekonstruktion kann wie bei SPECT sowohl die Rückprojektion als auch ein iteratives Verfahren angewendet werden.

10.1 Zerfallsreaktion

A

Eine Probe enthält $1,5\,\mu$g reinen Stickstoff $^{13}_{7}$N mit einer Halbwertzeit von $T_{1/2} = 10\,$min.

(a) Wieviele Kerne N_0 sind anfangs vorhanden?

(b) Wie groß ist die Aktivität am Anfang und nach $1\,$h?

(c) Wie lange dauert es, bis die Aktivität auf weniger als $1\,\text{s}^{-1}$ gesunken ist?

L

(a) Da die Molmasse $13\,$g/mol beträgt, enthalten 13 g des Isotops $^{13}_{7}$N $\rightarrow 6,02 \cdot 10^{23}$ Kerne (Avogadro-Konstante N_A). Es sind $1,5\,$mg $= 1,5 \cdot 10^{-6}$g vorhanden. Somit gilt

$$\frac{N_0}{N_A} = \frac{1,5 \cdot 10^{-6}}{13}.$$

Daraus folgt $N_0 = 6,94 \cdot 10^{16}$.

(b) Für $t_{1/2}$ lautet die Beziehung

$$T_{1/2} = \frac{\ln 2}{\lambda}.$$

Und so wird die Zerfallskonstante λ zu

$$\lambda = \frac{0,693}{10\,\text{min}} = \frac{0,693}{600\,\text{s}} = 1,16 \cdot 10^{-3}\text{s}^{-1}.$$

Zum Zeitpunkt $t = 0$ gilt

$$\frac{dN}{dt}\Big|_{t=0} = \lambda N_0 = \left(1,16 \cdot 10^{-3}\,\text{s}^{-1}\right)\left(6,94 \cdot 10^{16}\right) = 8,05 \cdot 10^{13}\,\text{s}^{-1}.$$

Nach $t_1 = 1\,$h $= 3600\,$s beträgt die Aktivität

$$\frac{dN}{dt}\Big|_{t=1\text{h}} = \left(\frac{dN}{dt}\Big|_{t=0}\right)e^{-\lambda t_1} = \left(8,05 \cdot 10^{13}\,\text{s}^{-1}\right)\exp\left[\left(-1,16 \cdot 10^{-3}\,\text{s}^{-1}\right)(3600\,\text{s})\right]$$
$$= 1,23 \cdot 10^{12}\,\text{s}^{-1}.$$

(c) Die Zeitspanne t_S, nach der $\frac{dN}{dt} \leq 1\,\text{s}^{-1}$ ist, berechnet sich aus

$$\exp\left(-\lambda t_S\right) = \frac{\frac{dN}{dt}\big|_{t=t_S}}{\frac{dN}{dt}\big|_{t=0}} = \frac{1\,\text{s}^{-1}}{8,05 \cdot 10^{13}\,\text{s}^{-1}} = 1,25 \cdot 10^{-14}.$$

Damit wird

$$t_S = \frac{\ln\left(-1,25 \cdot 10^{-14}\right)}{1,16 \cdot 10^{-3}\text{s}^{-1}} = \frac{32}{1,16 \cdot 10^{-3}}\,\text{s} = 7,67\,\text{h}.$$

10.2 Mumienalter

Zu Lebzeiten eines Menschen ist das Isotopenverhältnis $_6^{14}C$ zu $_6^{12}C$ in der Knochensubstanz konstant bei $1{,}3 \cdot 10^{-12}$. $_6^{14}C$ ist ein radioaktives Isotop, das mit einer Halbwertzeit von $t_{1/2} = 5730\,\mathrm{a}$ zerfällt. Nach dem Tod zerfällt das $_6^{14}C$-Isotop. Darum kann man aus der aktuellen Aktivität eines Knochenfundes auf das Alter dieses Knochens schließen (siehe Ötzi). Als Beispiel sei hier ein Knochen betrachtet, der eine Kohlenstoffmasse von $m_K = 200\,\mathrm{g}$ besitzt. Man registriert eine Aktivität von $16\,\mathrm{s}^{-1}$. Wie alt ist der Knochen (bzw. vor wie langer Zeit t_A ist der Tod eingetreten)?

Die gesamte Kohlenstoffmasse von $m_K = 200\,\mathrm{g}$ entspricht $n_C = 200/12 = 16{,}7$ Mol und somit $n_C N_A = 16{,}7 \cdot 6 \cdot 10^{23} = 10^{25}$ Atomen. Davon sind $N_{C14} = 10^{25} \cdot 1{,}3 \cdot 10^{-12} = 1{,}3 \cdot 10^{13}$ ^{14}C Kerne. Aus $t_{1/2} = \frac{\ln 2}{\lambda}$ ergibt sich die Zerfallsrate als

$$\lambda = \frac{0{,}693}{5730\,\mathrm{a}} = 3{,}83 \cdot 10^{-12}\mathrm{s}^{-1}.$$

Somit gilt für die ursprüngliche Aktivität von $_6^{14}C$

$$\frac{dN}{dt}\Big|_{t=0} = \lambda N_0 = \left(3{,}83 \cdot 10^{-12}\mathrm{s}^{-1}\right)\left(1{,}3 \cdot 10^{13}\right) = 50\,\mathrm{s}^{-1}$$

und für die Aktivität in Abhängigkeit vom Alter t_A des Knochens

$$\frac{dN}{dt}\Big|_{t=t_A} = \left(\frac{dN}{dt}\Big|_{t=0}\right)\exp\left(-\lambda t_A\right) = 16\,\mathrm{s}^{-1}.$$

Nach Auflösung nach t_A ergibt sich

$$t_A = \frac{1}{\lambda}\ln\left(\frac{\frac{dN}{dt}\big|_{t=0}}{\frac{dN}{dt}\big|_{t=t_A}}\right) = \frac{1}{3{,}83 \cdot 10^{-12}\mathrm{s}^{-1}}\ln\left(\frac{50}{16}\right) = 3{,}0 \cdot 10^{11}\,\mathrm{s} = 9506\,\mathrm{a}.$$

10.3 Jod

Das Jodisotop $_{53}^{131}I$ wird in Kliniken zur Diagnose der Schilddrüsenfunktion eingesetzt. Man bestimme die Aktivität

(a) unmittelbar nachdem dem Patienten $550\,\mu\mathrm{g}$ verabreicht wurden,

(b) nach 1, 2 und 10 Stunden,

(c) bei den Nachuntersuchungen nach 6 Monaten und 1 Jahr. Die Halbwertzeit $T_{1/2}$ von $_{53}^{131}I$ beträgt $8{,}02$ Tage.

(a) Die Anfangsanzahl N_0 der Kerne von $_{53}^{131}I$ ist

$$N_0 = \frac{m_J}{M_J}N_A = \frac{\left(5{,}5 \cdot 10^{-4}\,\mathrm{g}\right)\left(6{,}02 \cdot 10^{23}\,\mathrm{mol}^{-1}\right)}{131\,\mathrm{g/mol}} = 2{,}53 \cdot 10^{18}.$$

(b) Aus $T_{1/2} = 8{,}02\,\mathrm{d} = 6{,}93 \cdot 10^5\,\mathrm{s} = \frac{\ln 2}{\lambda}$ folgt

$$\lambda = \frac{0{,}693}{6{,}93 \cdot 10^5\,\mathrm{s}} = 10^{-6}\,\mathrm{s}^{-1}$$

und

$$\frac{dN}{dt}\Big|_{t=0} = \lambda N_0 = \left(1 \cdot 10^{-6}\right)\left(2{,}53 \cdot 10^{18}\,\mathrm{s}^{-1}\right) = 2{,}53 \cdot 10^{12}\,\mathrm{s}^{-1}.$$

$$\frac{dN}{dt}\Big|_{t=t_j} = N_0 e^{-\lambda t_j} = 2{,}53 \cdot 10^{12} \exp\left[-\left(10^{-6}\,\mathrm{s}^{-1}\right) \cdot (3600\,\mathrm{s/h})\,t_j\right]$$
$$= 2{,}53 \cdot 10^{12} \exp\left[-\left(0{,}0036\,\mathrm{h}^{-1}\right) t_j\right].$$

(c) Für $t_j = 1\,\mathrm{h}, 2\,\mathrm{h}, 10\,\mathrm{h}$ sind die Aktivitäten

$t_j\,[\mathrm{h}]$	1	2	10
$\frac{dN}{dt}\big|_{t=t_j}\,[\mathrm{s}^{-1}]$	$2{,}53 \cdot 10^{12}$	$2{,}52 \cdot 10^{12}$	$1{,}77 \cdot 10^{12}$

1. Für 6 Monate mit $t_j = 1/2\,\mathrm{a} = \frac{8766\,\mathrm{h}}{2} = 4383\,\mathrm{h}$ und für ein Jahr mit $t_j = 8766\,\mathrm{h}$ findet man

	6 Monate	1 Jahr
$t_j\,[\,\mathrm{h}]$	4383	8766
$\frac{dN}{dt}\big|_{t=t_j}\,[\mathrm{s}^{-1}]$	$3{,}54 \cdot 10^5$	$4{,}95 \cdot 10^{-2}$

10.4 Photomultiplier

Ein Photomultiplier soll zur Detektion von γ-Strahlen verwendet werden. Vor der Barium-oxid-Kathode des Photomultiplikators befindet sich ein Szintillatorkristall, welcher die γ-Photonen in sichtbares Licht umwandelt.

(a) Welche Wellenlänge λ_0 dürfen die vom Szintillator emittierten Photonen maximal haben, um detektiert zu werden, wenn die Austrittsarbeit für Bariumoxid: $1{,}3\,\mathrm{eV}$ beträgt?

(b) Man nehme an, ein solches Photon trifft auf die Bariumoxid-Kathode und erzeugt ein freies Elektron. Wie hoch muss das elektrische Potenzial zur ersten Bariumoxid-Dynode mindestens sein, damit an dieser bei Einschlag des Ursprungselektrons $Z = 5$ Sekundärelektronen frei werden?

(c) Der Photomultiplier bestehe aus insgesamt $N = 10$ Dynoden. Diese sind so angelegt, dass immer die gleiche Anzahl an Sekundärelektronen pro eingeschlagenem Elektron frei werden. Wie lange dauert es, bis das Signal an der Anode eintrifft? Der Dynoden-Abstand betrage $\delta = 1\,\mathrm{cm}$.

(d) Wie hoch ist in diesem Fall der am Ausgang messbare Elektronenstrom I wenn Photonen mit einer Leistung von $P = 2{,}08 \cdot 10^{-16}\,\mathrm{W}$ auf die Kathode eintreffen?

(a) Es gilt mit h als Planck'sches Wirkungsquantum, f als Frequenz und m_e als Elektronmasse

$$hf = W_a + \frac{m_e v^2}{2}.$$

Mit der Geschwindigkeit $v = 0$ folgt für die Energie $W_a = hf$. Da $\frac{hc}{\lambda_0} = W_a$ ist, ergibt sich für die Wellenlänge

$$\lambda_0 = \frac{hc}{W_a} = \frac{(6{,}63 \cdot 10^{-34}\,\text{Js})\,(3 \cdot 10^8\,\text{m/s})}{1{,}3\,\text{eV}\,(1{,}6 \cdot 10^{-19})\,\text{J/eV}} = 9{,}52 \cdot 10^{-7}\,\text{m} = 952\,\text{nm}.$$

(b) Das Ursprungselektron wird absorbiert. Um Z Elektronen freisetzen zu können, muss seine Energie mindestens

$$E_{\text{sek}} = W_a Z$$

betragen. Mit der Ladung q ist $E_{\text{sek}} = q\,\triangle V$. Somit folgt $q\,\triangle V = W_a Z$ bzw.

$$\triangle V = \frac{W_a Z}{q} = \frac{1{,}3\,\text{V}\,5}{1{,}6 \cdot 10^{-19}\,\text{C}} = 6{,}5\,\text{V}.$$

(c) Unter der Annahme, dass die Dynoden-Anoden das gleiche Potenzial und den gleichen Abstand δ haben, ist die Beschleunigung der Elektronen

$$a = \frac{q\,\triangle V}{\delta m_e}.$$

Wir setzen die Anfangsgeschwindigkeit $= 0$. Damit legen die Elektronen bei konstanter Beschleunigung den Weg $\delta = a\,\tau^2/2$ zurück. Die Zeit τ zwischen 2 Dynoden beträgt somit

$$\tau = \delta \sqrt{\frac{2 m_e}{q\,\triangle V}}.$$

Insgesamt gibt es $(N + 1)$ Flugstrecken. Die gesamte Flugzeit beträgt somit

$$\tau_{\text{tot}} = (N + 1)\,\delta \sqrt{\frac{2 m_e}{q\,\triangle V}} = 4{,}6 \cdot 10^{-7}\,\text{s} = 146\,\text{ns}.$$

(d) Für die Leistung P gilt

$$P = \frac{dE}{dt} = \frac{hc}{\lambda_0}\left(\frac{dN_\gamma}{dt}\right)$$

und umgeformt

$$\frac{dN_\gamma}{dt} = \frac{P\lambda_0}{hc}.$$

Mit $N_e = Z^N N_\gamma$ folgt

$$Z^{-N}\frac{dN_e}{dt} = \frac{P\lambda_0}{hc}.$$

Da $\frac{dN_e}{dt}e^- = I$ ist, ergibt sich

$$Z^{-N} \cdot I = \frac{P\lambda_0}{hc}$$

bzw.

$$I = \frac{P\lambda_0 Z^N}{hc}e^- = P\frac{Z^N e^-}{E_0}.$$

Numerisch wird mit $P = 2,08 \cdot 10^{-16}\,\mathrm{W} = 1,3 \cdot 10^3\,\mathrm{eV/s}$

$$I = \left(1,3 \cdot 10^3\,\mathrm{eV}/s\right)\left[\frac{5^{10}e^-}{1,3\,\mathrm{eV}}\right] = 4,8\,\mu\mathrm{A}.$$

10.5 Radionuklidgenerator

Angenommen, das Molybdän ^{99}Mo in einem Radionuklidgenerator würde nur zu Technetium ^{99m}Tc zerfallen. Das Technetium zerfällt mit einer Halbwertszeit von $T_{1/2} = 6,03\,\mathrm{h}$. Zum Zeitpunkt $t = 0$ sei alles Technetium herausgewaschen worden, daher sind nur N_1 Molybdän-Atome vorhanden.

(a) Man stelle die Ratengleichung für ^{99m}Tc auf und integriere diese unter der Annahme, dass sich die Anzahl N_1 durch den Zerfall praktisch nicht verändert.

(b) Nach wievielen Stunden ist die Zahl der ^{99m}Tc bis auf 10^{-3} konstant?

(a) Es gilt

$$\frac{dN_2}{dt} = \lambda_1 N_1(t) - \lambda_2 N_2(t) \approx \lambda_1 N_1 - \lambda_2 N_2(t).$$

Wir setzen an $N_2(t) = C_1 + C_2 e^{-\lambda_2 t}$. Aus der Anfangsbedingung $N_2(0) = 0 = C_1 + C_2$ folgt $C_1 = -C_2 = C$ und $N_2(t) = C(1 - e^{-\lambda_2 t})$. Einsetzen in die Bewegungsgleichung ergibt

$$\frac{dN_2}{dt} = \lambda_2 C e^{-\lambda_2 t} = \lambda_1 N_1 - \lambda_2 C(1 - e^{-\lambda_2 t}).$$

Auflösen nach C ergibt

$$C = \lambda_2 C e^{-\lambda_2 t} = N_1 \frac{\lambda_1}{\lambda_2}.$$

Somit ist die Zahl der ^{99m}Tc Kerne

$$N_2(t) = N_1 \frac{\lambda_1}{\lambda_2}(1 - e^{-\lambda_2 t}).$$

(b) Die relative Abweichung vom Gleichgewicht beträgt $e^{-\lambda_2 t}$. Der Wert sinkt auf $< 10^{-3}$ nach einer Zeit

$$t_g = \frac{3 \cdot \ln 10}{\lambda_2} = \frac{3 \cdot \ln 10}{\ln 2} \cdot T_{1/2} = 9,97 \cdot 6,03\,\mathrm{h} = 60\,\mathrm{h}.$$

10.6 Positronen Emissions Tomographie

Bei PET wird einem Organismus ein Radiopharmakon zugeführt. Durch Annihilierung eines abgestrahlten Positrons und eines Elektrons des Gewebes werden zwei Photonen erzeugt, die mittels einer Detektormatrix gefunden werden können.

(a) Bilden Positron und Elektron ein Quasiatom und sind ihre Spins entgegengesetzt ausgerichtet, bezeichnet man dies als Parapositronium. Man zeige, dass beim Zerfall eines solchen Partikels zwei Photonen mit entgegengesetzter Ausbreitungsrichtung emittiert werden, wenn die Geschwindigkeiten von Elektron und Positron zu vernachlässigen sind. Welche Energie E hat ein solches Photon (in eV)?

(b) Welche Effekte treten auf, wenn (a) das Parapositronium kinetische Energie besitzt, und (b) welche Relevanz hat dies in Bezug auf die Bildgebung?

(c) Bei einem Orthopositronium sind die Spins der einzelnen Teilchen gleich ausgerichtet. Was bedeutet dies in Bezug auf die Zahl der emittierten Photonen und deren Energie?

(d) Der Organismus bestehe aus koaxialen Schichten mit den Absorptionskoeffizienten $\mu(r)$. Ebenfalls koaxial befindet sich eine kreisförmige Detektormatrix mit einem Durchmesser von 20 cm. Wie hoch ist die Wahrscheinlichkeit, dass beide Photonen auf der Detektormatix eintreffen, wenn ein langsames Parapositronium 4 cm vom Zentrum entfernt zerfällt.

$$\mu(r) = \begin{cases} \mu_{\text{Blut}} = 0.18 \,\text{cm}^{-1} & r \leq 3 \,\text{cm} \\ \mu_{\text{Gewebe}} = 0.17 \,\text{cm}^{-1} & 3 \,\text{cm} < r < 7 \,\text{cm} \\ 0 & 7 \,\text{cm} \leq r \end{cases}.$$

(a) Energiebilanz für das Positronium

$$E = E_{p^+} + E_{e^-} = \frac{1}{2} m_{p^+} v_{p^+}^2 + m_{p^+} c^2 + \frac{1}{2} m_{e^-} v_{e^-}^2 + m_{e^-} c^2$$

$$= \frac{1}{2} m_e \left(v_{p^+}^2 + v_{e^-}^2 \right) + 2 m_e c^2.$$

Für verschwindende Geschwindigkeiten gilt demnach

$$E = 2 m_e c^2.$$

Für die Energie der Photonen gilt somit $E_\gamma = \frac{1}{2} E = m_e c^2 = 511 \,\text{keV}$.
Für das Parapositronium gilt ferner, dass die Gesamtsumme des Spins zu 0 addiert. Also muss sich die Photonenemission auf eine gerade Zahl beschränken, da sich die Wahrscheinlichkeit der Emission von mehr als zwei Photonen jedoch als sehr klein erweist, kann davon ausgegangen werden, dass bei diesem Zerfall zwei Photonen frei werden
Die Impulsbilanz ist

$$\vec{P} = \vec{p}_{p^+} + \vec{p}_{e^-} = 0 = \vec{p}_{\gamma_1} + \vec{p}_{\gamma_2}$$

und somit

$$\vec{p}_{\gamma_1} = -\vec{p}_{\gamma_2}$$

(b) Ist die kinetische Energie des Parapositroniums > 0, so ergeben sich folgende Änderungen:

1. Der Doppler Effekt bewirkt eine Verschiebung der Photonenwellenlänge
2. Der Winkel zwischen den beiden Photonen wird $< 180°$, die Photonen bewegen sich nicht mehr in entgegengesetzte Richtung. Dadurch wird die Ortskodierung verfälscht.

(c) Die Ladungsparität (Ladungskonjugationsoperator $\hat{C}$, Eigenwert C) ist eine Erhaltungsgrösse der elektromagnetischen Wechselwirkung. Das Orthopositronium hat einen gesamt Spin von $J = 1$ und $C = -1$. Da der Ladungskonjugationsoperator multiplikativ wirk, gilt für n Photonen $C = (-1)^n$. Zerfällt das Orthopositronium und strahlt dabei Photonen ab, so muss die Ladungsparität des Photonsystems dem des Orthopositroniums entrpechen, daher zerfällt es zu einer ungeraden Zahl Photonen. Auf Grund der Lorentzinvarianz verbieten sich aber Fälle von $n < 3$. Das Energiespektrum ist kontinuierlich.

(d) Die Wahrscheinlichkeit W für die Detektion der beiden Photonen ist gegeben durch das Produkt der Einzelwahrscheinlichkeiten w_γ, dass ein Photon auf der Strecke l vom Ort der Zerfalls zum Detektor nicht absorbiert wird:

$$W = w_{\gamma_1} w_{\gamma_2}.$$

Die Einzelwahrscheinlichkeiten sind gegeben durch

$$w_{\gamma_1} \propto \exp\left[-\int_x^{x_1} \mu(l) dl\right]$$

und unter Beachtung der entgegengesetzten Ausbreitungsrichtung

$$w_{\gamma_2} \propto \exp\left[\int_x^{x_2} \mu(l) dl\right].$$

Demnach ergibt sich für

$$W \propto\propto \exp\left[-\int_x^{x_1} \mu(l) dl + \int_x^{x_2} \mu(l) dl\right] \exp\left[-\int_{x_2}^{x_1} \mu(l) dl\right].$$

Dieser Term ist unabhängig von der Koordinate x, also der Stelle in der das Parapositronium rekombiniert ist.

Unter Berücksichtigung der entsprechenden Symmetrien ergibt sich demnach

$$W \propto \exp\left[-2\left(\int_{3\,cm}^{7\,cm} \mu_{Gewebe} dl + \int_0^{3\,cm} \mu_{Blut} dl\right)\right]$$

$$\propto \exp\left[-2\left(\mu_{Gewebe} l\big|_{3\,cm}^{7\,cm} + \mu_{Blut} l\big|_0^{3\,cm}\right)\right]$$

$$\propto \exp\left[-2\left(0{,}17 \cdot 4 + 0{,}18 \cdot 3\right)\right] = 8{,}7\%.$$

Dieser Wert ist normiert auf die Wahrscheinlichkeit, dass beide Photonen im Vakuum detektiert werden.

11 Rekonstruktionsverfahren

Allen bildgebenden Verfahren ist gemeinsam, dass ein Abbild einer Stoffeigenschaft oder eines physikalischen Vorgangs erzeugt wird. Dabei ist in den meisten Fällen eine Nachbearbeitung der Rohdaten oder die Rekonstruktion des Objekts aus einzelnen Projektionen notwendig. Von hoher Bedeutung ist die Tatsache, dass Messdaten nur diskret vorliegen und mit diversen Artefakten belegt sind. Zur Analyse gehört daher eine detaillierte Kenntnis über die jeweiligen Messtechniken und Wissen über die mathematische Auswertung der Messdaten.

In der Nukleardiagnostik ist das am häufigsten eingesetzte Rekonstruktionsverfahren die gefilterte Rückprojektion, die zum Beispiel in der Single-Photon-Computed-Tomography (SPECT) eingesetzt wird, und auch als Grundlage der Algorithmen für die Computertomographie dient. Das Verfahren bietet den Vorteil einer relativ kurzen Bildrekonstruktionszeit im Vergleich zu iterativen Methoden, da der Rechenaufwand deutlich geringer ist. Bei SPECT ist das Quantenrauschen relativ hoch, so dass man sich bei der Auswertung auf relativ geringe Ortsfrequenzen beschränkt. Die resultierende Bildauflösung liegt im Bereich von 10 bis 15 mm. Bessere Bilder erhält man durch iterative Rekonstruktionsverfahren, wenn Absorptionsprozesse im Körper mit berücksichtigt werden. Eine direkte Rekonstruktion des Bildes erzeugt eine Reihe von Artefakten. Die wichtigsten Ursachen sind:

- Die verwendeten Kollimatoren erzeugen keine idealen Strahlenbündel und die gestreute Strahlung wird nicht vollständig unterdrückt.
- Die Nutzstrahlung wird auf dem Weg zum Detektor teilweise absorbiert.

Eine Möglichkeit, diese Probleme zu korrigieren besteht darin, zwei Messungen in entgegengesetzter Richtung zu vergleichen. Ohne Absorptionsdifferenzen sollten die beiden identische Linienintegrale ergeben. Berücksichtigt man die Absorption im Gewebe und nimmt zunächst einmal an, dass das Gewebe bezüglich der Absorption homogen sei, so erhält man in diesem System für die Strahlung, welche einen Detektor in x-Richtung erreicht, den Wert $S_A = k \cdot A \cdot \exp(-\mu x)$, wobei k einen Kalibrierungsfaktor, A die Aktivität am Ort x und μ den mittleren Schwächungskoeffizienten des Gewebes darstellt. Eine entsprechende Messung in der entgegengesetzten Richtung ergibt $S_P = k \cdot A \cdot \exp[-\mu(D-x)]$, mit D als Durchmesser des Objekts. Die unerwünschte Abhängigkeit von der Position x kann somit eliminiert werden, indem man das geometrische Mittel bildet $S_{GM} = \sqrt{S_A \cdot S_P}$ $= k \cdot A \cdot \exp\left(-\frac{\mu D}{2}\right)$.

Eine genaue Korrektur setzt voraus, dass man den Abschwächungskoeffizienten kennt. Dieser kann z. B. durch eine entsprechende Transmissionsmessung bestimmt werden. Im Rahmen des iterativen Rekonstruktionsverfahrens kann man die Abschwächungskoeffizienten so anpassen, dass man ein optimales Bild erhält. Eine mögliche Anwendung ist die Validierung der Herzmuskulatur, z. B. nach einem Herzinfarkt. So ist der Herzmuskel noch vital, wenn ein Gewebe noch durchblutet ist und an dieser Stelle mehr Aktivität gemessen wird.

Die Positronen-Emissions-Tomographie oder kurz PET dient zur Darstellung verschiedener Stoffwechselvorgänge und zur Beantwortung der unterschiedlichsten klinischen Fragestellungen. Eine große Bedeutung hat die Methode in der Onkologie erhalten. Sie bietet die Möglichkeit zur Bestimmung absoluter Aktivitätskonzentrationen und daraus resultierender quantitativer Stoffwechselparameter. Im Unterschied zur SPECT werden bei der PET positronenemittierende Substanzen in den Körper eingebracht und deren Biodistribution sowie bei onkologischen Fragestellungen speziell die Anreicherung in Tumoren über Detektorsysteme als Rohdaten akquiriert. Auch hier muss anschließend aus den gewonnenen Daten mit Hilfe verschiedener Verfahren ein Bild rekonstruiert werden. Durch die Entwicklung von Computersystemen mit hoher Prozessorleistung sind heute zunehmend statistische bzw. iterative Verfahren für die PET-Bildrekonstruktion im Einsatz. Allen gemeinsam ist eine ständige Wiederholung der Berechnung, um dadurch eine mathematisch möglichst exakte bildliche Darstellung der Tracerverteilung zu erreichen. Leistungsfähige Rechnersysteme sind nicht nur wegen der hohen anfallenden Datenmenge zur Berechnung der Bildrekonstruktion notwendig, sondern auch zur Fehlerkorrektur. Iterative Verfahren berechnen jeweils anhand eines Modells für das Objekt die beobachteten Signale. Dabei kann z. B. die Absorption im Gewebe mit berücksichtigt werden. Man optimiert die Parameter, welche das Objekt beschreiben, bis eine möglichst gute Übereinstimmung zwischen gerechnetem und gemessenem Signal erreicht wird. Dieses Verfahren ist wesentlich aufwändiger als die Rückprojektion, liefert aber schärfere Bilder. Abbildungsfehler entstehen auf ähnliche Weise wie bei SPECT:

- Absorption im Gewebe;
- zufällige Koinzidenzen bei hohen Zählraten;
- Nachweis von gestreuten Quanten.

Da bei PET immer in zwei entgegengesetzten Richtungen detektiert wird, ist hier die Absorptionskorrektur wesentlich einfacher und präziser. Die Wahrscheinlichkeit, dass ein Photon, welches an der Position x erzeugt wird, den Detektor 1 bei x_1 erreicht, ist $w_1 \propto \exp\left[-\int_x^{x_1} \mu(l)\, dl\right]$. Die entsprechende Wahrscheinlichkeit, dass das zweite Photon den zweiten Detektor x_2 erreicht, ist $w_2 \propto \exp[-\int_x^x \mu(l)\, dl]$. Damit wird die Wahrscheinlichkeit für den Koinzidenzfall $w = w_1 w_2 \propto \exp[-\int_{x_1}^{x_2} \mu(l)\, dl]$. Es tritt somit nur noch das Linienintegral $\int_{x_{21}}^{x_{12}} \mu(l)\, dl$ auf und die Abhängigkeit von der Position auf dieser Linie verschwindet. Sie ist exakt, wenn man mit einer Transmissionsmessung die Integrale $\int \mu(x)\, dx$ entlang dem Messpfad bestimmt.

Rekonstruktionsverfahren sind auch in der Bildgebung mittels MRI notwendig. Die ersten MRI Bilder wurden, ähnlich wie beim CT Röntgen, über Rückprojektionsverfahren gewonnen. Die Fourier-Technik, bei der man das Bild über eine 2D Fourier-Transformation erhält, ist jedoch deutlich schneller und erzeugt weniger Artefakte. Zwischen der räumlichen Auflösung und dem Rauschen eines Bildes gibt es einen Zusammenhang. Wenn man für eine gegebene Gesamt-Messzeit die räumliche Auflösung erhöht, dann führt dieses auch zu größerem Rauschen. Die Verwendung höherer Magnetfelder ist eine Möglichkeit bei ansonsten gleichen Parametern das Signal-zu-Rausch Verhältnis zu verbessern; allerdings sind der maximalen Feldstärke technische Grenzen gesetzt. Zusätzlich zur Fouriertransformation werden meistens eine Reihe von digitalen Filtern bei der Datenrekonstruktion verwendet. Das wichtigsten sind Hochpassfilter um Kontrastkanten hervorzuheben und Tiefpassfilter zur Rauschunterdrückung. Allerdings wird in der klinischen Anwendung die Verwendung von Filteralgorythmen weitgehend vermieden, um Fehlinterprationen, z. B. auf Grund von Artefakten zu vermeiden. Ein weiteres Konzept moderner Rekonstruktionsverfahren besteht darin, den oft unvollständigen Datensatz mit hochauflösenden und vollständigen Bilddaten (Referenzbild), die zuvor aufgenommen wurden, zu vereinen. Durch Rekonstruktion können Artefakte auftreten. Artefakte sind Teile des rekonstruierten Bildes, zu denen es in dem realen Bild keine Entsprechung gibt. Zu den wichtigsten Artefakten bei der Bildgebung mit MRI gehören:

- Bewegungsartefakte;
- Inhomogenitätsartefakte;
- Digitale Bildartefakte.

Bewegungsartefakte werden durch unwillkürliche oder physiologische Bewegung des Patienten hervorgerufen. Dies führt zu Geistersignalen entlang der Phasenkodierrichtung. Gegenmaßnahmen sind z. B. geeignete Triggerung oder die Verwendung extrem schneller Pulssequenzen. Inhomogenitätsartefakte haben ihren Ursprung unter anderem in Suszeptibilitätsunterschieden innerhalb des Körpers. Als Folge können Intensitätsänderungen und Bildverzerrungen auftreten. Je nach Gegebenheit können die Probleme durch Frequenzkodierung, indem die Abtastrate hoch genug gewählt wird oder durch Phasenkodierung, umgangen werden. Digitale Bildartefakte stammen von der Rekonstruktion des Bildes mit Hilfe der Fourier-Transformation und können zu einer Vielzahl von Bildfehlern, wie Kontrastverschlechterung und Phantombildung führen. Artefakte können aber auch durch nicht kompensierte Spin-Evolution, z. B. durch Diffusion und der Bewegung des Organismus, innerhalb von Pulssequenzen hervorgerufen werden. Gerade im Zusammenhang mit der Anwendung von Gradienten muss häufig die unerwünschte Dephasierung wieder kompensiert werden, sonst treten charakteristische Artefakte im Bild auf, auch wenn der Rest des Scanners ideal arbeitet.

Wie bereits mehrfach erwähnt, spielt die Fourier-Transformation ein große Rolle bei den einschlägigen Rekonstruktionsverfahren. Die Hin- und Rücktransformationen, die den Bezug zwischen der Funktion $f(t)$ und ihrer Transformierten $F(\omega)$ herstellen, sind gegeben durch

$$F(\omega) = \mathscr{F}\{f(t)\} = \int_{-\infty}^{\infty} f(t) e^{-i\omega t} dt$$

$$f(t) = \mathscr{F}^{-1}\{F(\omega)\} = \frac{1}{2\pi} \int_{-\infty}^{\infty} F(\omega) e^{i\omega t} dt.$$

$F(\omega)$ wird auch als die spektrale Dichtefunktion von $f(t)$ bezeichnet. Durch gezielte Manipulation der spektralen Dichtefunktion eines Bilddatensatzes und anschliessender Rücktransformation können Filteralgorithmen implementiert werden. Messdaten liegen in der Praxis in digitaler Form vor. Man verwendet für ihre Verarbeitung deshalb die diskrete Fouriertransformierte (DFT), welche numerisch als „schnelle Fouriertransformation" (FFT) implementiert wird.

11.1 Diskrete Fouriertransformation

A Gegeben sei eine Funktion $f(t)$, welche sich mit der Periode T wiederholt. Man bestimme die zugehörigen Fourierkoeffizienten c_j der Fourier Reihe

$$f(t) = \sum_{j=-\infty}^{\infty} c_j e^{i\omega_j t} \text{ mit } \omega_j = \frac{2\pi}{T} j$$

für ein beliebiges $f(t)$ und diskretisiere diese so, dass das kleinstmögliche Intervall Δt ist und in einer Periode N Schritte untergebracht werden können. Wie sieht dann die diskrete Fouriertransformierte für folgendes $f(t)$ aus

$$f(t) = t \quad \text{für } 0 \leq t < T; \quad f(t) = f(t+T)? \tag{11.1}$$

L Für eine periodische Funktion $f(t)$ mit der Periode T gilt für die Funktionswerte $f(t) = f(t+T)$. Die Koeffizienten der Fourier-Reihe sind gegeben durch

$$c_j = \frac{1}{T} \int_0^T f(t) e^{-i\omega_j t}.$$

Für eine periodische Funktion mit der Periode T gilt für die Funktionswerte $f(t) = f(t+T)$. Bei einer Diskretisierung sind N Schritte (Stützstellen) im Intervall Δt vorhanden, sodass $T = N\Delta t$ und $t = k\Delta t$. Die Fourier-Koeffizienten lauten dann

$$c_j = \frac{1}{\Delta t} \sum_{k=0}^{N-1} f(k\Delta t) \Delta t\, e^{-2\pi i j k \Delta t/n\Delta t} = \frac{1}{N} \sum_{k=0}^{n-1} f_k\, e^{-2\pi i j k/N}$$

mit $f_k = f(k\Delta t)$. Damit wird die Fourier-Transformierte $F_j = c_j$ und die Rücktransformierte

$$f_k = \sum_{j=0}^{n-1} F_j e^{2\pi i j k/N}.$$

Hier gilt im Intervall $0 \leq t < T$ die Funktion $f(t) = t$ und somit wird f_k zu $f_k = k\Delta t$. Daraus folgt

$$F_j = \frac{\Delta t}{N} \sum_{k=0}^{N-1} k\, e^{-2\pi i j k/N}.$$

11.2 Transferfunktion

Es sei ein Signal $y(t)$ gegeben, das sich aus einer Linearkombinationen von Differential-operationen des genügend glatten Eingangssignals $f(t)$ wie folgt zusammensetzt:

$$y(t) = \sum_{j=0}^{L-1} a_j \frac{d^j f(t)}{dt^j} \tag{11.2}$$

mit $L > 1$.

(a) Durch eine (kontinuierliche) Fouriertransformation ist ein Ausdruck für die Transfer-funktion $H(\omega)$ herzuleiten, für den gilt

$$Y(\omega) = H(\omega) F(\omega),$$

wobei $F(\omega) = \mathscr{F}(f(t))$ und $Y(\omega) = \mathscr{F}(y(t))$.

(b) Bei der Verwendung diskreter (äquidistanter) Daten $y_k = y(k\,\delta t)$ gelten die Differen-tialoperationen in (11.2) nur über finite Intervalle der Dauer δt. Man zeige, dass für y_k geschrieben werden kann

$$y_k = \sum_{j=0}^{L-1} A_j\, f_{k+j}.$$

Man verwende diesen Ausdruck, um die entsprechende diskrete Transferfunktion H_j abzuleiten.

(c) Mit folgendem Glättungsalgorithmus $y_k = \frac{1}{3}\left(f_{k-1} + f_k + f_{k+1}\right)$ soll ein Weichzeichner implementiert werden. Wie lautet die zugehörige Transferfunktion H_j?

(a) Es gilt

$$y(t) = \sum_{j=0}^{L-1} a_j \frac{d^j f}{dt^j}$$

$$Y(\omega) = \int_{-\infty}^{\infty} \left(\sum_{j=0}^{L-1} a_j \frac{d^j f}{dt^j} \right) e^{i2\pi ft}\,dt = \left\{ \sum_{j=0}^{L-1} \left[a_j (i\omega)^j \right] \right\} F(\omega)$$

$$= H(\omega) F(\omega).$$

Die Transferfunktion $H(\omega)$ lautet

$$H(\omega) = \sum_{j=0}^{L-1} a_j (i\omega)^j.$$

(b) Man betrachte zunächst den gebräuchlichen Differentialausdruck für ein genügend glattes f (für den Fall $j > 0$). Gemäß Definition lautet dieser in Abhängigkeit der

$(j-1)$ten Ableitung

$$\frac{d^j}{dt^j} f = \lim_{\Delta t \to 0} \left[\frac{f^{(j-1)}(t + \Delta t) - f^{(j-1)}(t)}{\Delta t} \right],$$

bzw. als Funktion der $(j-n)$-ten Ableitung, mit dem Binominamkoffizienten $\binom{j}{m} = \frac{j!}{m!(j-m)!}$,

$$\frac{d^j f}{dt^j} = \lim_{\Delta t \to 0} \left[\sum_{m=0}^{n} (-1)^{(m+n)} \binom{n}{m} \frac{f^{(j-n)}(t + m\Delta t)}{\Delta t^n} \right].$$

Substitution von $t \to k\delta t$, $dt \to dk\,\delta t$ und $\Delta t \to \Delta k\delta t$ ergibt

$$\frac{d^j f_k}{dk^j} = \delta t^j \frac{d^j f(t)}{dt^j}$$

$$= \delta t^j \lim_{\Delta k \to 0} \left[\sum_{m=0}^{n} (-1)^{(m+n)} \binom{n}{m} \frac{f^{(j-n)}(t + m\Delta t)}{\delta t^n \Delta k^n} \right].$$

Um einen Ausdruck in Abhängigkeit der Stammfunktionswerten $f_k = f(k\,\delta t)$ zu erhalten, gilt mit $n = j$

$$\frac{d^j f_k}{dk^j} = \delta t^j \lim_{\Delta k \to 0} \left[\sum_{m=0}^{j} (-1)^{(m+j)} \binom{j}{m} \frac{f(t + m\Delta t)}{\delta t^j \Delta k^j} \right]$$

$$= \lim_{\Delta k \to 0} \left[\sum_{m=0}^{j} (-1)^{(m+j)} \binom{j}{m} \frac{f(t + m\Delta t)}{\Delta k^j} \right].$$

Eine diskrete Darstellung erhält man, wenn anstelle des limes $\Delta k = 1$ gesetzt wird. Der Differentialausdruck wird dann durch eine Vorwärtsdifferenz ersetzt.[1]

$$\frac{d^j f_k}{dk^j} \approx \sum_{m=0}^{j} (-1)^{(m+j)} \binom{j}{m} f(t + m\Delta t)$$

$$= \sum_{m=0}^{j} (-1)^{(m+j)} \binom{j}{m} f_{k+m}.$$

Der Fall $k = 0$ muss den Funktionswert f_k ergeben und muss gesondert berücksichtigt werden:

$$\frac{d^j f_k}{dk^j} \approx \begin{cases} \sum_{m=0}^{j} (-1)^{(m+j)} \binom{j}{m} f_{k+m} & j > 0 \\ f_k & j = 0 \end{cases}$$

Mit diesem Ergebnis lässt sich die Funktion y in ihre diskrete Form überführen

$$y_k = a_0 f_k + a_1 (f_{k+1} - f_k) + a_2 (f_{k+2} \dots + a_{L-1} \left[f_{k+L-1} + \dots + (-1)^{L-1} f_k \right].$$

---

[1] Die Verwendung eine Rückwärtsdifferenz $(f_k - f_{k-j})$ oder eines Gradienten $(f_{k+j} - f_{k-j})$ ist an dieser Stelle alternativ möglich, wird hier aber nicht behandelt.

Dieser Ausdruck kann noch durch die Einführung der Koeffizienten A_l vereinfacht werden, für die gilt

$$
A_l = \begin{cases}
-\sum_{j=l}^{L-1} (-1)^j \binom{j}{l} a_j & l > 0 \\[2ex]
\sum_{j=0}^{L-1} (-1)^j a_j & l = 0,
\end{cases}
$$

sodass

$$
y_k = \sum_{l=0}^{L-1} A_l f_{k+l}.
$$

Wendet man auf die Reihe y_k die diskrete Fouriertransform an, so erhält man

$$
Y_j = \mathscr{F} \sum_{l=0}^{L-1} A_l \left(f_{k+l}\right)
$$

$$
= \frac{1}{N} \sum_{k=0}^{N-1} \sum_{l=0}^{L-1} A_l \left(f_{k+l}\right) e^{-\frac{2\pi i k j}{N}}.
$$

Es ist zweckmässig die Substitution $k \to k' - l$ durchzuführen und die Reihenfolge der Summen zu vertauschen:

$$
Y_j = \frac{1}{N} \sum_{l=0}^{L-1} A_l \frac{1}{N} \sum_{k'=l}^{N-1+l} f_{k'} e^{-\frac{2\pi i (k'-l) j}{N}}.
$$

Der Phasenfaktor, der nicht von k' abhängt, kann vor die innere Summe geschrieben werden:

$$
Y_j = \sum_{l=0}^{L-1} A_l e^{\frac{2\pi i l j}{N}} \left[\frac{1}{N} \sum_{k'=l}^{N-1+l} f_{k'} e^{-\frac{2\pi i k' j}{N}} \right].
$$

Berücksichtigt man die Periodizität des Eulerexponenten, so ergibt sich aus der inneren Summe die diskrete Fouriertransformierte F_j.

$$
\left(\sum_{l=0}^{L-1} A_l e^{\frac{2\pi i l j}{N}} \right) F_j = H_j F_j.
$$

Damit wird die diskrete Transferfunktion H_j zu

$$
H_j = \sum_{l=0}^{L-1} A_l e^{i \frac{2\pi j \triangle t l}{N \triangle t}} = \sum_{l=0}^{L-1} A_l e^{i \omega_j \triangle t\, l},
$$

mit der diskreten Winkelfrequenz $\omega_j = \frac{2\pi j}{N \triangle t}$.

(c) Um aus der Funktion $y_k = \frac{1}{3} \left(f_{k-1} + f_k + f_{k+1} \right)$ die Transferkoeffizienten A_j zu bestimmen, muss zunächst nocheinmal der periodische Exponent beachtet werden. Es ist also erlaubt für $A_{-1} = A_{N-1}$ zu verwenden. Demnach gilt $A_{N-1} = \frac{1}{3}$, $A_0 = \frac{1}{3}$ und

$A_1 = \frac{1}{3}$ und es ergibt sich die Transferfunktion

$$H_j = \sum_{l=0}^{L-1} \frac{1}{3}\left(1 + e^{i\omega_j \triangle t} + e^{i(N-1)\omega_j \triangle t}\right) = \frac{1}{3}\left[1 + 2\cos\left(\omega_j \triangle t\right)\right].$$

11.3 Gefilterte Rückprojektion

In einem Bildrekonstruktionsverfahren wird ein Hochpassfilter $\{g_k\} = \{0,1,2,3\}$ benutzt, der sich periodisch fortsetzt. Man nehme zwei Projektionen entlang der x und y Achse vor und bilde die Zeilen- und Spaltensummen ($f_i = \sum_j a_{il}$, f_l), um diese mit der inversen Fouriertransformierten des Filters zu falten.

a_{00}	a_{10}	a_{20}	a_{30}	$\Sigma \rightarrow {}_y f_0$
a_{01}	a_{11}	a_{21}	a_{31}	$\Sigma \rightarrow {}_y f_1$
a_{02}	a_{12}	a_{22}	a_{32}	$\Sigma \rightarrow {}_y f_2$
a_{03}	a_{13}	a_{23}	a_{33}	$\Sigma \rightarrow {}_y f_3$
$\Sigma \downarrow$	$\Sigma \downarrow$	$\Sigma \downarrow$	$\Sigma \downarrow$	
${}_x f_0$	${}_x f_1$	${}_x f_2$	${}_x f_3$	

Danach projiziere man die gefilterten Daten zurück, um das rekonstruierte Bild zu erhalten. Dabei sollen folgende Objekte verwendet werden

a)
$$\begin{matrix} 1 & 0 & 0 & 0 \\ 0 & 0 & 0 & 0 \\ 0 & 0 & 0 & 0 \\ 0 & 0 & 0 & 0 \end{matrix}$$
b)
$$\begin{matrix} 1 & 1 & 1 & 1 \\ 1 & 0 & 0 & 0 \\ 1 & 0 & 0 & 0 \\ 1 & 0 & 0 & 0 \end{matrix}$$
c)
$$\begin{matrix} 1 & 0 & 0 & 0 \\ 0 & 1 & 0 & 0 \\ 0 & 0 & 1 & 0 \\ 0 & 0 & 0 & 1 \end{matrix}$$
d)
$$\begin{matrix} 1 & 1 & 1 & 1 \\ 1 & 1 & 1 & 1 \\ 1 & 1 & 1 & 1 \\ 1 & 1 & 1 & 1 \end{matrix}$$
.

Diskrete Faltung: $h_k = (a \otimes b)_k = \sum_{l} A_l B_{k-l}$

Die Fouriertransformierte von g lautet

$$\mathscr{F}^{-1}\{g_k\} = \sum_{k=0}^{N-1} g_k \exp\left(-\frac{2\pi}{N}ilk\right) = G_l$$

mit $N = 4$ und $g_k = k$ gilt

$$G_l = 0 + 1 \cdot \exp\left(-\frac{\pi}{2}il\right) + 2 \cdot \exp\left(-\pi il\right) + 3 \cdot \exp\left(-\frac{3\pi}{2}il\right)$$

und deshalb

$$G_0 = 0 + 1 e^0 + 2 e^0 + 3 e^0 = 6$$

bzw.

$$\begin{aligned} G_1 &= 0 + 1 \cdot \exp\left(-\frac{\pi}{2}i\right) + 2 \cdot \exp(-\pi i) + 3 \cdot \exp\left(-\frac{3\pi}{2}i\right) \\ &= -2 + 2i \end{aligned}$$

und

$$G_2 = -2$$
$$G_3 = -2 - 2i.$$

Diese Terme lassen sich zusammen mit den Ergebnissen der Projektionen falten, indem diese in die Gleichung $h_k = \sum_{l=0}^{3} f_l G_{k-l}$ eingesetzt werden.

(a)

$$\begin{array}{cccccccc}
 & (y) & & & & \\
 & \downarrow & \downarrow & \downarrow & \downarrow & \\
(x) \rightarrow & 1 & 0 & 0 & 0 & \rightarrow {}_y f_0 = 1 \\
\rightarrow & 0 & 0 & 0 & 0 & \rightarrow {}_y f_1 = 0 \\
\rightarrow & 0 & 0 & 0 & 0 & \rightarrow {}_y f_2 = 0 \\
\rightarrow & 0 & 0 & 0 & 0 & \rightarrow {}_y f_3 = 0 \\
 & \downarrow & \downarrow & \downarrow & \downarrow & \\
 & {}_x f_0 = 1 & {}_x f_1 = 0 & {}_x f_2 = 0 & {}_x f_3 = 0 & .
\end{array}$$

Für die Projektion entlang der y-Richtung gilt

$$\begin{aligned}
{}_x h_0 &= {}_x f_0 G_0 + {}_x f_1 G_1 + {}_x f_2 G_2 + {}_x f_3 G_3 = 6 \\
{}_x h_1 &= {}_x f_0 G_1 + {}_x f_1 G_0 + {}_x f_2 G_3 + {}_x f_3 G_2 = -2 + 2i \\
{}_x h_2 &= {}_x f_0 G_2 + {}_x f_1 G_1 + {}_x f_2 G_0 + {}_x f_3 G_3 = -2 \\
{}_x h_3 &= {}_x f_0 G_3 + {}_x f_1 G_2 + {}_x f_2 G_1 + {}_x f_3 G_0 = -2 - 2i.
\end{aligned}$$

Entlang der x-Richtung gilt wegen der Symmetrie hier ${}_x h = {}_y h$. Die Rückprojektion ergibt sich aus

$$\begin{array}{cccc}
{}_x h_0 + {}_y h_0 & {}_x h_1 + {}_y h_0 & {}_x h_2 + {}_y h_0 & {}_x h_3 + {}_y h_0 \\
{}_x h_0 + {}_y h_1 & {}_x h_1 + {}_y h_1 & {}_x h_2 + {}_y h_1 & {}_x h_3 + {}_y h_1 \\
{}_x h_0 + {}_y h_2 & {}_x h_1 + {}_y h_2 & {}_x h_2 + {}_y h_2 & {}_x h_3 + {}_y h_2 \\
{}_x h_0 + {}_y h_3 & {}_x h_1 + {}_y h_3 & {}_x h_2 + {}_y h_3 & {}_x h_3 + {}_y h_3.
\end{array}$$

Einsetzen der Zahlenwerte ergibt

$$\begin{array}{cccc}
12 & 4 + 2i & 4 & 6 - 2i \\
4 + 2i & -4 + 4i & -4 + 2i & -4 \\
4 & -4 + 2i & -4 & -4 - 2i \\
6 - 2i & -4 & -4 - 2i & -4 - 4i.
\end{array}$$

Man beachte die auftretenden Artefakte. Berücksichtigt man nur den positiven Realteil, so ergibt sich unnormiert

$$
\begin{array}{cccc}
12 & 4 & 4 & 6 \\
4 & 0 & 0 & 0 \\
4 & 0 & 0 & 0 \\
6 & 0 & 0 & 0 \;.
\end{array}
$$

(b)

$$
\begin{array}{c}
(y) \\
\downarrow \quad\quad \downarrow \quad\quad \downarrow \quad\quad \downarrow
\end{array}
$$

$$
\begin{array}{ccccccc}
(x) & \rightarrow & 1 & 1 & 1 & 1 & \rightarrow \; _yf_0 = 4 \\
 & \rightarrow & 1 & 0 & 0 & 0 & \rightarrow \; _yf_1 = 1 \\
 & \rightarrow & 1 & 0 & 0 & 0 & \rightarrow \; _yf_2 = 1 \\
 & \rightarrow & 1 & 0 & 0 & 0 & \rightarrow \; _yf_3 = 1 \\
 & & \downarrow & \downarrow & \downarrow & \downarrow & \\
 & & _xf_0 = 4 & _xf_1 = 1 & _xf_2 = 1 & _xf_3 = 1.
\end{array}
$$

Für die Projektion entlang der y-Richtung gilt

$$_xh_0 = 4G_0 + G_1 + G_2 + G_3 = 21 + 3i$$

$$_xh_1 = 4G_1 + G_0 + G_3 + G_2 = -5 + 9i$$

$$_xh_2 = 4G_2 + G_1 + G_0 + G_3 = -5 + 3i$$

$$_xh_3 = 4G_3 + G_2 + G_1 + G_0 = -1 + 6i.$$

Auch in diesem Fall folgt aus der Symmetrie $_xh =_y h$. Folglich ergibt sich seine sym-
metrische Matrix mit den Elementen

$$
\begin{array}{cccc}
42 + 6i & 16 + 15i & 16 + 6i & 20 + 9i \\
16 + 15i & -10 + 18i & -10 + 12i & -6 + 15i \\
16 + 6i & -10 + 12i & -10 + 6i & -6 + 15i \\
20 + 9i & -6 + 15i & -6 + 15i & -2 + 12i.
\end{array}
$$

Wieder fallen die Artefakte auf Ignoriert man den Imaginärteil und die negativen
Zahlen, bleibt der obere, linke Zahlenwert offensichtlich zu groß.

$$
\begin{array}{cccc}
42 & 16 & 16 & 20 \\
16 & 0 & 0 & 0 \\
16 & 0 & 0 & 0 \\
20 & 0 & 0 & 0 \;.
\end{array}
$$

(c)

$$
\begin{array}{ccccc}
 & (y) & & & \\
 & \downarrow & \downarrow & \downarrow & \downarrow \\
(x) \rightarrow & 1 & 0 & 0 & 0 & \rightarrow & {_y}f_0 = 1 \\
\rightarrow & 0 & 1 & 0 & 0 & \rightarrow & {_y}f_1 = 1 \\
\rightarrow & 0 & 0 & 1 & 0 & \rightarrow & {_y}f_2 = 1 \\
\rightarrow & 0 & 0 & 0 & 1 & \rightarrow & {_y}f_3 = 1 \\
 & \downarrow & \downarrow & \downarrow & \downarrow \\
 & {_x}f_0 = 1 & {_x}f_1 = 1 & {_x}f_2 = 1 & {_x}f_3 = 1 & .
\end{array}
$$

Für die y-Projektion folgt $_xh_0 = {_x}h_1 = {_x}h_2 = {_x}h_3 = 0$ und für die x-Richtung entsprechend. Hier erhält man durch Rückprojektion

$$
\begin{array}{cccc}
0 & 0 & 0 & 0 \\
0 & 0 & 0 & 0 \\
0 & 0 & 0 & 0 \\
0 & 0 & 0 & 0 & .
\end{array}
$$

Offenbar kann das diagonale Objekt nicht erkannt werden. Man braucht eine weitere Projektion, zum Beispiel entlang der Diagonalen!

(d)

$$
\begin{array}{ccccc}
 & (y) & & & \\
 & \downarrow & \downarrow & \downarrow & \downarrow \\
(x) \rightarrow & 1 & 1 & 1 & 1 & \rightarrow & {_y}f_0 = 4 \\
\rightarrow & 1 & 1 & 1 & 1 & \rightarrow & {_y}f_1 = 4 \\
\rightarrow & 1 & 1 & 1 & 1 & \rightarrow & {_y}f_2 = 4 \\
\rightarrow & 1 & 1 & 1 & 1 & \rightarrow & {_y}f_3 = 4 \\
 & \downarrow & \downarrow & \downarrow & \downarrow \\
 & {_x}f_0 = 4 & {_x}f_1 = 4 & {_x}f_2 = 4 & {_x}f_3 = 4 & .
\end{array}
$$

Für die y-Richtung folgt $_xh_0 = {_x}h_1 = {_x}h_2 = {_x}h_3 = 0$ und für die x-Richtung entsprechend. Die Rückprojektion ergibt

$$
\begin{array}{cccc}
0 & 0 & 0 & 0 \\
0 & 0 & 0 & 0 \\
0 & 0 & 0 & 0 \\
0 & 0 & 0 & 0 & .
\end{array}
$$

Ergebnis: Das Objekt lässt sich nicht detektieren. Es erscheint so, als ob es nicht da sei. Dies folgt daraus, dass es nur die Raumfrequenz 0 enthält, welche durch den Hochpassfilter unterdrückt wird.

12 Strahlenmedizin und Strahlenschutz

Wenn die kinetische Energie von Photonen oder Teilchen hoch genug ist (einige eV), dann können sie beim in Materie Ionen erzeugen; man bezeichnet sie deshalb als ionisierende Strahlung. In der Medizin wird ionisierende Strahlung vor allem in zwei Bereichen verwendet: für die Bildgebung durch Röntgenstrahlen und für die Strahlentherapie mit Röntgen- oder Gammastrahlung oder mit geladenen Teilchen (Elektronen, Atomkerne). Während man beim Röntgen die ionisierenden Effekte möglichst gering halten will, ist man bei der Strahlentherapie daran interessiert, möglichst viel Energie lokal zu deponieren um z. B. malignes Gewebe zu zerstören.

Bei allen Strahlungsarten unterscheidet man zwischen primären und sekundären Effekten. Bei den primären Effekten wechselwirkt die einfallende Strahlung selbst mit der Materie. Bei Photonen erfolgt die Wechselwirkung hauptsächlich mit den Elektronen. Im Fall von schweren Teilchen spielt zusätzlich die Wechselwirkung mit Kernen eine Rolle. Bei Neutronen erfolgt die Wechselwirkung fast ausschließlich mit den Atomkernen des Materials. Wenn bei den Primärprozessen genug Energie auf die Elektronen übertragen wird, dann können diese herausgelöst werden und selbst wieder als Ionisationsquelle für Sekundärprozesse dienen.

Für elektromagnetische Strahlung gilt in erster Näherung, dass die transmittierte Intensität exponentiell mit der Eindringtiefe x abnimmt, wenn die Materie homogen ist: $I(x) = I_0 e^{-\mu x}$. Der Abschwächungskoeffizient μ ist das Inverse der mittleren freien Weglänge $\bar{x}$ und ist proportional zur Teilchendichte n und zum Wirkungsquerschnitt σ: $\mu = n\sigma$. Da die mittlere freie Weglänge von 1 MeV-Photonen in Wasser $\bar{x} = 14{,}4$ cm beträgt, ergibt sich als Wirkungsquerschnitt $\sigma = 2{,}1 \cdot 10^{-24}$ cm^2, also 2,1 barn.

Der Abschwächungskoeffizient setzt sich aus dem Streukoeffizienten Σ und dem Absorptionskoeffizienten τ additiv zusammen: $\mu = \Sigma + \tau$. Der Streukoeffizient entspricht der Wahrscheinlichkeit für eine Richtungsänderung des Photons, und der Absorptionskoeffizient der Wahrscheinlichkeit für die Absorption der Strahlung. Beiträge zum Streukoeffizienten sind die Rayleigh-Streuung (kohärente Streuung am gesamten Atom) und die Thomson-Streuung (elastische Streuung an gebundenen Elektronen). Zum Absorptionskoeffizienten tragen Photoeffekt, Compton-Effekt und Paarbildung bei.

Ein einfaches Modell für die Streuung verwendet ein Elektron, das sich im Potenzial eines harmonischen Oszillators mit einer Eigenfrequenz ω_0 und der Dämpfung $\Gamma < \omega_0$ bewegt. Als treibende Kraft wirkt das elektrische Feld einer einfallenden Welle mit der Frequenz ω. Im Rahmen dieses Modells erhält man die typische Resonanzkurve für den totalen Wirkungsquerschnitt:

$$\sigma_{\text{total}} = \sigma_T \cdot \frac{\omega^4}{(\omega_0^2 - \omega^2)^2 + \omega^2 \Gamma^2}.$$

Für sehr hohe Frequenzen, $\omega \gg \omega_0$ erhält man den Grenzfall der Thomson-Streuung $\sigma_{\text{total}} \approx \sigma_T = \frac{8}{3}\pi r_e^2$ ($r_e = \frac{e^2}{4\pi\varepsilon_0 m_e c^2}$ ist der klassische Elektronenradius) und für sehr kleine Frequenzen, $\omega \ll \omega_0$ die Rayleigh-Streuung mit $\sigma_{\text{total}} \approx \sigma_R = \sigma_T \cdot \frac{\omega^4}{\omega_0^4}$.

Beim Photoeffekt gibt das Photon seine gesamte Energie an ein Hüllenelektron des absorbierenden Materials ab. Der Wirkungsquerschnitt für die Photoabsorption ist maximal wenn die Photonenenergie der Bindungsenergie entspricht. Es gibt jedoch keinen einfachen analytischen Ausdruck für die Abhängigkeit der Eindringtiefe von Energie und Material. Im Bereich der biologischen Gewebe mit Kernladungszahlen $Z < 10$ nimmt die Photoabsorption (τ_{Ph}) etwa mit der dritten Potenz von Z zu, bei schweren Kernen etwa mit Z^4. Der Photoeffekt dominiert für niedrige Energien der einfallenden elektromagnetischen Strahlung. Beim Compton-Effekt wird die Energie des einfallenden Photons nur teilweise auf ein relativ schwach gebundenes Elektron übertragen. Dieser Prozess dominiert für mittlere Energien, und sein Eintreten hängt von der Elektronendichte des Absorbermaterials ab: $\tau_C \propto \rho Z$. Bei Quantenenergien von mehr als $2 \cdot 511$ keV ist die Paarbildung möglich. Durch die Wechselwirkung des Photons mit dem starken elektromagnetischen Feld des Atomkerns kann sich das einfallende Photon spontan in ein Elektron-Positron-Paar verwandeln. Die Wahrscheinlichkeit für das Auftreten von Paarbildung steigt mit dem Quadrat der Kernladungszahl: $\tau_P \propto \rho Z^2$. Nach der Paarbildung kann sich das Positron einige Milimeter weit bewegen bis es mit einem Elektron annihiliert. Dies führt zur Aussendung von zwei Photonen in entgegengesetzte Richtung, der Vernichtungsstrahlung.

Für geladene Teilchen dominiert beim Durchgang durch Materie die Coulomb-Wechselwirkung mit den Hüllenelektronen der Atome. Für den Fall, dass die Masse m der mit $z \cdot e$ geladenen Teilchen groß ist gegenüber den Hüllenelektronen kann der Energieübertrag pro Weglänge berechnet werden mit Hilfe der Bethe-Bloch-Formel

$$-\frac{dE}{dx} = 4\pi z^2 r_e^2 \frac{mc}{(4\pi\varepsilon_0)^2 \beta^2} \cdot n \cdot Z \cdot \left\{ \ln\left(\frac{2mc^2\beta^2}{I(1-\beta^2)}\right) - \beta^2 \right\}.$$

Dabei ist r_e der klassische Elektronenradius (siehe oben), Z die Kernladungszahl des Mediums und I das mittlere Ionenpotenzial ($I \approx Z \cdot 13,5$ eV). $\beta := v/c$ ist ein Maß für die Geschwindigkeit des Teilchens. $n = \frac{N_A \rho}{m_{\text{mol}}}$ ist die Anzahl der Atome pro Einheitsvolumen im Medium (N_A: Avogadro-Konstante, m_{mol}: Molmasse, ρ: Dichte des Mediums). $S(E) := -\frac{dE}{dx}$ wird auch als Bremsvermögen (*linear stopping power*) genannt, während in der Dosimetrie der Begriff linearer Energietransfer (*linear energy transfer*, LET) gebräuchlich ist. Wegen $-\frac{dE}{dx} \sim \frac{z^2}{v^2}$ nimmt der Energieübertrag zu mit der Ladung des Teilchens und mit abnehmender Geschwindigkeit. Daher besitzen geladene Teilchen in Materie eine endliche Eindringtiefe. Die Schädigung des Materials nimmt daher mit zunehmender Tiefe zu, bis ein Maximum erreicht wird, wo die Teilchen auf Null abgebremst werden. Damit kann zum Beispiel gezielt Energie in Tumorgewebe deponiert werden, während das darüber liegende Gewebe weniger Schädigung erfährt und das darunter liegende praktisch keine Dosis erhält.

Verglichen mit positiv geladenen Teilchen kann bei der Wechselwirkung einfallender Elektronen mit den Hüllenelektronen des Materials eine Richtungsänderung ergeben. Außerdem findet der Stoß nun zwischen identischen Teilchen statt, so dass das Pauli-Prinzip berücksichtigt werden muss. Die für einfallende Elektronen modifizierte Bethe-Bloch-

Formel lautet:

$$-\frac{dE}{dx} = 2\pi r_e^2 \frac{mc^2}{\beta^2} \cdot n \cdot Z \cdot \left\{ \ln\left(\frac{\tau^2(\tau+2)}{2\left(\frac{I}{mc^2}\right)^2}\right) - F(\tau) \right\}.$$

$\tau := \frac{E_{\text{kin}}}{mc^2}$ ist das Verhältnis von kinetischer Energie zu der Ruheenergie und

$$F(\tau) := 1 - \beta^2 + \frac{\tau^2/8 - (2\tau+1)\ln(z^2)}{(\tau+1)^2}.$$

Neben Stößen trägt auch die Bremsstrahlung zum Energieverlust von Elektronen bei. Dieser Beitrag kann geschrieben werden als

$$-\frac{dE}{dx} = 4Z^2 n r_e^2 E \cdot \ln\left(\frac{183}{Z^{\frac{1}{3}}}\right).$$

Bei kleinen Energien dominiert der Stoß-Beitrag, und bei großen Energien der Bremsstrahlungsverlust. Die Energie, bei der beide Beiträge gleich groß sind wird als kritische Energie E_{krit} bezeichnet. Sie erstreckt sich von $9,5\,\text{MeV}$ bei Blei bis zu ungefähr $100\,\text{MeV}$ bei Wasser.

Neutronen erfahren als ungeladene Teilchen keine Coulomb-Wechselwirkung. Daher ist neben der Streuung auch der Einfang von langsamen Neutronen möglich. Da die magnetische Wechselwirkung von Neutronen mit der Atomhülle vernachlässigt werden kann, erfolgt der Energieübertrag hauptsächlich durch einen Stoßprozess mit den Kernen. Der Energieübertag beträgt bei einem Stoßwinkel θ:

$$\Delta E = \frac{4\frac{m_N}{M}}{\left(1+\frac{m_N}{M}\right)} \cdot E_N \cos^2\theta.$$

Er wird maximal, wenn die Masse des M des Atomkerns vergleichbar ist mit der die Masse m_N des Neutrons. Dann ist $\Delta E \approx E_N \cos^2\theta$, und im isotropen Mittel wird etwa die Hälfte der Neutronenenergie schon bei einem einzigen Stoß übertragen. Da zusätzlich der Wirkungsquerschnitt des Neutron-Proton-Stoßes besonders groß ist, und der von anderen biologisch wichtigen Kernen wie Sauerstoff und Kohlenstoff besonders klein ist, sind etwa 90% des Energieverlustes von Neutronen auf die Wechselwirkung mit Wasser zurückzuführen. Ein zweiter Weg der Energieabgabe ist die Absorption von Neutronen unter Bildung eines Compound-Kerns. Das ermöglicht eine effektive lokale Deposition von Energie, zum Beispiel für die Tumorbekämpfung.

Durch die Primärwechselwirkung von geladenen Teilchen in Materie können wiederum geladene Teilchen, die Sekundärteilchen, erzeugt werden, die wiederum mit dem Material wechselwirken. Die Sekundärelektronen werden auch als δ-Teilchen bezeichnet. Da viele der Sekundärteilchen mit relativ kleiner Energie erzeugt werden, geben sie ihre Energie in der Nähe der Primärionisation ab. So entstehen Primärionisationshaufen.

Unterschiedliche Prozesse tragen bei zur Schädigung des Gewebes durch ionisierende Strahlung. Strahlenschäden resultieren aus Anregung, Ionisation und Dissoziation von Atomen bzw. Molekülen, aber die langfristig schwerwiegendsten Schäden treten durch die Schädigung der DNA auf. Da solche Ionisationschäden der DNA auch natürlich vorkommen (nicht nur auf Grund von natürlicher Radioaktivität), existieren dagegen in biologischen Systemen hochwirksame Reparaturmechanismen.

Bei der Beschreibung der Wirkung ionisierender Strahlung auf biologisches Gewebe reicht die Angabe der Aktivität einer radioaktiven Quelle nicht aus. Auch die Angabe der Energiedosis $D := \frac{dE}{dm}$ (Einheit Gray, Gy) und Energiedosisleistung $\dot{D} := \frac{dD}{dt}$ ist nicht vollständig, da berücksichtigt werden muss, wie die Energie auf das Gewebe übertragen wird. Daher wurde eine Äquivalentdosis $H := Q \cdot D$ eingeführt, wo die Dosis mit einem Qualitätsfaktor Q biologisch bewertet wird. Obwohl der Qualitätsfaktor einheitenlos ist, wurde dieser Größe Äquivalentdosis eine eigene Einheit gegeben, das Sievert (Sv).

Im Strahlenschutz wird die effektive Dosis E als gewichtete Summe über die einzelnen Organdosen H_T berechnet. Für eine Strahlung R ergibt sich eine Organdosis gemäß $H_{T,R} = w_R \cdot D_{T,R}$. Dabei ist $D_{T,R}$ die über das Gewebe oder Organ (mit T bezeichnet) gemittelte Energiedosis, und w_R ist der Strahlen-Wichtungsfaktor (zu unterscheiden von den Qualitätsfaktoren Q). Wenn die Strahlung, die auf das Gewebe oder das Organ wirkt, aus unterschiedlichen Arten mit unterschiedlichen Werten von w_R besteht, dann gilt für die gesamte Organdosis $H_T = \sum_R w_R D_{T,R}$. Für die effektive Dosis ergibt sich mit den jeweiligen Gewebe-Wichtungsfaktoren w_T daher:

$$E = \sum_T w_T H_T = \sum_T w_T \sum_R w_R D_{T,R}.$$

Während die Gewebe-Wichtungsfaktoren im Bereich zwischen $w_T = 0{,}01$ für Haut oder Knochenoberflächen und $w_T = 0{,}20$ für Keimdrüsen liegen, gelten bei den Strahlungs-Wichtungsfaktoren w_R Werte von $w_R = 1$ für Photonen, Elektronen und Myonen aller Energien bis hin zu $w_R = 20$ für Neutronen im Energiebereich $0{,}1 - 2$ MeV, für Alphateilchen, Spaltfragmente und schwere Kerne. Details dazu kann man z. B. der Anlage VI der Verordnung über den Schutz vor Schäden durch ionisierende Strahlen (Strahlenschutzverordnung – StrlSchV) entnehmen

12.1 Wechselwirkungen eines hochenergetischen, primären Photons

Man vervollständige das Schema der möglichen Wechselwirkungen eines hochenergetischen, primären Photons.

A

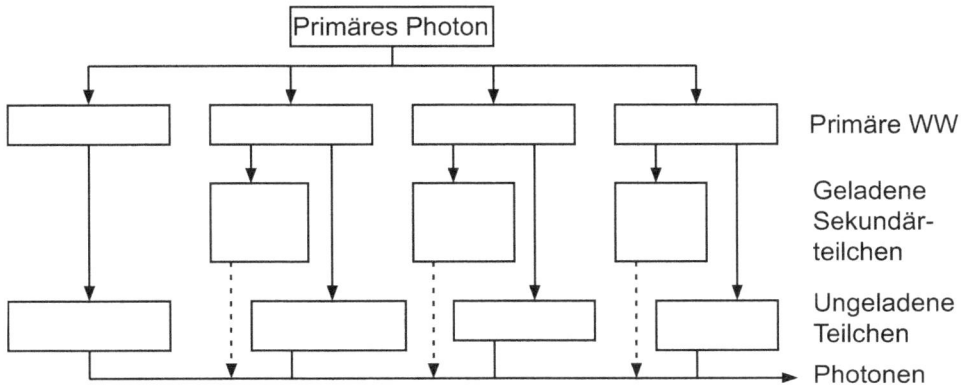

Abb. 12.1 Schema möglicher Wechselwirkungen (WW).

L

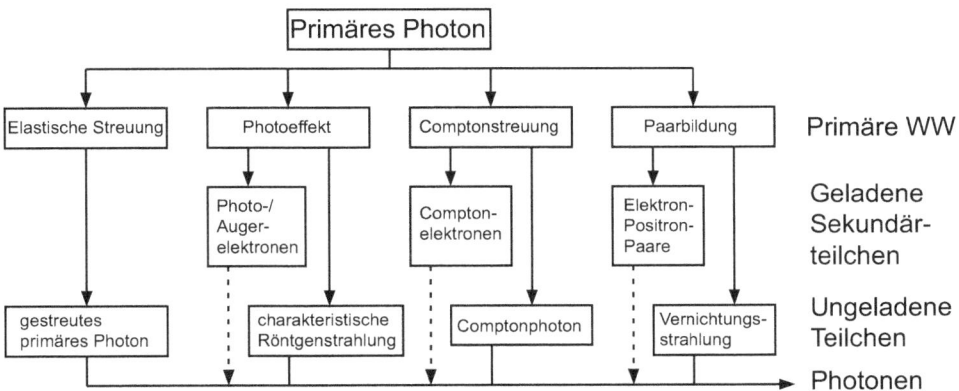

Abb. 12.2 Schema möglicher Wechselwirkungen (WW).

12.2 Paarbildung in der Strahlenterapie

(a) Welche Effekte sind relevant für die Energieübertragung von Photonen auf Materie in der Strahlentherapie? Welcher Effekt dominiert jeweils bei geringer ($\leq 0.1\,\text{MeV}$), mittlerer und hoher Photonenenergie ($\geq 1\,\text{MeV}$)?

A

(b) Warum kann Paarbildung nicht im Vakuum stattfinden?

L (a) Die entsprechenden Effekte sind
- Photoelektrischer Effekt (dominiert bei geringer Energie)
- Compton Effekt (dominiert bei mittleren Energien)
- Paarbildung (tritt bei hoher Energie auf)

(b) Energie und Impuls eines Photons sind proportional zu einander gemäß

$$E_\gamma = p_\gamma c.$$

Geht man davon aus, dass aus dem Photon zwei Teilchen entstehen, die sich mit den Geschwindigkeiten v_1 und v_2 bewegen, so kann man für die Gesamtenergie der Teilchen schreiben

$$E = m_0 c^2 \left(\gamma(v_1) + \gamma(v_2) \right) \text{, mit } \gamma(v) = \frac{1}{\sqrt{1 - \left(\frac{v}{c} \right)^2}}$$

Für den Impuls der beiden Teilchen gilt

$$|\vec{p}| = m_0 |\gamma(v_1)\vec{v}_1 + \gamma(v_2)\vec{v}_2|.$$

Er kann damit maximal den Wert

$$p_{\max} = m_0 \left(\gamma(v_1) v_1 + \gamma(v_2) v_2 \right)$$

erreichen. Wir setzen diese Ausrücke ein in die Erhaltungsgleichungen für Energie, $E_\gamma = E$ und Impuls, $p_\gamma = |\vec{p}|$:

$$\left(\gamma(v_1) + \gamma(v_2) \right) m_0 c^2 = |\gamma(v_1)\vec{v}_1 + \gamma(v_2)\vec{v}_2| m_0 c.$$

Diese Gleichung könnte nur für $v_1 = v_2 = c$ gelöst werden, was physikalisch nicht möglich ist und außerdem die Energieerhaltung verletzen würde. Somit muss im Laufe des Prozesses Energie und/oder Impuls mit einem weiteren Partner ausgetauscht werden – der Prozess kann nicht im Vakuum stattfinden.

12.3 Comptonstreuung

A Ein Photon der Energie $h\nu = 1{,}173\,\text{MeV}$ wird an einem Elektron um den Winkel $\Theta = 55°$ gestreut. Zu bestimmen sind

(a) die Energie E des gestreuten Photons

(b) die Änderung $\triangle\lambda$ der Wellenlänge

(c) die Rückstoßenergie T des Elektrons.

L (a) Das gestreute Photon hat die Energie

$$E'_\gamma = \frac{E_\gamma}{1 + \frac{E_\gamma}{mc^2}(1 - \cos\Theta)} = \frac{1{,}173\,\text{MeV}}{1 + \frac{1{,}173\,\text{MeV}}{0{,}511\,\text{MeV}}(1 - \cos 55°)} = 0{,}593\,\text{MeV}.$$

(b) Die Wellenlänge ändert sich um

$$\Delta\lambda := \lambda' - \lambda = \lambda \cdot \frac{E_\gamma}{mc^2}\left(1 - \cos\Theta\right) = \frac{h}{mc}\left(1 - \cos\Theta\right)$$

$$= \frac{6,626 \cdot 10^{-34}\,\text{Js}}{0,91 \cdot 10^{-30}\,\text{kg} \cdot 3 \cdot 10^{8}\,\text{m/s}}\left(1 - \cos 55°\right) = 1,04 \cdot 10^{-12}\,\text{m}.$$

(c) Die Rückstoßenergie des Elektrons ergibt sich zu

$$T = E_\gamma - E'_\gamma = 1,173\,\text{MeV} - 0,593\,\text{MeV} = 0,58\,\text{MeV}.$$

12.4 Strahlenbelastung durch Kalium

Der prozentuale Kaliumanteil an der Gesamtmasse eines erwachsenen Menschen ist auf $\Phi = 0,35\,\%$ geschätzt worden. Wieviel Mikrocurie ^{40}K enthält damit ein Mensch, dessen Masse $m = 70\,\text{kg}$ beträgt? Die natürliche Häufigkeit von ^{40}K ist $\Theta = 0,012\,\%$, und die Halbwertszeit $T_{1/2} = 1,8 \cdot 10^9\,\text{a}$.

Für die Aktivität ergibt sich

$$A = -\frac{dN}{dt} = \frac{\ln 2}{T_{1/2}} \cdot N,$$

mit N die Zahl der Atome. Diese berechnen wir aus der Masse m_K des Kaliums im Körper

$$m_K = \Phi \cdot m = 0,35\,\% \cdot 70\,\text{kg} = 0,0035 \cdot 70\,\text{kg} = 0,245\,\text{kg}$$

dem Isotopenanteil und der Molmasse $m_{mol} = 40\,\text{g}$ zu

$$N = N_A \frac{m_{40_K}}{m_{\text{mol}}} = 6 \cdot 10^{23}\,\#/\text{mol}\,\frac{245}{40}\,1,2 \cdot 10^{-4} = 4,4 \cdot 10^{20}.$$

Damit wird die Aktivität

$$A = \frac{\ln 2}{T_{1/2}} \cdot N = \frac{0.693 \cdot 4,4 \cdot 10^{20}}{1,8 \cdot 10^9 \cdot 365 \cdot 24 \cdot 3.600\,\text{s}} = 5.100\,\#/\text{s} = 5,1\,\text{kBq} = 0,14\,\mu\text{Ci}.$$

12.5 Lethale Energiedosis

Die tödliche Energiedosis D bei Ganzkörperbestrahlung eines Menschen mit einer Masse von $m = 75\,\text{kg}$ beträgt 500 rd. Um wieviel Grad $\triangle T$ könnte man $m_W = 75\,\text{kg}$ Wasser erwärmen, falls man dieser Wassermasse den der Lethaldosis äquivalenten Energiebetrag in Form von Wärmeenergie zuführen würde? [spez. Wärme von Wasser $c_W = 4,187 \cdot 10^3\,\text{J/kgK}$]

L

Die Umrechnung zwischen der veralteten Einheit rad und der Einheit Gray ist: $1\,\mathrm{Gy} = 100\,\mathrm{rd}$. Für die im Körper deponierte Energie E ergibt sich damit

$$E = D\,m = 5\,\mathrm{Gy} \cdot 75\,\mathrm{kg} = 375\,\mathrm{J}.$$

Für die Erwärmung des Wassers um $\triangle T$ benötigt man die Energie

$$E = c_W m_W \triangle T.$$

Und somit ist

$$\triangle T = \frac{E}{c_W m_W} = \frac{375\,\mathrm{J}}{4{,}187 \cdot 10^3\,\mathrm{J/kgK} \cdot 75\,\mathrm{kg}} = 1{,}2 \cdot 10^{-3}\mathrm{K}.$$

12.6 Tödliches Dosisequivalent

A

(a) Welche Ganzkörperdosis empfängt ein $70\,\mathrm{kg}$ schwerer Physik-Laborant, der eine $^{60}_{27}\mathrm{Co}$-Quelle mit $40\,\mathrm{mCi}$ ausgesetzt ist? Im Tagesmittel hält er sich in einer Entfernung von $4\,\mathrm{m}$ von der Quelle auf. $^{60}_{27}\mathrm{Co}$ emittiert γ-Strahlen mit einer Energie von $1{,}33\,\mathrm{MeV}$ und $1{,}17\,\mathrm{MeV}$ (je ein Photon pro Zerfall). Im Körper deponieren die γ-Strahlen die Hälfte ihrer Energie. Die Projektionsfläche des Laboranten beträgt $1\,\mathrm{m}^2$. Man diskutiere das Ergebnis unter der Berücksichtigung, dass für γ-Strahlen die relative biologische Wirksamkeit als Bewertungsfaktor gleich 1 ist.

(b) Ausgehend davon, dass der Mensch aus etwa $2 \cdot 10^9$ Nukleotidbasenpaaren pro DNA Strang besteht, schätze man das Volumen V eines solchen Strangs. Zur Zerstörung im biologischen Sinne seien 1.000 Ionisierungen in diesem Volumen nötig. Wie hoch ist demnach etwa das tödliche Dosisequivalent für einen Menschen?

[mittlere relative Molekülmasse eines entsprechenden Nukleotids $M = 330\,\mathrm{g/mol}$; Ionenladung $q = 1{,}6 \cdot 10^{-19}\mathrm{C}$; Ionisationspotential von Humangewebe $\varphi_G = 33{,}7\,\mathrm{V}$]

L

(a) Die Gesamtenergie der γ-Strahlung pro Zerfall ist

$$E_{Co} = (1{,}33 + 1{,}17)\,\mathrm{MeV} = 2{,}50\,\mathrm{MeV}$$

und die durch die Quelle insgesamt emittierte Energie

$$E = E_{Co}\frac{dN}{dt}.$$

Da $1\,\mathrm{Ci} = 3{,}7 \cdot 10^{10}$ Zerfälle pro Sekunde bedeuten, gilt

$$E = (2{,}5\,\mathrm{MeV})\,(0{,}04\,\mathrm{Ci})\,\left(3{,}7 \cdot 10^{10}\,\mathrm{Ci}^{-1}\mathrm{s}^{-1}\right) = 3{,}7 \cdot 10^9\,\mathrm{MeVs}^{-1}.$$

Die Strahlung breitet sich von der Quelle kugelförmig aus. Eine $4\,\mathrm{m}$ entfernte Person empfängt nur einen Teil davon. Dieser Anteil kann aus dem Verhältnis der Projektionsfläche der Person A_p zu einer Kugelfläche mit dem Radius $r = 4\,\mathrm{m}$ berechnet werden

$$\frac{A_P}{A_k} = \frac{A_p}{4\pi r^2} = \frac{1{,}0\,\mathrm{m}^2}{4\pi\,(4\mathrm{m})^2} = 6{,}33 \cdot 10^{-3}.$$

Weil nur die Hälfte der emittierten Energie mit dem Körper in Wechselwirkung steht, ist der aktive Anteil $E_a = \frac{1}{2}\frac{A_P}{A_k}E$

$$E_a = 0{,}5\left(6{,}33 \cdot 10^{-3}\right)\left(3{,}7 \cdot 10^9\,\mathrm{MeV/s}\right)\left(1{,}6 \cdot 10^{-13}\,\mathrm{J/MeV}\right) = 1{,}88 \cdot 10^{-6}\,\mathrm{J/s}.$$

Die SI-Einheit für die aufgenommene Strahlendosis ist das Gray [Gy]. Es gilt: $1\,\mathrm{Gy} = 1\,\mathrm{J/kg}$. Damit wird die Rate der Ganzkörperdosis einer $70\,\mathrm{kg}$ schweren Person

$$\frac{dD}{dt} = \frac{1{,}88 \cdot 10^{-6}\,\mathrm{J/s}}{70\,\mathrm{kg}} = 2{,}69 \cdot 10^{-8}\,\mathrm{J/kg\,s} = 2{,}69 \cdot 10^{-8}\,\mathrm{Gy/s}.$$

Im Zeitraum von $4\,\mathrm{h}$ entspricht diese Dosis

$$D = (4\,\mathrm{h})\,(3.600\,\mathrm{s/h})\left(2{,}69 \cdot 10^{-8}\,\mathrm{Gy/s}\right) = 3{,}87 \cdot 10^{-4}\,\mathrm{Gy}.$$

Diese physikalische Dosis bewirkt im biologischen Materien ein Dosisequivalent

$$D_{eq} = Q \cdot D$$

mit Q als relative biologische Wirksamkeit. D_{eq} wird in Sievert [Sv] angegeben[1]. Für γ-Strahlen gilt $Q = 1\,\mathrm{Sv/Gy}$. Damit wird

$$D_{eq} = 1\,\mathrm{Sv/Gy}\left(3{,}9 \cdot 10^{-4}\,\mathrm{Gy}\right) = 0{,}39\,\mathrm{mSv}.$$

Die gesetzlich geregelte zulässige Jahresstrahlendosis D_{zul}^* beträgt für

Normalpersonen $5\,\mathrm{mSv/a}$

Strahlenexponierte $50\,\mathrm{mSv/a}$.

Das bedeutet für den strahlenexponierten Laboranten, dass er täglich ca. 1% der zulässigen Jahresdosis abbekommt. Um diesen Wert zu verringern, sollte man auf alle Fälle die Strahlenquelle abschirmen. Ohne zusätzlicher Abschirmung darf er sich nur $128\,\mathrm{d}$ im Jahr im Strahlenlabor aufhalten. Der höhere Wert der zulässigen Jahresdosis für Strahlenexponierte hat seinen Grund in der medizinischen Kontrolle, die sich dieser Personenkreis laufend unterziehen muss.

(b) Da der Mensch $n_p = 2 \cdot 10^9$ Nukleotidbasenpaare pro DNS-Strang und 1 Nukleotid eine mittlere relative Molekülmasse von $M_N = 330\,\mathrm{g/mol}$ hat, beträgt die relative Molekülmasse für einen Strang

$$M_{St} = n_p M_N = 2 \cdot 10^9 \cdot 330 = 6{,}6 \cdot 10^{11}\,\mathrm{g/mol}.$$

---

[1] Daneben ist auch die Einheit [rem] *„rad equivalent man"* gebräuchlich $1\,\mathrm{Sv} = 100\,\mathrm{rem}$

Die Masse eines DNS-Strangs ist damit

$$m_{St} = \frac{M_{St}}{N_A} = \frac{6.6 \cdot 10^{11}\,\text{g/mol}}{6 \cdot 10^{23}\,1/\text{mol}} = 10^{-12}\text{g} = 10^{-15}\text{kg}.$$

Wenn man davon ausgeht, dass $\rho_{\text{DNS}} = \rho_{H_2O}$ ist, ergibt sich das Volumen eines DNS-Strangs zu

$$V_{St} = \frac{m_{St}}{\rho_{\text{DNS}}} = \frac{10^{-15}\,\text{kg}}{10^3\,\text{kg/m}^3} = 10^{-18}\,\text{m}^3.$$

Bei $n_{\text{ion}} = 1.000$ Ionisierungen ist das ionisierte Volumen pro Strang

$$V_{\text{ion}} = \frac{V_{St}}{n_{\text{ion}}} = \frac{10^{-18}\,\text{m}^3}{10^3} = 10^{-21}\,\text{m}^3.$$

Die Anzahl der Ionenpaare pro Volumen j_2 folgt aus

$$j_2 = \frac{1}{\rho_{\text{DNS}}\,V_{\text{ion}}} = 10^{18}\,\frac{\text{Ionenpaare}}{\text{kg}}.$$

Mit der Ionenladung $q_{\text{ion}} = 1{,}6 \cdot 10^{-19}\,\text{C/Ion}$ ergibt sich die tödliche Dosis zu

$$D_C = 2\,q_{\text{ion}}\,j_2 = 2 \cdot 1{,}6 \cdot 10^{-19}\,\frac{\text{C}}{\text{Ionenpaar}} \cdot 10^{18}\,\frac{\text{Ionenpaare}}{\text{kg}} = 0{,}32\,\text{C/kg}. \cdot$$

Die entsprechende Energiedosis D_E erhält man mit Hilfe des Ionisierungspotentials für menschliches Gewebe, $\varphi_G = 33{,}7\,\text{V}$

$$D_E = \varphi_G\,D_C = 33{,}7\,\text{V} \cdot 0{,}32\,\text{C/kg} = 10{,}8\,\text{J/kg} = 10{,}8\,\text{Gy}.$$

Da die relative biologische Wirksamkeit $Q = 1\,\text{Sv/Gy}$ beträgt, wird das tödliche Dosisequivalent

$$D_M = Q \cdot D_E = 1\,\text{Sv/Gy} \cdot 10{,}8\,\text{Gy} = 10{,}8\,\text{Sv}.$$

12.7 Dosisbelastung durch Milchkonsum

A Wie hoch ist die wirksame Jahresdosis, die eine erwachsene Person von $m_E = 70\,\text{kg}$ und ein Säugling von $m_S = 5\,\text{kg}$ ausgesetzt sind, wenn diese täglich $V = 3/4\,l$ Milch trinken? In der Kuhmilch ist das Kalium-Isotop $^{40}_{19}\text{K}$ vorhanden, das mit einer spez. Aktivität von $a = 2\,\text{nCi/kg}$ zerfällt. Die Verweilzeit der Milch im Körper sei $\tau = 12\,\text{h}$ und $\kappa = 12\%$ der pro Zerfall freigesetzten Energie von $P = 1{,}5\,\text{MeV}$ werden vom Körper aufgenommen. Wieviel Prozent der zulässigen Jahresdosis ergeben sich in beiden Fällen? [Dichte der Milch $\rho_M = 0{,}95\,\text{kg/l}$]

L Die aufgenommene Tagesdosis D^* für eine Person j beträgt

$$D_j^* = \frac{\kappa\,\tau\,a\,P\,\rho_M\,V}{m_j}$$

Numerisch:

$$m_J D_j^* = 0,12\,(12\,\text{h})\,\left(2 \cdot 10^{-9}\,\text{Ci/kg}\right)(1,5\,\text{MeV})\,(0,95\,\text{kg/l})\,(0,751)\,\cdot$$
$$\cdot\,\left(1,6 \cdot 10^{-13}\,\text{J/MeV}\right)\left(3,7 \cdot 10^{10}\,1/\text{Cis}\right)(3.600\,\text{s/h})\,.$$

Mit $m_j = m_E = 70\,\text{kg}$ für den Erwachsenen ergibt sich die Jahresdosis zu

$$D_E^* = 5 \cdot 10^{-7}\text{Gy/a}$$

Unter der Annahme der relativen biologischen Wirksamkeit von $Q = 1\,\text{Sv/Gy}$ folgt als wirksame Jahresdosis $D_{eff,E}^*$:

$$D_{\text{eff.E}}^* = D_E^* \cdot Q = \left(5 \cdot 10^{-7}\text{Gy/a}\right)(1\,\text{Sv/Gy}) = 0,5\,\mu\text{Sv/a}.$$

Mit $m_j = m_S = 5\,\text{kg}$ für den Säugling ergibt sich ein $\frac{m_E}{m_S} = \frac{70}{5} = 14$fach höherer Wert für die wirksame Jahresdosis

$$D_{\text{eff,S}}^* = 14 \cdot 0,5\,\mu\text{Sv/a} = 7\,\mu\text{Sv/a}.$$

Im Vergleich zur zulässigen Jahresdosis von $D_{\text{zul}}^* = 1\,\text{mSv/a}$ sind das für

- Erwachsene $\quad \dfrac{D_E^*}{D_{\text{zul}}^*} = \dfrac{0,5}{1.000} = 0,5\,\text{\textperthousand}$

- Säuglinge $\quad \dfrac{D_S^*}{D_{\text{zul}}^*} = \dfrac{7}{1.000} = 7\,\text{\textperthousand}$

der erlaubten Jahresdosis.

13 Lasertherapie

Laserlicht und Licht aus konventionellen Lichtquellen unterscheiden sich dadurch, dass ein Laser kohärentes Licht erzeugt. In der Medizin ist die räumliche und zeitliche Kohärenz von Bedeutung. Die räumliche Kohärenz erlaubt das Fokussieren von Laserlicht auf sehr kleine Strahldurchmesser im Bereich von wenigen optischen Wellenlängen, wodurch hohe Intensitäten erreicht werden, was in der Therapie wichtig ist. Die zeitliche Kohärenz erlaubt eine hohe Zeitauflösung und wird vor allem in der Diagnostik eingesetzt. Die Erzeugung von Laserlicht basiert auf dem Prinzip der stimulierten Emission: Trifft ein Photon auf ein Elektron in einem angeregten Zustand, so kann es dieses dazu anregen, in den Grundzustand überzugehen. Dabei wird Energie frei, die in der Form eines Photons emittiert wird, welches die gleiche Frequenz und Phase besitzt wie das eingehende Photon. Damit dies effizient geschieht, müssen sich mehr Elektronen im angeregten Zustand befinden als im Grundzustand, man spricht in diesem Fall von Inversion.

Einer der ersten Laser war der Rubinlaser. Das aktive Verstärkermaterial besteht aus Rubin, welches durch die Einstrahlung von Licht angeregt wird. Der Laserstrahl wird aus der Stirnfläche des Rubinstabes emittiert. Neben den Feststoffen, zu denen Rubin gehört, sind bei Lasern als Verstärkermaterialien auch Gas- und Farbstoffe gebräuchlich. Bei den Festkörpern sind Halbleiter in den letzten Jahren immer wichtiger geworden. Die ersten Anwendungen kohärenter Strahlung wurden für die Therapie in der Augenheilkunde eingesetzt. Dann folgten Anwendungen in der Chirurgie und anderen medizinischen Fachgebieten. Heute werden gezielt Laser entwickelt, die eine sehr kurze Eindringtiefe in biologisches Gewebe besitzen. Auch in der Diagnostik spielen Laser eine wichtige Rolle bei physiologischen und Gewebeuntersuchungen, vor allem in der Tumorsuche. Laser können gezielt fluoreszierende Materialien anregen. Diese Fluoreszenzmarker werden z. B. an Molekülen angebracht, welche bevorzugt in Tumoren eingelagert werden. Weiter sei der Einsatz von Lasern zur Klärung molekularer Prozesse erwähnt, beispielsweise beim „Förster Resonant Energy Transfer" (FRET), bei der mit Hilfe von Lasern der Energietransport zwischen Molekülen untersucht wird.

Ein fokussierter Laserstrahl kann sehr hohe elektrische Feldstärken erzeugen. Deshalb werden kleine transparente Teilchen in den Fokus eines Laserstrahls hineingezogen. Bewegt man den Laserstrahl, so bewegen sich diese Teilchen mit. Man spricht von „Optischen Pinzetten". Solche optischen Pinzetten eignen sich nicht nur, um mit hoher räumlicher Auflösung Teilchen, sogar Organellen, im Inneren einer Zelle, gezielt zu bewegen, sondern gleichzeitig können auch die dabei auftretenden Kräfte gemessen werden. Dadurch ist es zum Beispiel möglich, die mechanischen Eigenschaften von Körperzellen, wie Elastizitäts- und/oder Schermodul, zu ermitteln und über einen Vergleich gesunder und pathologisch veränderter Werte eine Diagnose des Gewebes zu erstellen. In der Regel sind die Moduli bei Krebszellen stark reduziert.

Obwohl Licht im menschlichen Gewebe stark gestreut wird, und es dadurch unmöglich ist, optische Bilder des gesamten Körperinneren zu erhalten, kann man trotzdem über die sogenannte „Optische Kohärenz-Tomographie" (OCT) im Oberflächenbereich eine

Abbildung erzeugen. Verwendet wird sie vor allem für Untersuchungen des Auges. Es handelt sich dabei um eine interferometrische Technik. Es entstehen dreidimensionale Bilder mit einer sehr hohen räumlichen Auflösung. Sie wird dadurch erreicht, dass man Lichtquellen mit einem breiten Wellenlängenspektrum benutzt. Ein OCT Abbild besteht aus einer Anzahl von Schnittbildern, die zu einem Tomogramm verarbeitet werden.

Ein Laserstrahl kann beim Auftreffen auf Materie absorbiert, reflektiert oder gestreut werden. Während die reflektierten Strahlen der Lasernutzung in der Medizin verloren gehen, sind für die Therapie und Diagnose Absorption und Streuung von Bedeutung. Die Größe der Absorption wird dabei maßgeblich vom Absorptionskoeffizienten von Wasser bestimmt, da der größte Teil des menschlichen Gewebes aus Wasser besteht. Weil biologisches Gewebe zudem nicht homogen ist, kommt es neben der Absorption auch zur Einfach- und Mehrfachstreuung. Von der Größe der Teilchen im Vergleich zu Wellenlänge des Lichtstrahls hängt es ab, welche Art der Streuung, Rayleigh- oder Mie-Streuung, wirksam wird. Für die Rayleigh-Streuung gilt dabei, dass sie mit abnehmender Wellenlänge schnell ansteigt, so dass im ultravioletten Bereich die Eindringtiefe und freie Weglänge des Lichtes im Gewebe kürzer wird.

Die therapeutische Laseranwendungsprozesse sind Photochemie, Photothermik, Photomechanik und Photodisruption. Photochemische Prozesse laufen unter Laserlicht im Gewebe bei niedriger Intensität (unterhalb $100\,\mathrm{W/cm^2}$) und langen Einwirkzeiten ab, beispielsweise in der Wundheilung und Schmerztherapie. Ab einer Intensität von $100\,\mathrm{W/cm^2}$ wird das Gewebe koaguliert, d. h. photothermisch verändert. Dieser Prozess wird zur Tumorbehandlung, Schrumpfung von Gewebe und zur Blutstillung eingesetzt. Bei hohen Intensität von über $10^6\,\mathrm{W/cm^2}$ wird Photoablation erreicht, die auch als Photomechanik bezeichnet wird. Ein begrenztes Gewebevolumen wird pulsartig aufgeheizt und verdampft. Durch die kurze Zeit, die das Verdampfen benötigt, wird keine Wärme über Wärmeleitung auf das übrige Gewebe übertragen. In der Augenchirurgie werden Laser mit sehr kurzen Pulsen (ca. 20 ns) verwendet. Noch höhere Intensitäten erreicht man mit speziellen Festkörperlasern. Dabei kommt es zur Photodisruption. Es bildet sich ein Plasma. Eingesetzt wird dies bei der Nachstaroperation bei Grauem Star. Da es bei allen Laseranwendungen in der Medizin Wärmeenergie entsteht, ist den Phänomenen der Wärmeübertragung besondere Aufmerksamkeit zu schenken. Dabei gilt es vor allem auf die Wirkung der Energie auf das biologische Gewebe zu achten. Wie weit sich die von einem Laser eingebrachte Energie im Gewebe ausbreitet, hängt von dessen Stoffparametern ab, wie Wassergehalt, Dichte, Wärmeleitfähigkeit und Wärmekapazität. Die Wirkung ist je nach Gewebeart unterschiedlich. So muss beachtet werden, dass bei Proteine bei Temperaturen oberhalb von $40\,^\circ\mathrm{C}$ Konformationsänderungen stattfinden und oberhalb von $50\,^\circ\mathrm{C}$ verschiedene Enzyme ihre Funktionsfähigkeit verlieren. Oberhalb von etwa $60\,^\circ\mathrm{C}$ tritt schließlich Denaturierung auf. Als Ersatz für ein Skalpell verwendet man bei Operationen meist CO_2-Laser mit einer Wellenlänge von $10\,\mu\mathrm{m}$. Bei dieser Wellenlänge beträgt die Eindringtiefe in Wasser rund $20\,\mu\mathrm{m}$. Gegenüber dem Skalpell bietet der Laser vor allem den Vorteil, dass weniger Blutungen auftreten (Koagulation durch den Laserstrahl).

13.1 Laser in der Augenheilkunde

Eine an der Augenlinse abgelöste Netzthaut kann durch Pulse aus einem Excimer-Laser wieder „angeschweißt" werden, indem dieser an verschiedenen Stellen fokussiert wird. Der Laser erzeugt Pulse mit einer Dauer von $\tau = 20\,\text{ms}$, einer Wellenlänge von $\lambda = 600\,\text{nm}$, und einer Pulsleistung von $P = 60\,\text{mW}$. Am Schweißpunkt (am Fokus) hat der Laser einen kreisförmigen Querschnitt mit Strahldurchmesser $d = 125\,\mu\text{m}$ und die Energie wird in einer Schicht der Dicke $l = 268\,\mu\text{m}$ absorbiert.

(a) Wie groß ist die Pulsenenergie E_P?

(b) Wie groß ist die mittlere Anzahl N_γ von Photonen bei jedem Puls?

(c) Um wieviel wird das Gewebe im Fokus aufgewärmt?

[Spezifische Wärme des Gewebes $c_w = 4\,\text{kJ}/\text{kg}\,\text{K}$]

(a) Da die Pulsdauer $\tau = 20\,\text{ms} = 20 \cdot 10^{-3}\,\text{s}$ beträgt, folgt mit der Pulsleistung $P = 0{,}06\,\text{W}$ für die Pulsenergie

$$E_P = P\tau = (0{,}06\,\text{J}/\text{s})\left(20 \cdot 10^{-3}\,\text{s}\right) = 1{,}2 \cdot 10^{-3}\,\text{J}.$$

(b) Die Energie eines Photons ist

$$E_\gamma = \frac{hc}{\lambda} = \frac{6{,}63 \cdot 10^{-34}\,\text{Js} \cdot 3 \cdot 10^8\,\text{m}/\text{s}}{600 \cdot 10^{-9}\,\text{m}} = 3{,}3 \cdot 10^{-19}\,\text{J}.$$

Die mittlere Anzahl der Photonen N_γ errechnet sich daraus, wie folgt

$$N_\gamma = \frac{E_P}{E_\gamma} = \frac{1{,}2 \cdot 10^{-3}\,\text{J}}{3{,}3 \cdot 10^{-19}\,\text{J}} = 3{,}6 \cdot 10^{15}.$$

(c) Geht man davon aus, dass der Strahl in diesem Bereich in etwa einem Zylinder gleicht, so ist das entsprechende Volumen bei einem Strahlquerschnitt $d = 125\,\mu\text{m}$ und einer Eindringtiefe von $l = 268\,\mu\text{m}$

$$V = \frac{\pi}{4}ld^2 = 3{,}3 \cdot 10^{-3}\,\text{mm}^3.$$

Die Gewebemasse m_N, welche sich sich im Volumen V befindet, wird näherungsweise durch die Dichte von Wasser bestimmt

$$m_N = \rho V = 10^3 \frac{\text{kg}}{\text{m}^3} \cdot 3{,}3 \cdot 10^{-3}\,\text{mm}^3 = 3{,}3 \cdot 10^{-9}\,\text{kg}.$$

Die Pulsenergie E_p führt zu einer Erwärmung des Gewebes. Es gilt $E_p = m_N c_W \triangle T$, sodass nach einem Puls die Temperaturerhöhung

$$\triangle T = \frac{E_P}{m_N c_W} = \frac{1{,}2 \cdot 10^{-3}\,\text{J}}{3{,}3 \cdot 10^{-6}\,\text{g}\,4\,\text{J}/\text{g}\,\text{K}} = 91\,\text{K}$$

beträgt.

13.2 Optische Größenbestimmung von Bakterien

A Auf einer Glasplatte befinden sich zu Untersuchungszwecken kugelförmige Bakterien, deren Durchmesser d bestimmt werden soll. Hierbei trifft ein Laserstrahl mit der Wellenlänge $\lambda = 642 \cdot$ nm auf die Glasplatte und erzeugt auf einem s $= 3$ m hinter der Platte befindlichem Schirm ein Beugungsbild, das aus kreisförmigen dunklen Ringen in einem hellen Fleck besteht. Der kleinste Ring hat einen Durchmesser von $a = 20$ cm. Wie lässt sich aus a der gesuchte Duchmesser d der Bakterien ermitteln?

L Die kugelförmigen Bakterien erzeugen das gleiche Beugungsmuster wie eine Lochblende mit demselben Durchmesser. Darum sollen hier die notwendigen Auswertungsformeln anhand der Lochblende abgeleitet werden. Nach dem Huygensschen Prinzip gehen von allen Punkten innerhalb einer Lochblende Elementarwellen aus. Hierbei trägt jedes Flächenelement dA der Blende zu einer Gesamtamplitude der Elementarwelle bei. Ist φ der Winkel zwischen der Laserstrahlrichtung und der Richtung r einer Elementarwelle, so gilt für deren Gesamtamplitude

$$\Theta = \int_A \cos x \, dA \quad \text{mit} \quad x = x(\varphi) = \frac{2\pi}{\lambda} r(\varphi).$$

Hier ist A die Fläche der Lochblende und $r(\varphi)$ die Distanz von der Blende zum betrachteten Punkt auf dem Schirm. Als Lösung[1] ergibt sich

$$\Theta(\varphi) \propto \frac{J_1[2z(\varphi)]}{z(\varphi)} \quad \text{mit} \quad z(\varphi) = \frac{\pi d}{2\lambda} \sin \varphi.$$

Für die Intensität $I(\varphi)$ findet man durch Quadrierung

$$I(\varphi) = I_0 \left\{ \frac{J_1[2z(\varphi)]}{z(\varphi)} \right\}^2.$$

Die erste Nullstelle (sie entspricht dem kleinsten Ring) hat die Besselfunktion bei $x = 3,84$, somit wird

$$2z|_{\min} = 3,84$$

oder

$$\pi d \sin \varphi|_{\min} = 3,84 \quad \Rightarrow \sin \varphi|_{\min} = 1,22 \frac{\lambda}{d}.$$

Beachtet man noch die Geometrie der Anordnung mit s als Abstand der Blende zum Schirm und a als Durchmesser des kleinsten Ringes, dann gilt

$$\sin \varphi|_{\min} = \frac{a/2}{s}$$

und schließlich

$$d = 2,44 \frac{\lambda s}{a}.$$

---

[1] als 1. Näherung der Besselfunktion gilt: $J_1(x) = \sqrt{\frac{2}{\pi x}} \sin\left(x - \frac{\pi}{4}\right)$

Da, wie erwähnt, die Beugungsgitter einer Lochblende und einer Kugel (auch einer Kreis-scheibe) gleich sind, lässt sich die letzte Gleichung als Auswerteformel für die Frage nach der Größe d der Bakterien nutzen. Mit $\lambda = 6,42 \cdot 10^{-7}$m; $s = 3$m und $a = 0,2$m findet man

$$d = 2,44 \, \frac{6,42 \cdot 10^{-7}\text{m} \, 3\,\text{m}}{0,2\,\text{m}} = 9,63 \cdot 10^{-6}\text{m} = 9,63 \, \mu\text{m}.$$

13.3 Kleine Teilchen in der Laserpinzette

(a) Man zeige durch Lösen der Heisenberg'schen Bewegungsgleichung, dass die Kraft, die ein Laserstrahl auf ein dielektrisches Teilchen (klein im Vergleich zur Laserwel-lenlänge) mit Dipolmoment $\vec{d}$ und linearen Polarisierbarkeit α ausübt, entgegen dem Intensitätsgradienten des Laserstrahls gerichtet ist.

(b) Eine optische Pinzette verwendet einen Laserstrahl der Wellenlänge λ mit einem gaussförmigen Intensitätsprofil (TEM$_{00}$). Es gilt für den Strahldurchmesser $w(z)$, wenn dieser bei $z = 0$ seinen Minimalwert von w_0 hat

$$w(z) = w_0 \sqrt{1 + \left(\frac{z}{z_R}\right)^2}$$

mit $z_R = \frac{\pi}{\lambda} w_0^2$ für die Rayleigh-Länge. Das Intensitätsprofil ist in diesem Fall gegeben durch

$$I(r,z) = I_0 \left(\frac{w_0}{w(z)}\right)^2 \exp\left(-\frac{2r^2}{w^2(z)}\right).$$

I_0 ist die Laserintensität im Zentrum der Strahltaille. Man stelle das Kraftfeld in einer Ebene entlang der Propagationsrichtung dar und bestimme die maximale tranversale Kraft auf ein Teilchen der Polarisierbarkeit α an der Stelle z entlang der Propaga-tionsachse.

(c) Eine Laserpinzette mit einer Laserintensität $I_0 = 1,2 \cdot 10^9$ W/m^2 und einer Wellen-länge $\lambda = 615$ nm habe einem Strahldurchmesser $w_0 = 10 \, \mu$m. Wie groß ist die Kraft dieser Laserpinzette auf ein Gewebeteilchen, das hauptsächlich aus Wasser besteht? Die Polarisierbarkeit α lässt sich aus der Clausius-Mosotti-Gleichung

$$\frac{\varepsilon_r - 1}{\varepsilon_r + 2} \frac{M_m}{\rho} = \frac{N_A}{3\varepsilon_0} \alpha$$

gewinnen. Die molare Masse von Wasser ist $M_m = 18$ g/mol und die Dichte $\rho = 1.000$ kg/m^3. Die relative Permittivitätszahl ε_r beträgt im optischen Frequenzbereich $\varepsilon_r = 1,7$ (für Wasser) und $\varepsilon_0 = 8,85 \cdot 10^{-12}$C^2/Nm^2.

(a) Der Hamiltonoperator, der die Wechselwirkung zwischen elektrischem Feld $\vec{E}$ und einem Dipol $\vec{d}$ beschreibt, lautet

$$\hat{H} = -\vec{d} \cdot \vec{E}.$$

Mit Hilfe der Heisenberg'schen Bewegungsgleichung

$$-i\hbar\frac{d\hat{p}}{dt} = \left[\hat{p}, \hat{H}\right]$$

lässt sich für die Wechselwirkungskraft schreiben

$$\vec{F} = \frac{d\hat{p}}{dt} = \frac{i}{\hbar}\left\{\left(-i\hbar\vec{\nabla}\right)\left(-\vec{d}\cdot\vec{E}\right) - \left(-\vec{d}\cdot\vec{E}\right)\left(-i\hbar\vec{\nabla}\right)\right\}$$
$$= -\vec{\nabla}\left(\vec{d}\cdot\vec{E}\right) + \left(\vec{d}\cdot\vec{E}\right)\vec{\nabla}.$$

Nutzt man nun das Äquivalent zur Kettenregel für den Gradienten eines Skalarprodukts und vereinfacht diesen mit Hilfe der Identitäten für das Dreifachkreuzprodukt

$$\vec{\nabla}(\vec{d}\cdot\vec{E}) = (\vec{E}\cdot\vec{\nabla})\vec{d} + (\vec{d}\cdot\vec{\nabla})\vec{E} + \vec{d}\times(\vec{\nabla}\times\vec{E}) + \vec{E}\times(\vec{\nabla}\times\vec{d})$$

mit

$$\vec{d}\times(\vec{\nabla}\times\vec{E}) = (\vec{d}\cdot\vec{E})\vec{\nabla} - (\vec{d}\cdot\vec{\nabla})\vec{E}$$
$$\vec{E}\times(\vec{\nabla}\times\vec{d}) = (\vec{d}\cdot\vec{E})\vec{\nabla} - (\vec{E}\cdot\vec{\nabla})\vec{d}$$

ergibt sich

$$\vec{E}\times(\vec{\nabla}\times\vec{d}) + \vec{d}\times(\vec{\nabla}\times\vec{E}) = 2(\vec{d}\cdot\vec{E})\vec{\nabla} - (\vec{d}\cdot\vec{\nabla})\vec{E} - (\vec{E}\cdot\vec{\nabla})\vec{d}$$
$$\vec{\nabla}(\vec{d}\cdot\vec{E}) = 2(\vec{d}\cdot\vec{E})\vec{\nabla}$$

und man erhält

$$\frac{d\hat{p}}{dt} = -\frac{1}{2}\vec{\nabla}(\vec{d}\cdot\vec{E}) + \vec{\nabla}(\vec{d}\cdot\vec{E})$$
$$= \frac{1}{2}\vec{\nabla}(\vec{d}\cdot\vec{E}).$$

Für einen linearen Dipolmoment mit Polarisierbarkeit α gilt für das Dipolmoment

$$\vec{d} = \alpha\vec{E}$$

und daher wirkt die Kraft in richtung des Intensitätsgradienten des Laserstrahls mit c als Lichtgeschwindigkeit und ε als Permittivitätszahl

$$\vec{F} = \frac{1}{2}\alpha\vec{\nabla}(\vec{E}\cdot\vec{E})$$
$$= \frac{\alpha}{\varepsilon_r\varepsilon_0 c}\vec{\nabla}I.$$

(b) Das Intensitätsprofil eines gaussförmigen Strahls ist

$$
\begin{aligned}
I\left(r,z\right) &= I_0 \left(\frac{w_0}{w\left(z\right)} \right)^2 \exp\left(-\frac{2r^2}{w^2\left(z\right)} \right) \\
&= I_0 \frac{1}{1+\left(\frac{z}{z_R}\right)^2} \exp\left(-\frac{2r^2}{w_0^2\left(1+\left(\frac{z}{z_R}\right)^2\right)} \right).
\end{aligned}
$$

Es ergibt sich demnach ein Intensitätsgradient

$$
\vec{\nabla}I\left(r,z\right) = \frac{\partial I}{\partial r}\hat{r} + \frac{1}{r}\frac{\partial I}{\partial \theta}\hat{\theta} + \frac{\partial I}{\partial z}\hat{z}.
$$

Wegen der Rotationssymmetrie des Intensitätsprofils verschwindet der Gradient $\frac{\partial}{\partial\theta}$, sodass

$$
\frac{\partial I}{\partial \theta} = 0.
$$

Die Radialkomponente bestimmt sich zu

$$
\begin{aligned}
\frac{\partial I}{\partial r} &= -\frac{4w_0^2 r}{w^4\left(z\right)}I_0 \exp\left[-\frac{2r^2}{w^2\left(z\right)} \right], \\
\frac{\partial I}{\partial z} &= 2w_0^4 \frac{z}{z_R^2}\left\{ \frac{2r^2}{w^6\left(z\right)} - \frac{1}{w^4\left(z\right)} \right\}I_0 \exp\left[-\frac{2r^2}{w^2\left(z\right)} \right].
\end{aligned}
$$

Demnach ist die Kraft die auf ein Teilchen wirkt

$$
\vec{F} = \begin{pmatrix} F_r \\ 0 \\ F_z \end{pmatrix} = -\frac{\alpha}{\varepsilon_r\varepsilon_0 c}\begin{pmatrix} \frac{4r}{w^2(z)} \\ 0 \\ 2w_0^4\frac{z}{z_R^2}\left\{\frac{2r^2}{w^6(z)}-\frac{1}{w^4(z)}\right\} \end{pmatrix}_{r,\theta,z} I_0 \exp\left[-\frac{2r^2}{w^2\left(z\right)} \right].
$$

Um das Maximum der Kraft in radialer Richung zufinden, differenziert man die entsprechende Komponente des Kraftvektors. Eine Laserpinzette mit einer Laserintensität $I_0 = 1{,}2 \cdot 10^9\,\mathrm{W/m^2}$ und einer Wellenlänge $\lambda = 615\,\mathrm{nm}$ habe einem Strahldurchmesser $w_0 = 10\,\mu\mathrm{m}$.

$$
\begin{aligned}
F_r &= -\frac{\alpha}{\varepsilon_r\varepsilon_0 c}\frac{4r}{w^2\left(z\right)}I_0 \exp\left[-\frac{2r^2}{w^2\left(z\right)} \right], \\
\frac{\partial F_r}{\partial r} &= -\frac{\alpha}{\varepsilon_r\varepsilon_0 c}\frac{4}{w^2\left(z\right)}\left\{ 1 - \frac{4r^2}{w^2\left(z\right)} \right\}I_0 \exp\left[-\frac{2r^2}{w^2\left(z\right)} \right]
\end{aligned}
$$

und erhält daraus das die maximale Kraft, die bei halbem Strahldurchmesser $r = \pm\frac{1}{2}w\left(z\right)$ wirkt, zu

$$
F_{r,\mathrm{max}} = -\frac{2\alpha I_0}{\varepsilon_r\varepsilon_0 c w_0}\exp\left[-\frac{1}{2} \right] = -1{,}2\,\frac{2\alpha I_0}{\varepsilon_r\varepsilon_0 c w_0}.
$$

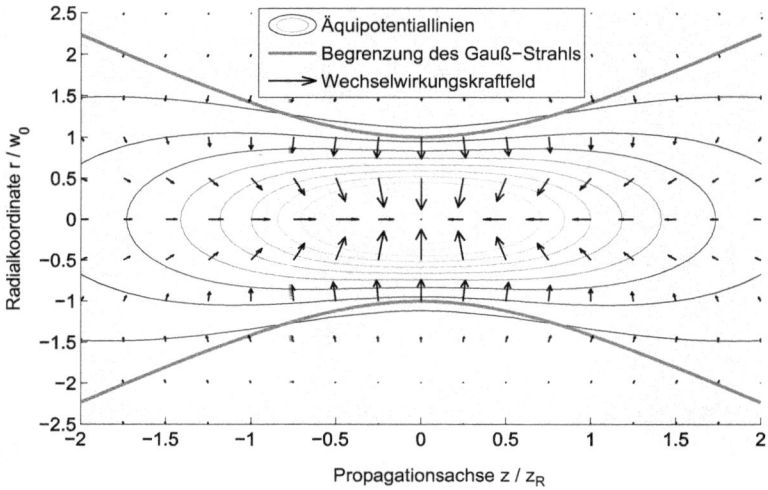

Abb. 13.1 Äquipotentiallinien und Kräfte in der Nähe der Strahltaille.

Die Kraft in axialer Richtung lautet

$$F_Z = -\frac{\alpha}{\varepsilon_r \varepsilon_0 c} 2 w_0^4 \frac{z}{z_R^2} \left\{ \frac{2 r^2}{w^6(z)} - \frac{1}{w^4(z)} \right\} I_0 \exp\left[-\frac{2 r^2}{w^2(z)} \right].$$

Für die Strahlmitte $r = 0$ gilt

$$F_z = \frac{2 \alpha I_0 z_R^2}{\varepsilon_r \varepsilon_0 c} \cdot \frac{z}{\left(z^2 + z_R^2\right)^2},$$

$$\frac{\partial F_z}{\partial z} = C \frac{\left(z^2 + z_R^2\right)^2 - 4 z^2 \left(z^2 + z_R^2\right)}{\left(z^2 + z_R^2\right)^4}.$$

F_z wird maximal für die Stelle $z = z_0$, für die $\frac{\partial F_z}{\partial z} = 0$ wird. Daraus folgt

$$\left(z_0^2 + z_R^2\right)^2 - 4 z_0^2 \left(z_0^2 + z_R^2\right) = 0$$
$$\left(z_0^2 + z_R^2\right) - 4 z_0^2 = 0$$
$$3 z_0 = z_R$$
$$z_0 = \frac{1}{\sqrt{3}} z_R.$$

Somit lautet

$$F_{z,\max} = \frac{3\sqrt{3}\,\alpha I_0}{16\,\varepsilon_r \varepsilon_0 c\, z_R} = \frac{3\sqrt{3}\,\alpha I_0 \lambda}{16\,\pi \varepsilon_r \varepsilon_0 c\, w_0^2} = 0{,}1 \frac{\alpha \lambda I_0}{\varepsilon_r \varepsilon_0 c w_0^2}.$$

Der Betrag von F_{max} ergibt sich aus

$$F_{\text{max}} = \sqrt{F_{\text{r,max}}^2 + F_{\text{z,max}}^2}$$

$$= \frac{1{,}2\,\alpha I_0}{\varepsilon_r \varepsilon_0 c w_0} \sqrt{1 + \left(\frac{0{,}1\,\lambda}{1{,}2\,w_0}\right)^2}.$$

(c) Zur numerischen Bestimmung muss zunächst noch die Polarisierbarkeit α bestimmt werden. Nach Clausius-Mosotti gilt

$$\frac{\varepsilon_r - 1}{\varepsilon_r + 2} \cdot \frac{M_m}{\rho} = \frac{N_A}{3\varepsilon_0} \cdot \alpha$$

und nach α umgestellt

$$\alpha = \frac{3\varepsilon_0}{N_A} \cdot \frac{\varepsilon_r - 1}{\varepsilon_r + 2} \cdot \frac{M_m}{\rho}.$$

Für Wasser sind die Werte $\varepsilon_r = 1{,}7$; $M_m = 18 \cdot 10^{-3}\,\text{kg/mol}$; $\rho = 1.000\,\text{kg/m}^3$. Mit Avogadrozahl $N_A = 6{,}03 \cdot 10^{23}\,1/\text{mol}$ und der Permittivität im Vakuum $\varepsilon_0 = 8{,}85 \cdot 10^{-12}\,\text{C}^2/\text{Nm}^2$ ergibt sich für die Polarisierbarkeit

$$\alpha = \frac{3 \cdot 8{,}85 \cdot 10^{-12}\,\text{C}^2/\text{Nm}^2}{6{,}03 \cdot 10^{23}\,1/\text{mol}} \cdot \left(\frac{1{,}7 - 1}{1{,}7 + 2}\right) \cdot \frac{18 \cdot 10^{-3}\,\text{kg/mol};}{1.000\,\text{kg/m}^3} = 1{,}5 \cdot 10^{-40}\,\text{mC}^2/\text{N}.$$

Somit findet man schließlich mit den gegebenen Größen $I_0 = 1{,}2 \cdot 10^9\,\text{W/m}^2$; $w_0 = 10\,\mu\text{m}$ und $\lambda = 615\,\text{nm}$ für die maximale Kraft

$$F_{\text{max}} = \frac{1{,}2\,\alpha I_0}{\varepsilon_r \varepsilon_0 c w_0} \sqrt{1 + \left(\frac{0{,}1\,\lambda}{1{,}2\,w_0}\right)^2}$$

$$= \frac{1{,}2 \cdot 1{,}5 \cdot 10^{-40} 1{,}2 \cdot 10^9}{1{,}7 \cdot 8{,}85 \cdot 10^{-12} 3 \cdot 10^8} \sqrt{1 + \left(\frac{0{,}1 \cdot 6{,}15 \cdot 10^{-7}}{1{,}2 \cdot 1 \cdot 10^{-5}}\right)^2}\,\text{N} = 4{,}62 \cdot 10^{-29}\,\text{N}.$$

A. Konstanten, Stoffgrössen und Werte

A.1 Wertetabellen

Tab. A.1.1 Naturkonstanten

Größe	Symbol	Wert	Einheit
Avogadro-Konstante	N_A	$6{,}02 \cdot 10^{23}$	mol^{-1}
Boltzmann-Konstante	k_B	$1{,}38 \cdot 10^{-23}$	$\mathrm{J \cdot K}^{-1}$
Molare Gaskonstante	R	$8{,}314$	$\mathrm{J \cdot mol}^{-1} \cdot \mathrm{K}^{-1}$
Plancksche Konstante	h	$6{,}626 \cdot 10^{-34}$	$\mathrm{J \cdot s}$
Reduzierte Plancksche Konstante	$\hbar = \frac{h}{2\pi}$	$1{,}055 \cdot 10^{-34}$	$\mathrm{J \cdot s}$
Vakuumlichtgeschwindigkeit	c	$2{,}998 \cdot 10^{8}$	$\mathrm{m \cdot s}^{-1}$
Atomare Masseneinheit	$u = \frac{1}{12} m(^{12}C)$	$1{,}66 \cdot 10^{-27}$	kg
Magnetisches Moment des Protons	μ_p	$1{,}41 \cdot 10^{-26}$	$\mathrm{J \cdot T}^{-1}$
Gyromagnetisches Verhältnis des Protons	γ_p	$2{,}675 \cdot 10^{8}$	$\mathrm{rad \cdot T}^{-1} \cdot \mathrm{s}^{-1}$

Tab. A.1.2 Materialeigenschaften von Luft und Wasser

Größe	Symbol	Wert	Einheit
Dichte von Luft	ρ_L	$1{,}3$	$\mathrm{kg \cdot m}^{-3}$
Schallgeschwindigkeit in Luft	c_L	330	$\mathrm{m \cdot s}^{-1}$
Schallkennimpedanz von Luft	Z_L	430	$\mathrm{N \cdot s \cdot m}^{-3}$
Dichte von Wasser	ρ_L	$1{,}0$	$\mathrm{kg \cdot m}^{-3}$
Schallgeschwindigkeit in Wasser	c_W	1.480	$\mathrm{m \cdot s}^{-1}$
Schallkennimpedanz von Wasser	Z_W	$1{,}48 \cdot 10^{6}$	$\mathrm{N \cdot s \cdot m}^{-3}$

B. Relevante Literatur

B.1 Physik

L. Bergmann und C. Schaefer. **Lehrbuch der Experimentalphysik**, Band 2 (Elektrizität und Magnetismus). de Gruyter, Berlin, 1986.

L. Bergmann und C. Schaefer. **Lehrbuch der Experimentalphysik**, Band 3 (Optik). de Gruyter, Berlin, 2004.

L. Bergmann und C. Schaefer. **Lehrbuch der Experimentalphysik**, Band 5 (Vielteilchen-Systeme). de Gruyter, Berlin, 1992.

B. R. Bird, W. E. Steward, und E. N. Lightfoot. **Transport Phenomena**. Wiley, New York, 1960.

M. J. Crocker. **Handbook of Acoustics**. Wiley, New York, 1998.

A. Das und T. Ferbel. **Kern- und Teilchenphysik**. Spektrum Akademischer Verlag, Heidelberg, 1995.

R. P. Feynman. **The Feynman Lectures on Physics**. Addison-Wesley, London, 2006.

H. Gerthsen, C. und Vogel. **Physik**. Springer, Berlin, 1993.

D. C. Giancoli. **Physics for Scientists and Engineers with Modern Physics**. Pearson Education, Upper Saddle River, New Jersey, 2000.

F. Kneubühl und M. W. Sigrist. **Laser**. Teubner, Wiesbaden, 1999.

D. Meschede. **Optik, Licht und Laser**. Vieweg-Teubner, Wiesbaden, 2008.

J. R. Meyer-Arendt. **Introduction to Classical and Modern Optics**. Prentice Hall, Englewood Cliffs, New Jersey, 1995.

J. Orear. **Physik**. Hanser, München, 1991.

H. J. Paus. **Physik in Experimenten und Beispielen**. Hanser, München, 2002.

F. L. Pedrotti und L. S. Pedrotti. **Introduction to Optics**. Prentice Hall, Englewood Cliffs, New Jersey, 1993.

H. Stöcker. **Taschenbuch der Physik**. Harri Deutsch, Frankfurt am Main, 2000.

H. Stroppe, P. Streitenberger, und E. Specht. **Physik: Beispiele und Aufgaben**, Band 1 (Mechanik und Wärmelehre). Fachbuchverlag Leipzig, Leipzig, 2003.

C. W. Turtur. **Prüfungstrainer Physik**. Teubner, Wiesbaden, 2007.

M. Warren. **Handbook of Heat Transfer**. McGraw-Hill, New York, 1998.

E. Hecht und A. Zajac. **Optics**. Addison-Wesley, Amsterdam, 2002.

R. A. Serway und J. W. Jewett. **Physics for Scientist and Engineers**. Cengage Learning, Belmont, 2000.

B.2 Medizinphysik

J. Bille und W. Schlegel. **Medizinische Physik**, Band 1 (Grundlagen). Springer, Berlin, 1999.

J. Bille und W. Schlegel. **Medizinische Physik**, Band 2 (Medizinische Strahlenphysik). Springer, Berlin, 2002.

J. Bille und W. Schlegel. **Medizinische Physik**, Band 3 (Medizinische Laserphysik). Springer, Berlin, 2005.

P. P. Dendy und B. Heaton. **Physics for Diagnostic Radiology**. Institute of Physics Publishing, Bristol, Philadelphia, 1999.

O. Dössel. **Bildgebende Verfahren in der Medizin**. Springer, Heidelberg, 2000.

E. Ernst. **Hämorheologie für den Praktiker**. Zuckschwerdt, München, 1986.

R. Freeman. **Magnetic Resonace in Chemistry and Medicine**. Oxford University Press, Oxford, 2002.

R. Glaser. **Biophysics**. Springer, Berlin, 2001.

W. Hoppe, W. Lohmann, H. Markl, und H. Ziegler. **Biophysik**. Springer, Berlin, 1982.

H. Krieger. **Grundlagen der Strahlungsphysik und des Strahlenschutzes**. Teubner, Wiesbaden, 2007.

D. W. McRobbie, E. A. Moore, M. J. Graves, und M. R. Prince. **MRI from Picture to Proton**. Cambridge University Press, Cambridge, 2003.

D. L. Leger und N. Özkaya. **Fundamentals of Biomechanics**. Springer, Berlin, 1998.

P Thurn. **Einführung in die Röntgendiagnostik**. Thieme, Stuttgart, 1982.

M. A. Bernstein, K. F. King, und X. J. Zhou. **Handbook of MRI pulse sequences**. Elsevier Academic Press, London, 2004.

B.3 Mathematik

M. L. Boas. **Mathematical Methods in the Physical Sciences**. Wiley, New York, 1983.

I. N. Bronstein und K.A. Semendjajew. **Taschenbuch der Mathematik**. Harry Deutsch, Frankfurt am Main, 1971.

P. Hartmann. **Mathematik für Informatiker** Vieweg, Wiesbaden, 2004.

K. F. Riley M. P Hobson, und S. J. Bence. **Mathematical Methods for Physics and Engineering**. Cambridge University Press, Cambridge, 2002.

T. Butz. **Fouriertransformation für Fußgänger**. Teubner, Wiesbaden, 2007.

B.4 Medizin, Biologie und Chemie

E. Budecke. **Grundriss der Biochemie**. de Gruyter, Berlin, 1982.

P. Deetjen und E. J. Speckmann. **Physiologie**. Urban & Fischer, München, 2004.

A. Faller und M. Schönke. **Der Körper des Menschen**. Thieme, Stuttgart, 2004.

P. Karlson. **Kurzes Lehrbuch der Biochemie**. Thieme, Stuttgart, 1972.

K. Kunsch. **Der Mensch in Zahlen**. Spektrum Akademischer Verlag, Heidelberg, 2000.

R. F. Schmidt. **Physiologie kompakt**. Springer, Berlin, 2001.

W. Schröter, K.-H. Lautenschläger, und H. Bibrack. **Taschenbuch der Chemie**. Harri Deutsch, Frankfurt am Main, 1995.

W. F. Ganong und W. Auerswald. **Lehrbuch der Medizinischen Physiologie: Die Physiologie Des Menschen für Studierende der Medizin und Ärzte**. Springer, Berlin, 1979.

J. Sobotta, R. Putz, R. Pabst, und S. Bedoui. **Sobotta Atlas of Human Anatomy: Trunk, Viscera, Lower Limb**. Atlas of Human Anatomy (Sobotta) Series. Urban & Fischer, München, 2006.

R. L. Drake, W. Vogl, und A.W. M. Mitchell. **Anatomie für Studenten**. Urban & Fischer, München, 2007.

B.5 Manuskripte und Sonstiges

BGBI Nr. 51: Atomgesetz mit Verordnungen. Nomos Gesetze, Baden-Baden, 2005.

F. Bloch. **Nuclear Induction**. *Phys. Rev.*, 70:460–474, 1946.

E. Konecny. **Studienbrief MPT0005: Medizintechnik**. Technische Universität Kaiserslautern: Zentrum für Fernstudien und Universitäre Weiterbildung, Kaiserslautern, 2003.

H. Meier und B. Schröder. **Studienbrief MPT0007: Einführung in den Strahlenschutz**. Technische Universität Kaiserslautern: Zentrum für Fernstudien und Universitäre Weiterbildung, Kaiserslautern, 2004.

R. Millner. **Studienbrief MPT0015: Physik und Technik der Ultraschallanwendung in der Medizin**. Technische Universität Kaiserslautern: Zentrum für Fernstudien und Universitäre Weiterbildung, Kaiserslautern, 2002.

H. Kolem. **Studienbrief MPT0018: Kernspintomografie und Kernspinspektroskopie**. Technische Universität Kaiserslautern: Zentrum für Fernstudien und Universitäre Weiterbildung, Kaiserslautern, 2005.

D. Gosch, S. Lieberenz, J. Petzold, B. Sattler, und A. Seese. **Studienbrief MPT0019: Bilderzeugung und Bildbewertung in der Strahlenphysik**. Technische Universität Kaiserslautern: Zentrum für Fernstudien und Universitäre Weiterbildung, Kaiserslautern, 2003.

D. Schlegel et al. **Schleichende Strömung einer newtonschen Flüssigkeit durch eine hyberbolische Verengung**. *Rheol. Acta*, 14:963–967, 1975.

P. Schümmer et al. **An Elementary Method for the Evaluation of a Flow Curve**. *Chemical Engineering Science*, 33:759–763, 1978.